变电一次设备检修培训教材

国网浙江省电力有限公司　组编

内 容 提 要

本书共十一章，第一章通过介绍电气主接线的各种形式，简单构建了变电站的基本结构。第二章至第九章介绍了变压器、断路器、隔离开关、高压开关柜等电气主设备的原理、结构、维护要求、检修标准及典型故障案例，并对有关标准中的检修试验要求做了归纳总结，以贴合现场实际。第十、十一章介绍了各类变电检修装备的现场使用及带电检测技术等内容，聚焦现场工作中的先进装备与技术，提升现场工作效率。

本书内容力求深入浅出、图文并茂，既可供电力企业从事变电一次检修的工作人员及技术管理人员使用，也可供新上岗的变电运检人员学习参考。

图书在版编目（CIP）数据

变电一次设备检修培训教材 / 国网浙江省电力有限公司组编. —北京：中国电力出版社，2023.2
ISBN 978-7-5198-7420-9

Ⅰ. ①变… Ⅱ. ①国… Ⅲ. ①变电所–一次设备–设备检修–技术培训–教材 Ⅳ. ①TM63

中国国家版本馆 CIP 数据核字（2023）第 002112 号

出版发行：中国电力出版社
地　　址：北京市东城区北京站西街 19 号（邮政编码 100005）
网　　址：http://www.cepp.sgcc.com.cn
责任编辑：王蔓莉
责任校对：黄　蓓　马　宁
装帧设计：张俊霞
责任印制：石　雷

印　　刷：三河市百盛印装有限公司
版　　次：2023 年 2 月第一版
印　　次：2023 年 2 月北京第一次印刷
开　　本：787 毫米×1092 毫米　16 开本
印　　张：14.75
字　　数：316 千字
印　　数：0001—1500 册
定　　价：78.00 元

编 委 会 成 员

主　　编　吕红峰

副 主 编　邵　瑛　何佳胤

编写组成员　郑晓东　赵　辉　马　赟　曹　辉

杜　羿　方　凯　王翊之　蒋　勇

蔡继东　戚正华

前言

2021年，我国先后出台了碳达峰、碳中和“1+N”顶层设计和相关配套政策。政策揭示，传统能源的低碳化和清洁能源的规模化将成为推动我国社会经济发展、践行生态文明建设，实施美丽乡村建设、逐梦美好生活的重要力量。

为了加快电力一体化发展，推动清洁能源的有效利用，我国的电网规模快速发展。随着电网的快速发展变电站现场的电气设备数量也上升了一个层级，数量庞大、功能迥异的各类电气设备对变电检修工作的开展是一个新的挑战。

变电一次设备是变电站设备的核心，其运行状况对电网安全运行至关重要。近年来，随着电网技术的不断进步，一次设备的结构和制造工艺也发生了较大的变化。

为了进一步优化传统变电检修工作模式，提升人员管理能力和技术水平，提供更优质可靠的电力服务，更好地服务经济社会发展，特组织相关专家编写了《变电一次设备检修培训教材》对变压器、断路器、隔离开关、高压开关柜等设备进行介绍。

本书第一至九章分别从原理、结构、检修试验要点、典型案例等方面深入浅出地介绍了电气主接线、变压器、断路器、GIS设备、隔离开关、高压开关柜、互感器、无功设备、过电压设备、站用电设备的相关知识；第十章介绍了各类检修装备的现场使用，并对其作用、工作原理、使用方法和典型案例等做了详细介绍；第十一章是近年来的热点内容，利用各类新式的技术仪器，使用不停电的方式对设备进行诊断，该技术也定将成为未来检修试验行业发展的方向。

本书编写成员由变电检修专业一线岗位的资深技术管理人员及多年担任变电运维检修技能竞赛的教练人员组成，他们理论知识扎实、技术功底过硬、管理经验丰富。在编审过程中，专家们以高度的责任感和严谨的作风，几易其稿，多次修改才最终定稿。本书得到了国网浙江省培训中心浙西校区领导的全力支持和系统内专家的精心指导，在本书即将出版之际，谨向所有参与和支撑本书编写出版的各地市公司表示衷心的感谢！

由于编写人员水平有限，书中难免有错误和不足之处，敬请广大读者批评指正。

编　者

2022年12月

前言

2022年12月

目录

基 础 知 识

第一节 变电站电气主接线

发电厂和变电站的电气主接线是由高压电气设备（如发电机、变压器、断路器、隔离开关、电压和电流互感器等）通过连接线组成的生产、接收和分配电能的电路，又称一次接线或电气主接线。它用规定的文字和图形符号，按其作用依次连接的单线接线图称为主接线图，它不仅表明了各主要设备的规格、数量，而且反映各设备的作用、连接方式和各回路间相互关系，从而构成发电厂和变电站电气部分的主体。主接线对发电厂和变电站的安全运行、电气设备的选择、配电装置的布置和电能质量，对继电保护的配置、自动装置和控制方式的选择，以及对电力系统运行的可靠性、灵活性和经济性都起着决定性作用。所以，电气专业（检修和运行）人员必须熟悉主接线，了解它的基本形式和特点以便适应工作需要。

一、电气主接线的基本要求和基本形式

1. 电气主接线的基本要求

（1）具有供电可靠性。根据系统和用户的要求，能保证必要的供电可靠性和电能质量。

（2）具有一定的灵活性和方便性。电气主接线应能适应各种运行方式，而且便于检修，即在其中一部分电路进行检修时，尽量保证未检修回路能继续供电。正常运行时能安全可靠地进行供电，并且在系统故障和设备检修或故障时，也能适应调度的要求，并能灵活、简便、迅速地倒换运行方式，使停电时间最短、影响范围最小。

（3）具有经济性。在满足可靠性、灵活性和操作方便这 3 个基本要求的前提下，应力求投资省、维护费用最少。

（4）具有发展和扩建的可能性。随着建设事业的高速发展，往往对已投产的发电厂和变电站又需要扩建。因此，在设计主接线时必须留有发展余地，不仅要考虑最终接线的实现，还要兼顾分期过渡接线的可能和施工的方便。

2. 电气主接线的基本形式

发电厂和变电站常用的主接线形式可分为有母线和无母线的主接线两大类。有母线的主接线有单母线、双母线、分段的单、双母线及附加旁路的单、双母线。无母线的主接线有单元接线、桥形接线和多角形接线。

二、变电站的等级

按照变电站在电力系统中的地位和作用、电压等级及供应范围，可将其分为枢纽变电站、地区变电站和地方（终端）变电站。

（1）枢纽变电站的电压等级比较高，变压器的容量大，线路回路数多，通常汇集多个大电源和大功率联络线，联系着部分高压和中压电网，在电力系统中居于枢纽地位。枢纽变电站的电压等级不宜多于三级，最好不出现两个中压等级，以免接线过分复杂。

（2）地区变电站。地区变电站的作用是承担地区性供电任务，通常是一个地区或城市的主要变电站，一次侧电压等级一般为110～220kV。大容量地区变电站的电气主接线一般较为复杂，6～10kV通常需采取限制短路电流的措施。小容量地区变电站的6～10kV侧通常不需采用限制短路电流的措施，可选用轻型电器，接线较为简单。

（3）地方（终端）变电站。地方（终端）变电站的容量小，降压后直接向附近用户供电，变压器停电后只影响其低压侧负荷的供电。

第二节　变电检修现场管理

变电检修现场管理应坚持安全第一、分级负责、精益管理、标准作业、修必修好的原则。

安全第一是指变电检修工作应始终把安全放在首位，严格遵守国家及国家电网公司各项安全法律和规定，严格执行《国家电网公司电力安全工作规程》，认真开展危险点分析和预控，严防电网、人身和设备事故。

分级负责是指变电检修工作应按照分级负责的原则管理，严格落实各级人员责任制，突出重点、抓住关键、严密把控，保证各项工作落实到位。

精益管理是指变电检修工作应坚持精益求精的态度，以精益化评价为抓手，深入工作现场、深入设备内部、深入管理细节，不断发现问题，不断改进，不断提升，争创世界一流管理水平。

标准作业是指变电检修工作应严格执行现场验收检修标准化作业，细化工作步骤，量化关键工艺，工作前严格审核，工作中逐项执行，工作后责任追溯，确保作业质量。

修必修好是指各级变电检修人员应把修必修好作为检修阶段工作目标，高度重视检修前准备，提前落实检修方案、人员及物资，严格执行领导及管理人员到岗到位，严控检修工艺质量，保证安全、按时、高质量完成检修任务。

一、检修分类

变电检修包括例行检修、大修、技改、抢修、消缺、反事故措施执行等工作，按停电范围、风险等级、管控难度等情况分为大型检修、中型检修、小型检修3类。

（1）满足以下任意一项的检修作业可定义为大型检修：

1）110kV及以上同一电压等级设备全停检修。

2）一类变电站年度集中检修。

3）单日作业人员达到100人及以上的检修。

4）其他本单位认为重要的检修。

（2）满足以下任意一项的检修作业可定义为中型检修：

1）35kV及以上电压等级多间隔设备同时停电检修。

2）110kV及以上电压等级变压器及三侧设备同时停电检修。

3）220kV及以上电压等级母线停电检修。

4）单日作业人员50至100人的检修。

5）其他本单位认为较重要的检修。

（3）不属于大型检修、中型检修的现场作业定义为小型检修。如35kV变压器检修、单一进出线间隔检修、单一设备临停消缺等。

二、计划管理

计划管理包括年检修计划、月检修计划、周工作计划。

1. 年检修计划管理

（1）县公司运检部每年9月15日前组织编制下年度检修计划，并报送地市公司运检部。

（2）省检修公司、地市公司运检部每年9月30日前组织编制下年度检修计划，并将220kV及以上电压等级设备检修计划报送省公司运检部。

（3）省公司运检部每年12月10日前完成220kV及以上电压等级设备检修计划的审批并发布。12月31日前将一类变电站年度检修计划报送国家电网公司运检部备案。

（4）省检修公司、地市公司运检部每年12月31日前完成所辖设备检修计划审批并发布。

2. 月检修计划管理

（1）省检修公司、地市公司、县公司运检部依据已下达年度检修计划，每月10日前组织完成下月度检修计划编制并报送各级调控中心。

（2）各级运检部应参加各级调控中心组织的月停电计划平衡会。

（3）各级运检部根据调控中心发布的停电计划对月检修计划修订后组织实施。

3. 周工作计划管理

（1）省检修公司、地市公司的分部（中心）、业务室（县公司）依据已下达月检修计划，统筹考虑专业巡视、消缺安排、日常维护等工作制订周工作计划。

（2）需设备停电的，提前将停电检修申请提交各级调控中心。

省检修公司、地市公司运检部依据年度检修计划，组织编制检修计划管控表，从大修技改项目立项、年度停电计划下达、物资采购及业务外包、前期准备、检修实施、检修总结等 6 个环节全过程管控计划任务。

对于大修技改项目立项已批准的检修任务，应在年度停电计划下达后的 1 个月之内倒排时间，保证按期高质量完成。

三、检修准备

检修计划一经批准，检修单位应在检修前做好检修计划的落实，组织开展检修前查勘，落实人员、机具和物资，完成检修作业文本编审。

为全面掌握检修设备状态、现场环境和作业需求，检修工作开展前应按检修项目类别组织合适人员开展设备信息收集和现场查勘，并填写查勘记录。查勘记录应作为检修方案编制的重要依据，为检修人员、工机具、物资和施工车辆的准备提供指导。

（1）查勘要求。

1）查勘人员应具备《国家电网公司电力安全工作规程》中规定的作业人员基本条件。

2）外来人员应经过安全知识培训，方可参与现场查勘，并在查勘工作负责人的监护下工作。

3）大型检修项目由省检修公司、地市公司运检部组织检修前查勘。

4）中型检修项目由省检修公司、地市公司的分部（中心）、业务室（县公司）组织检修前查勘。

5）小型检修项目由工作负责人负责检修前查勘。

6）检修工作负责人应参与检修前查勘。

7）现场查勘时，严禁改变设备状态或进行其他与查勘无关的工作，严禁移开或越过遮栏，并注意与带电部位保持足够的安全距离。

（2）查勘内容。

1）核对检修设备台账、参数。

2）对改造或新安装设备，需核实现场安装基础数据、主要材料型号、规格，并与土建及电气设计图纸核对无误。

3）核查检修设备评价结果、上次检修试验记录、运行状况及存在缺陷。

4）梳理检修任务，核实大修技改项目，清理反事故措施执行情况。

5）确定停电范围、相邻带电设备。

6）明确作业流程，分析检修、施工时存在的安全风险，制定安全保障措施。

7）确定特种作业车及大型作业工机具的需求，明确现场车辆、工机具、备件及材料的现场摆放位置。

（3）大、中型检修项目应填写查勘记录。

检修前应按以下要求做好相关人员准备：

（1）检修计划下达后，检修单位应指定具备相关资质、有能力胜任工作的人员担任检修工作负责人、检修工作班成员和项目管理人员。

（2）特殊工种作业人员应持有职业资格证。

（3）外来人员应进行安全工作规程考试，考试合格者方可参与检修工作。

（4）检修工作开始前，应组织作业人员学习和讨论检修计划、检修项目、人员分工、施工进度、安全措施及质量要求。

检修前应按以下要求做好相关工机具准备：

（1）检修前，检修单位应确认检修作业所需工机具、试验设备是否齐备，并按照规程进行检查和试验。

（2）检修单位应提前将检修作业所需工机具、试验设备运抵现场，完成安装调试，分区定置摆放。

（3）检修机具应指定专人保管维护，执行领用登记制度。

检修前应按以下要求做好相关物资准备：

（1）检修计划下达后，检修单位应指定专人负责联系、跟踪物资到货情况，确保物资按计划运抵检修现场。

（2）检修物资应指定专人保管，执行领用登记制度。

（3）易燃易爆品管理应符合《民用爆炸物品安全管理条例》、GB 6722—2014《爆破安全规程》等相关规定。

（4）危险化学物品管理应符合《危险化学品安全管理条例》等规定。

四、检修方案

检修方案是检修项目现场实施的组织和技术指导文件，检修方案的编审应符合以下要求。

1. 大型检修项目检修方案编审要求

（1）大型检修项目应编制检修方案，方案应包括编制依据、工作内容、检修任务、组织措施、安全措施、技术措施、物资采购保障措施、进度控制保障措施、检修验收工作要求、作业方案等各种专项方案。

（2）检修项目实施前30天，检修项目实施单位应组织完成检修方案编制，检修项目管理单位运检部组织安质部、调控中心完成方案审核，报分管生产领导批准。

（3）大型检修项目检修方案应报省公司运检部备案。

2. 中型检修项目检修方案编审要求

（1）中型检修项目应编制检修方案，方案应包括编制依据、工作内容、检修任务、组织措施、安全措施、技术措施、物资采购保障措施、进度控制保障措施、检修验收工作要求、作业方案等各种专项方案。

（2）如中型检修单个作业面的安全与质量管控难度不大、作业人员相对集中，其作业方案则可用“小型项目检修方案＋标准作业卡”替代。

（3）检修项目实施前15天，检修项目实施单位应组织完成检修方案编制，检修项目管理单位运检部、安质部、调控中心完成方案审核，报分管生产领导批准。

3. 小型检修项目检修方案编审要求

（1）小型检修项目应编制检修方案，方案应包括项目内容、人员分工、停电范围、备品备件及工机具等。

（2）检修项目实施前3天，检修项目实施单位应组织完成检修方案编制和审批。

五、现场管理

（一）大型检修现场管理

大型检修项目应成立领导小组、现场指挥部。

1. 领导小组

（1）领导小组由设备运维、检修、调控、物资单位或部门的领导、管理人员组成。

（2）一类变电站检修领导小组组长由省公司分管生产领导担任，其他变电站检修领导小组组长由省检修公司、地市公司分管生产领导担任。

（3）领导小组应对检修施工过程中重大问题决策。

2. 现场指挥部

（1）现场指挥部由项目管理单位运检部、分部（中心）或业务室（县公司）、外包施工单位的相关人员组成。

（2）现场指挥部设总指挥，负责现场总体协调及检修全过程的安全、质量、进度、文明施工等管理。

（3）一类变电站大型检修现场指挥部总指挥由省检修公司分管生产领导担任。

（4）二、三类变电站大型检修现场指挥部总指挥由省检修公司、地市公司运检部负责人担任。

（5）四类变电站大型检修现场指挥部总指挥由省检修公司、地市公司的分部（中心）、业务室（县公司）分管生产领导担任。

（6）现场指挥部应设专人负责技术管理、安全监督。

3. 大型检修项目现场管理要求

（1）安全技术交底。

1）开工前2周内，由领导小组组织项目参与单位进行安全技术交底，3天内发布纪要。

2）开工前1周内，由现场指挥部组织施工单位、运维单位相关人员进行现场安全技术交底，形成安全技术交底记录并存档。

（2）检修作业管控。

1）每日应召开早、晚例会进行日管控，由现场总指挥主持，指挥部全体成员、各作业面负责人（把关人）参加。

2）早例会布置当日主要作业面、作业面负责人和工作内容，交代当日主要的安全风险和关键质量的控制措施。

3）晚例会对当日工作进行全面点评，对次日工作进行全面安排，对主要问题进行集中决策，形成日报并报领导小组。

（3）安全质量督查。省检修公司、地市公司安质部、运检部应对检修关键节点进行稽查。

（二）中型检修现场管理

1. 中型检修项目要求

中型检修项目应成立现场指挥部。

（1）现场指挥部由省检修公司、地市公司的分部（中心）、业务室（县公司）和外包施工单位的相关人员组成。

（2）现场指挥部设总指挥，负责现场总体协调及检修全过程的安全、质量、进度、文明施工等管理。

（3）现场指挥部总指挥由省检修公司、地市公司的分部（中心）、业务室（县公司）生产管理人员担任。

（4）现场指挥部应设专人负责技术管理、安全监督。

2. 中型检修项目现场管理要求

（1）安全技术交底。开工前1周内，由现场指挥部组织施工、运维单位、外包施工厂家等单位相关人员进行现场安全技术交底，形成安全技术交底记录并存档。

（2）检修作业管控。

1）每日应召开早、晚例会进行日管控，由现场总指挥主持，指挥部全体成员、各作业面负责人（把关人）参加。

2）早例会布置当日主要作业面、专业负责人和工作内容，交代当日主要的安全风险和关键质量的控制措施。

3）晚例会对当日工作进行全面点评，对次日工作进行全面安排，对主要问题进行集中决策。

（3）安全质量稽查。省检修公司、地市公司安质部、运检部应对检修关键节点进行稽查。

（三）小型检修现场管理要求

小型检修项目实行工作负责人制，小型检修项目现场管理应符合以下要求：

（1）工作负责人负责作业现场生产组织与总体协调。

（2）工作负责人（分工作负责人）每日工作前应向工作班成员、外包施工人员等交代工作内容、人员分工、安全风险辨识与控制措施，当日工作结束后应进行工作点评。

（3）工作负责人（分工作负责人）对本专业的现场作业全过程安全、质量、进度和文明施工负责。

六、检修验收

1. 检修验收的一般要求

（1）检修验收是指检修工作全部完成或关键环节阶段性完成后，在申请项目验收前对所检修的项目进行的自验收。

（2）检修验收分为班组验收、指挥部验收、领导小组验收。

（3）班组验收是指班组负责人对检修工作的所有工序进行全面检查验收，指挥部验收是指现场指挥部总指挥、安全与技术专业工程师对重点工序进行全面检查验收，领导小组验收是指领导小组成员对重点工序进行抽样检查验收。

（4）各级验收结束后，验收人员应向检修班组通报验收结果，验收未合格的，不得进行下一道流程。

（5）对验收不合格的工序或项目，检修班组应重新组织检修，直至验收合格。

（6）关键环节是指隐蔽工程、主设备或重要部件解体检查、高风险工序等。

2. 大型检修项目验收要求

（1）大型项目采取“班组自验收+指挥部抽检验收+领导小组抽检验收”的三级验收模式。

（2）班组自验收完成后，由班组负责人向现场指挥部申请指挥部验收。

（3）指挥部验收完成后，由现场指挥部负责人向领导小组申请领导小组验收。

（4）指挥部在检修验收前应根据规程规范、技术说明书、标准作业卡、检修方案等编制验收标准作业卡。

（5）验收工作完成后应编制验收报告。

3. 中型检修项目验收要求

（1）中型项目采取“班组自验收+指挥部验收”的二级验收模式。

（2）班组自验收完成后，由班组负责人向现场指挥部申请指挥部验收。

（3）指挥部在检修验收前应根据规程规范、技术说明书、标准作业卡、检修方案等编制验收标准作业卡。

（4）验收工作完成后应编制验收报告。

4. 小型检修项目验收要求

（1）小型项目采取“班组自验收”一级验收模式。

（2）验收情况记录在检修标准作业卡中。

七、现场安全管理

在运用中的高压设备上工作，分为以下3类：

（1）全部停电的工作，指室内高压设备全部停电（包括架空线路与电缆引入线），并且通至邻接高压室的门全部闭锁，以及室外高压设备全部停电（包括架空线路与电缆引入线）。

（2）部分停电的工作，指高压设备部分停电，或室内虽全部停电，而通至邻接高压室的门并未全部闭锁。

（3）不停电工作是指：

1）工作本身不需要停电并且不可能触及导电部分的工作。

2）可在带电设备外壳上或导电部分上进行的工作。

在高压设备上工作，应至少由 2 人进行，并完成保证安全的组织措施和技术措施。

在电气设备上工作，保证安全的组织措施有：① 现场勘察制度；② 工作票制度；③ 工作许可制度；④ 工作监护制度；⑤ 工作间断、转移和终结制度。

在电气设备上工作，保证安全的技术措施有：① 停电；② 验电；③ 接地；④ 悬挂标示牌和装设遮栏（围栏）。

上述措施由运维人员或有权执行操作的人员执行。

八、检修总结

大型检修项目应进行检修总结。对于具有典型性或在施工过程中遇到的问题值得总结的中型项目，也应进行检修总结。

检修总结在检修项目竣工后 7 天内完成，对检修计划、检修方案、过程控制、完成情况、检修效果等情况等进行全面、系统、客观的分析和总结。

检修总结按项目规模分别由领导小组、现场指挥部负责组织完成。

九、标准化作业

现场检修、抢修、消缺等工作应全面执行标准化作业，使用标准作业卡。

1. 标准作业卡编制要求

（1）标准作业卡的编制原则为任务单一、步骤清晰、语句简练，可并行开展的任务或不是由同一小组人员完成的任务不宜编制为一张作业卡，避免标准作业卡繁杂冗长、不易执行。

（2）标准作业卡原则上由检修工作负责人按模板编制，班长或副班长（专业工程师）负责审核。

（3）标准作业卡正文分为基本作业信息、工序要求（含风险辨识与预控措施）两部分。

（4）编制标准作业卡前，应根据作业内容开展现场查勘，确认工作任务是否全面，并根据现场环境开展安全风险辨识、制定预控措施。

（5）作业工序存在不可逆性时，应在工序序号上标注*，如*2。

（6）工艺标准及要求应具体、详细，有数据控制要求的应标明。

（7）标准作业卡编号应具有唯一性，按“任务单编号（或工作票编号）+设备双重编号+专业代码+序号”进行编号。

（8）标准作业卡的编审工作应在开工前 1 天完成。

2. 标准作业卡执行要求

（1）现场工作开工前，工作负责人应组织全体作业人员学习标准作业卡，重点交代人员分工、关键工序、安全风险辨识和预控措施等。

（2）工作过程中，工作负责人应对安全风险、关键工艺要求及时进行提醒。

（3）工作负责人应及时在标准作业卡上对已完成的工序打钩，并记录有关数据。

（4）全部工作完毕后，全体工作人员应在标准作业卡中签名确认；工作负责人应对现场标准化作业情况进行评价，针对问题提出改进措施。

（5）已执行的标准作业卡应至少保留一个检修周期。

十、工机具管理

1. 检修工机具保管要求

（1）工机具到货（安装）后，使用单位应参与到货验收，做好验收记录。

（2）工机具验收合格后，使用单位应建立台账，对使用说明书及图纸等技术资料进行归档。

（3）工机具存放应符合规程及厂家要求。

2. 检修工机具使用要求

（1）工机具实行出入库登记制度，使用工机具应办理手续，归还时做好记录。

（2）工机具要定期检测、保养，不能超期使用。

（3）工机具的使用维护信息应做记录。

（4）工机具使用说明或操作规范应按设备配置到位。

（5）工机具的使用应符合使用说明要求，现场操作人员应掌握工机具的操作规范。

（6）特种工机具应由具备专业资格的人员进行操作。

工机具的报废应由工机具使用单位填写报废计划，经本单位主管部门审核，通过单位分管领导批准通过，并严格按照公司资产管理的相关规定执行。

第三节　变电设备状态检修管理

一、状态检修

设备检修是生产管理工作的重要组成部分，对提高设备健康水平，保证电网安全、可靠运行具有重要意义。随着电网的快速发展，以及用户对供电可靠性要求的逐步提高，传统的基于周期的设备检修模式已经不能适应电网发展的要求，迫切需要在充分考虑电网安全、环境、效益等多方面因素情况下，研究、探索提高设备运行可靠性和检修针对性的新的检修管理方式。状态检修是解决当前检修工作面临问题的重要手段。

定期检修模式有自身的科学依据和合理性，在多年的实践中有效减少了设备的突发事故。但这种检修模式的缺点也是明显的。主要是采用“一刀切”式的检修模式，没有考虑设备的实际状况进行有针对的检修，造成资源浪费。另外，电网设备制造质量大幅提升，早期的设备检修、试验周期已不能适应设备管理水平的进步。

变电设备状态检修是以设备的历史工作状态为依据，通过各种监测手段识别故障，对故障发生部位、严重程度做出判断，以确定设备的最佳维护时间，对减少停电次数、缩小停电时间与范围、提高设备可靠运行能力有较大的帮助。

状态检修是企业以安全、环境、效益等为基础，通过设备的状态评价、风险分析、检修决策等手段开展设备检修工作，达到设备运行安全可靠、检修成本合理的一种设备检修策略。其中，安全是指由于各种原因可能导致的人身伤害、设备损坏、运行可靠性下降、电网稳定破坏等危及电网安全、可靠运行的情况；环境是指电网运行对社会、国民经济、环境保护等产生的影响；效益是指企业成本、收益及事故情况下可能造成的直接、间接经济损失等经济效益。状态检修并不意味着绝对取消定期检修的概念。设备的检修周期要依据其具体技术条件进行确定。

二、状态检修的基本流程

状态检修的基本流程主要包括设备信息收集、设备状态评价、风险评估、检修策略、检修计划、检修实施及绩效评价 7 个环节。

设备信息收集是开展状态检修的基础，在设备制造、投运、运行、维护、检修、试验等全过程中，通过对投运前基础信息、运行信息、试验检测数据、历次检修报告和记录、同类型设备的参考信息等特征参量进行收集、汇总，为设备状态的评价奠定基础。

设备状态评价原则应该基于巡检及例行试验、诊断性试验、在线监测、带电检测、家族缺陷、不良工况等状态信息，包括其现象强度、量值大小及发展趋势，结合与同类设备的比较，做出综合判断。

注意值处置原则：有注意值要求的状态量，若当前试验值超过注意值或接近注意值的趋势明显，对于正在运行的设备，应加强跟踪监测；对于停电设备，如怀疑属于严重缺陷，不宜投入运行。

警示值处置原则：有警示值要求的状态量，若当前试验值超过警示值或接近警示值的趋势明显，对于运行设备应尽快安排停电试验；对于停电设备，消除此隐患之前，一般不应投入运行。

状态量的显著性差异分析：在相近的运行和检测条件下，同一家族设备的同一状态量不应有明显差异，否则应进行显著性差异分析。

易受环境影响状态量的纵横比分析，可作为辅助分析手段。如 a、b、c 三相（设备）的上次试验值和当前试验值分别为 a_1、b_1、c_1、a_2、b_2、c_2，在分析设备 a 当前试验值 a_2 是否正常时，以上次试验值为基准，根据 $a_2/(b_2+c_2)$ 与 $a_1/(b_1+c_1)$ 两个数值的相对变化率有无明显差异进行判断，一般不超过±30%可判为正常。

设备状态评价主要依据有关技术标准，根据收集到的各类设备信息，确定设备状态和发展趋势。设备状态评价是开展状态检修工作的基础，必须通过持续、规范的设备跟踪管理，综合离线、在线等各种分析结果，才能够准确掌握设备运行状态和健康水平，为开展状态检修的下一阶段工作创造条件。

设备风险评估是开展状态检修工作的重要环节。其目的是利用设备状态评价结果，综合考虑安全、环境和效益三个方面的风险，确定设备运行存在的风险程度，为检修策略和应急预案的制订提供依据。

检修策略以设备状态评价结果为基础，参考风险评估结果，在充分考虑电网发展、技术进步等情况下，对设备检修的必要性和紧迫性进行排序，并依据输变电设备状态检修相关技术标准确定检修方式、内容，并制订具体检修方案。

根据设备的状态检修周期应进行以下调整：

（1）对于停电例行试验，各省公司可依据设备状态、地域环境、电网结构等特点，在Q/GDW 171—2008《输变电设备状态评价导则》所列基准周期的基础上酌情延长或缩短试验周期，调整后的试验周期一般不小于1年，也不大于基准周期的2倍。

（2）对于未开展带电检测设备，试验周期不大于基准周期的1.4倍；未开展带电检测老旧设备（大于20年运龄），试验周期不大于基准周期。

（3）对于巡检及例行带电检测试验项目，试验周期即为Q/GDW 171—2008所列基准周期。

（4）同间隔设备的试验周期宜相同，变压器各侧主进开关及相关设备的试验周期应与该变压器相同。

可延迟试验的条件：符合以下各项条件的设备，停电例行试验可以在周期调整后的基础上最多延迟1个年度：

（1）巡检中未见可能危及该设备安全运行的任何异常。

（2）带电检测（如有）显示设备状态良好。

（3）上次例行试验与其前次例行（或交接）试验结果相比无明显差异。

（4）没有任何可能危及设备安全运行的家族缺陷。

（5）上次例行试验以来，没有经受严重的不良工况。

有下列情形之一的设备，需提前或尽快安排例行或/和诊断性试验：

（1）巡检中发现有异常，此异常可能是重大质量隐患所致。

（2）带电检测（如有）显示设备状态不良。

（3）以往的例行试验有朝着注意值或警示值方向发展的明显趋势，或者接近注意值或警示值。

（4）存在重大家族缺陷。

（5）经受了较为严重不良工况，不进行试验无法确定其是否对设备状态有实质性损害。

（6）如初步判定设备继续运行有风险，则不论是否到期，都应列入最近的年度试验计划，情况严重时，应尽快退出运行，进行试验。

检修计划依据设备检修策略制订。主要分为两个部分：覆盖整个设备寿命周期内的长期检修、维护计划，用于指导设备全寿命周期内的检修、维护工作；与本单位资金计划相对应的年度检修计划和多年滚动计划、规划，用于指导年度检修工作的开展，以及未来一定时期内检修工作安排和资金需求。

绩效评估是在状态检修工作开展过程中，对工作体系的有效性、检修策略的适应性、工作目标实现程度、工作绩效等进行评估，确定状态检修工作取得的成效，查找工作中存在的问题，提出持续改进的措施和建议。

完善状态检修体系是保证状态检修工作取得实效的关键。状态检修工作的基础是从管理、技术和执行3个方面建立相应的体系结构，确保设备检修工作的安全、质量和效益。

三、资产全寿命管理

对开展资产全寿命管理工作，建立规范的、符合实际的资产全寿命管理体系。应明确规划设计、基建、运行维护和退役处置4个寿命周期阶段，确定技术、经济、社会3个层面递进评估资产管理策略决策方法，提出由组织机构、信息、流程和战略4个要素组成的资产全寿命管理基本框架，以及由战略、计划、实施、检查和评价5个要素组成的持续改进资产管理过程。提出输变电设备在线监测系统的全过程管理，包括在线监测系统的管理职责、设备选型和使用、安装和验收、运行、维护、培训和技术文件的管理要求。

在技术层面，应规定各类高压电气设备巡检、检查和试验的项目、周期和技术要求，以巡检、例行试验、诊断性试验替代原有定期试验，明确基于设备状态的试验周期和项目双向调整方法，提出警示值和不良工况、家族缺陷等新概念，以及显著性差异和纵横比分析的新方法。规程内容涵盖巡检、例行试验、诊断性试验、在线监测、带电检测、家族缺陷、不良工况等状态信息，吸收最新的现场试验项目和分析方法，充分考虑各单位设备状态、地域环境、电网结构等特点，是状态检修工作的基础性技术文件。

各类检修工艺导则用以具体指导设备检修工作，确定相应的检修程序和基本工艺标准。《国家电网公司输变电设备状态评价导则》规定了对输变电设备状态进行量化评价的方法，内容主要包括状态参量的选取、权重的定义、评分标准、设备分部件的划分及根据状态参量评价设备状态的方法等。Q/GDW 1905—2013《输变电设备状态检修导则》明确了根据设备状态评价确定具体检修等级、内容并制订针对性检修方案的过程和方法。《输变电设备风险评估导则》明确了开展风险评估工作的基本方法，包括评价的数学模型及影响风险值的资产、损失程度、设备平均故障率等要素的评价方法，给出了不同风险值设备的处理原则。《输变电设备状态检修辅助决策系统建设技术导则》是指导和规范输变电设备状态评价系统建设的主要技术依据，规定了输变电设备状态检修辅助系统应具备的统一业务功能模型、接口规范、系统平台、软件设计等技术要求。DL/T 1430—2015《输变电设备在线监测系统技术导则》规定了输变电设备在线监测参数的选取、监测系统的选型、试验和检验、现场交接验收、包装、运输和储存等方面的技术要求，强调监测系统的有效性和实用性。

执行体系是包括组织机构在内的状态检修流程中各环节的具体实施，它包括设备信息收集、设备评价和风险分析、制定检修策略并实施、检修后评价和人员培训等。各单位开展状态检修工作应首先建立相应的组织体系，并在公司统一管理规定、技术标准指导下制订本单位实施细则。各级生产管理部门是状态检修工作归口管理部门。各单位应成立以单位主管领导牵头的组织领导机构，全面负责状态检修的组织、实施、检查、考核等工作。

在执行体系中，把握设备的状态是关键。一是要控制设备的初始状态，要通过对设计、选型、制造、建设、交接等各环节的技术监督，对设备初始状态有清晰、准确的了解和掌握；二是要通过加强运行监视、认真开展设备检测、试验等工作，及时收集、归纳、处理设备运行信息，确切掌握设备运行状态；三是要采取有针对性的设备维护、检修措施，及时处理设备缺陷和隐患，恢复设备健康水平，保持设备良好的运行状态。

执行体系中要特别强调对设备管理人员、运行人员的业务培训和技术水平提高。各级技术人员，尤其是生产班组技术人员必须熟悉设备的性能，能够通过设备运行状况变化及各类试验报告进行综合分析，敏锐地发现设备存在的问题，及时开展跟踪测试和检修，确保设备可靠运行。执行体系的关键是落实人员责任制。状态检修工作比设备定期检修更依赖人的责任心和主人公意识。在加强对各级设备管理人员进行教育培训的同时，要明确各级人员责任，落实责任制，强化考核力度，坚决杜绝放任自流、主观臆断等现象的发生。执行体系中另一个重要环节是加强对各级生产人员的培训和检测、试验装备的配备。通过培训，使设备管理人员准确掌握设备的原理、性能、重要指标等参数，提高设备管理人员对设备状态有效监视和分析的综合技能。各单位要注重选拔、培养一支合格的状态检修专家队伍，为状态检修工作的有效开展提供必要的技术支持。同时，各生产单位应当针对状态检修工作配备必要的检测、试验设备和检修工具，为实施状态检修提供保证。

设备巡检也是状态检修的重要环节。在设备运行期间，应按规定的巡检内容和巡检周期对各类设备进行巡检，巡检内容还应包括设备技术文件特别提示的其他巡检要求。巡检情况应有书面或电子文档记录。在雷雨季节前，大风、降雨（雪、冰雹）、沙尘暴及有明显震感的地震之后，应对相关设备加强巡检；新投运的设备、对核心部件或主体进行解体性检修后重新投运的设备，宜加强巡检；日最高气温35℃以上或大负荷期间，宜加强红外测温检查。

对变电设备的试验分为例行试验和诊断性试验。例行试验通常按周期进行，诊断性试验只在诊断设备状态时根据情况有选择地进行。进行变电设备状态检修试验，应注意以下事项：

（1）若存在设备技术文件要求但《国家电网公司输变电设备状态检修导则》未涵盖的检查和试验项目，按设备技术文件要求进行。若设备技术文件要求与《国家电网公司输变电设备状态检修导则》要求不一致，按要求严格执行。

（2）110（66）kV及以上新设备投运满1～2年，以及停运6个月以上重新投运前的设备，应进行例行试验，1个月内开展带电检测。对核心部件或主体进行解体性检修后重新投运的设备，可参照新设备要求执行。

（3）现场备用设备应视同运行设备进行例行试验；备用设备投运前应对其进行例行试验；若更换的是新设备，投运前应按交接试验要求进行试验。

（4）如经实用考核证明利用带电检测和在线监测技术能达到停电试验的效果，经批准可以不做停电试验或适当延长周期。

（5）500kV及以上电气设备停电试验宜采用不拆引线试验方法，如果测量结果与历次比较有明显差别或超过Q/GDW 171—2008规定的数值，应拆引线进行诊断性试验。

（6）二次回路的交流耐压可用2500V绝缘电阻表测绝缘电阻代替。

（7）在进行与环境温度、湿度有关的试验时，除专门规定的情形之外，环境相对湿度不宜大于80%，环境温度不宜低于5℃，绝缘表面应清洁、干燥。若前述环境条件无法满足时，可按纵横比分析进行分析。

（8）除特别说明，所有电容和介质损耗因数一并测量的试验，试验电压均为10kV。

变压器设备检修

电力变压器是发电厂和变电站的主要设备之一。变压器的作用是多方面的，不仅能升高电压把电能送到用电地区，还能把电压降低为各级使用电压，以满足用电的需要。因此，变压器在电力系统中的作用十分重要，是变电设备中的核心设备，其外形如图2－1所示。

图2－1　变压器外形图

第一节　变压器检修项目

一、变压器的检修类型

1. 变压器专业巡视

变压器运行期间，按规定的巡视内容和巡视周期对其进行巡视，巡视内容还应包括设备技术文件特别提示的其他巡视要求。巡视情况应有书面或电子文档记录。在雷雨季节前，大风、降雨（雪、冰雹）、沙尘暴之后，应对变压器加强巡视；新投运的设备、对核心部件或主体进行解体性检修后重新投运的设备，宜加强巡视；日最高气温35℃以上或大负荷期间，宜加强红外测温检查。

2. 变压器大修

变压器大修是指变压器吊芯或吊开钟罩的检查和维修。当发生以下情况时，应进行大修：

（1）箱沿焊接的全密封变压器或制造厂另有规定者，若经过试验与检查并结合运行情况，判定有内部故障或本体严重渗漏油时，应进行大修。

（2）在电力系统中运行的变压器承受出口短路后，经综合诊断分析，可考虑大修。

（3）运行中的变压器发生异常状况或经试验判明有内部故障时，应进行大修。

3. 例行检修

例行检修是一种标准化检修，是以国家电网公司统一规范的检修作业流程及工艺要求为准则而开展的一种周期性检修模式。其目的是通过对作业流程及工艺要求的严格执行，更好地开展检修工作，确保检修工艺和设备投运质量，使得检修作业专业化和标准化。目前电力系统变电设备通常采用例行检修模式，周期为5～6年进行一次。

二、变压器专业巡视

1. 本体及储油柜

（1）顶层温度计、绕组温度计外观应完整，表盘密封良好，无进水、凝露，温度指示正常，并与远方温度显示比较，相差不超过5℃。

（2）油位计外观完整，密封良好，无进水、凝露，指示应符合油温油位标准曲线的要求。

（3）法兰、阀门、冷却装置、油箱、油管路等密封连接处应密封良好，无渗漏痕迹，油箱、升高座等焊接部位质量良好，无渗漏油。

（4）无异常振动声响。

（5）铁芯、夹件外引接地应良好。

（6）油箱及外部螺栓等部位无异常发热。

2. 冷却装置

（1）散热器外观完好、无锈蚀、无渗漏油。

（2）阀门开启方向正确，油泵、油路等无渗漏、无掉漆及锈蚀。

（3）运行中的风扇和油泵、水泵运转平稳，转向正确，无异常声音和振动，油泵油流指示器密封良好，指示正确，无抖动现象。

（4）水冷却器压差继电器、压力表、温度表、流量表指示正常，指针无抖动现象。

（5）冷却器无堵塞及气流不畅等情况。

（6）冷却塔外观完好，运行参数正常，各部件无锈蚀、管道无渗漏、阀门开启正确、电动机运转正常。

3. 套管

（1）瓷套完好，无脏污、破损，无放电。

（2）防污闪涂料、复合绝缘套管伞裙、辅助伞裙无龟裂、老化、脱落。

（3）套管油位应清晰可见，观察窗玻璃清晰，油位指示在合格范围内。

（4）各密封处应无渗漏。

（5）套管及接头部位无异常发热。

（6）电容型套管末屏应接地可靠，密封良好，无渗漏油。

4. 吸湿器

（1）外观无破损，干燥剂变色部分不超过 2/3，不应自上而下变色。

（2）油杯的油位在油位线范围内，油质透明无混浊，运行正常。

（3）免维护吸湿器应检查电源，检查排水孔应畅通、加热器工作正常。

5. 分接开关

（1）无励磁分接开关。

1）密封良好，无渗漏油。

2）档位指示器清晰、指示正确。

3）机械操作装置应无锈蚀。

4）定位螺栓位置应正确。

（2）有载分接开关。

1）机构箱密封良好，无进水、凝露，控制元件及端子无烧蚀发热。

2）档位指示正确，指针在规定区域内，与远方挡位一致。

3）指示灯显示正常，加热器投切及运行正常。

4）开关密封部分、管道及其法兰无渗漏油。

5）储油柜油位指示在合格范围内。

6）户外变压器的油流控制（气体）继电器应密封良好，无集聚气体，户外变压器的防雨罩无脱落、偏斜。

7）有载分接开关在线滤油装置无渗漏，压力表指示在标准压力以下，无异常噪声和振动；控制元件及端子无烧蚀发热，指示灯显示正常。

8）冬季寒冷地区（温度持续保持 0℃以下）机构控制箱与分接开关连接处齿轮箱内应使用防冻润滑油并定期更换。

6. 气体继电器

（1）密封良好、无渗漏。

（2）防雨罩完好（适用于户外变压器）。

（3）集气盒无渗漏。

（4）视窗内应无气体（有载分接开关气体继电器除外）。

（5）接线盒电缆引出孔应封堵严密，出口电缆应设防水弯，电缆外护套最低点应设排水孔。

7. 压力释放装置

（1）外观完好，无渗漏，无喷油现象。

（2）导向装置固定良好，方向正确，导向喷口方向正确。

8. 突发压力继电器

外观完好、无渗漏。

9. 断流阀

（1）密封良好、无渗漏。

（2）控制手柄在运行位置。

10. 冷却装置控制箱和端子箱

（1）柜体接地应良好，密封、封堵良好，无进水、凝露。

（2）控制元件及端子无烧蚀过热。

（3）指示灯显示正常，投切温湿度控制器及加热器工作正常。

（4）电源具备自动投切功能，风机能正常切换。

三、变压器本体及各附件的检修与维护

（一）铁芯的检修

铁芯的检修主要是检查铁芯的绝缘、夹紧程度及漏磁发热等情况。用绝缘电阻表测量铁芯对油箱、紧固结构件等金属接地件之间的绝缘电阻，判断铁芯的绝缘情况，同时应检查铁芯有无片间短路现象，并做针对性处理。对有接地和磁屏蔽的铁芯，还要检查其与铁芯的绝缘和接地情况。检查铁芯紧固结构件中螺栓的紧固情况，必要时进行紧固。检查铁芯紧固件有无漏磁发热现象。

1. 检修工艺

（1）检查铁芯外表是否平整，有无片间短路或变色、放电烧伤痕迹，绝缘漆膜有无脱落，上铁扼的顶部和下铁扼的底部是否有油垢杂物，可用干净的白布或泡沫塑料擦拭。若叠片有翘起或不规整之处，可用木锤或铜锤敲打平整。

（2）检查铁芯上下夹件、方铁、绕组压板的紧固程度和绝缘状况，绝缘压板有无爬电烧伤和放电痕迹。为便于监测运行中铁芯的绝缘状况，可在大修时在变压器箱盖上加装一小套管，将铁芯接地线（片）引出接地。

（3）检查压钉、绝缘垫圈的接触情况，用专用扳手逐个紧固上下夹件、方铁、压钉等各部位紧固螺栓。

（4）用专用扳手紧固上下铁芯的穿心螺栓，检查与测量绝缘情况。

（5）检查铁芯间和铁芯与夹件间的油路。

（6）检查铁芯接地片的连接及绝缘状况。

（7）检查无孔结构铁芯的拉板和钢带。

（8）检查铁芯电场屏蔽绝缘及接地情况。

2. 质量标准

（1）铁芯应平整，绝缘漆膜无脱落，叠片紧密，边侧的硅钢片不应翘起或呈波浪状，铁芯各部件表面应无油垢和杂质，片间应无短路、搭接现象，接缝间隙符合要求。

（2）铁芯与上下夹件、方铁、压板、底脚板间均应保持良好绝缘。

（3）钢压板与铁芯间要有明显的均匀间隙；绝缘压板应保持完整、无破损和裂纹，并有适当紧固度。

（4）钢压板不得构成闭合回路，同时应有一点接地。

（5）打开上夹件与铁芯间的连接片和钢压板与上夹件的连接片后，测量铁芯与上下夹件间和钢压板与铁芯间的绝缘电阻，与历次试验相比较应无明显变化。

（6）紧固螺栓，夹件上的正、反压钉和锁紧螺帽无松动，与绝缘垫圈接触良好，无放电烧伤痕迹，反压钉与上夹件有足够距离。

（7）紧固穿心螺栓，其绝缘电阻与历次试验比较应无明显变化。

（8）油路应畅通，油道垫块无脱落和堵塞，且应排列整齐。

（9）铁芯只允许一点接地，接地片用厚度0.5mm、宽度不小于30mm的紫铜片，插入3～4级铁芯间，对大型变压器插入深度不小于80mm，其外露部分应包扎绝缘，防止铁芯短路。

（10）固定螺栓应紧固并有足够的机械强度，绝缘良好不构成环路，不与铁芯相接触。

（11）绝缘良好，接地可靠。

（二）绕组及引线的检修

根据绕组最外层是否包有围屏，可分为有围屏绕组和无围屏绕组两种结构。对于有围屏绕组正常吊芯检修时，只能看见围屏，不能看到绕组的实际结构。所以重点应检查围屏有无变形、发热、树枝状放电和受潮痕迹，围屏是否清洁有无破损，绑扎紧固是否完整等。而无围屏的绕组，能检查到高压绕组的外层部分，除了检查绕组有无变形，绕组各部垫块有无位移和松动情况外，还应检查高压绕组的绝缘状况，绕组绝缘有无局部过热、放电痕迹，绕组外观绝缘是否整齐清洁有无破损等。不管绕组有无围屏，都要检查压钉紧压绕组情况。

引线的绝缘主要取决于绝缘距离，检修中应检查引线与各部分的绝缘距离是否符合要求。为了保证引线的绝缘距离不改变，应检查夹持件的紧固情况。另外，应检查引线表面的绝缘情况，检查引线焊接、连接是否不良及引线有无断股等。

检修工艺及质量标准如下。

1. 检查相间隔板和围屏

（1）围屏清洁无破损，绑扎紧固完整，分接引线出口处封闭良好，围屏无变形、发热和树枝状放电痕迹。

（2）围屏绑扎应用收缩带加固或改用收缩带。

（3）相间隔板完整并固定牢固，如发现异常应打开围屏进行检查。

2. 检查绕组和匝绝缘

（1）绕组应清洁，表面无油垢、无变形，整个绕组无倾斜、位移，导线辐向无明显弹出现象。

（2）匝绝缘无破损。

3. 检查绕组可见部位的垫块

可见部位垫块应排列整齐，辐向间距相等。轴向成一直线，支撑牢固有适当压紧力，垫块外露出绕组的长度至少应超过绕组导线的厚度。

4. 检查绕组清洁、油道无堵塞

（1）油道保持畅通，无绝缘油垢及其他杂物（如硅胶粉末）积存，必要时可用软毛刷（或用绸布、泡沫塑料）轻轻擦拭。

（2）外观整齐清洁，绝缘及导线无破损，绕组线匝表面如有破损裸露导线处，应进行包扎处理。

（3）特别注意导线的统包绝缘不可将油道堵塞，以防局部发热、老化。

5. 检查绕组绝缘状态

用手指按压绕组表面检查其绝缘状态。

（1）一级绝缘：绝缘有弹性，用手指按压后无残留变形，属良好状态。

（2）二级绝缘：绝缘仍有弹性，用手指按压后无裂纹、脆化，属合格状态。

（3）三级绝缘：绝缘脆化，呈深褐色，用手指按压时有少量裂纹和变形，属勉强可用状态。

（4）四级绝缘：绝缘已严重脆化，呈黑褐色，用手指按压时即酥脆、变形、脱落，甚至可见裸露导线，属不合格状态。

（5）对绝缘性能有怀疑时可进行聚合度和糠醛试验，对照 GB/T 7595—2017《运行中变压器油质量》有关规定判定。

（三）油箱的检修

油箱的检修主要是检查和处理是否渗漏油，同时对油箱底部、密封面、管路等进行清洗，对有磁屏蔽油箱的磁屏蔽部分进行检修。

检修工艺及质量标准如下：

（1）对油箱上焊点和焊缝中存在的砂眼等渗漏点进行补焊，消除渗漏点。

（2）清扫油箱内部，清除寄存在箱底的油污杂质。油箱内部洁净，无锈蚀，漆膜完整。

（3）清扫强油循环管路，检查固定于下夹件上的导向绝缘管连接是否牢固，表面有无放电痕迹。强油循环管路内部清洁，导向管连接牢固，绝缘管表面光滑，漆膜完整、无破损、无放电痕迹。

（4）检查钟罩和油箱法兰结合面是否平整，发现沟痕应补焊磨平。法兰结合面应清洁平整。

（5）检查器身定位钉，防止定位钉造成铁芯多点接地。定位钉无影响不可退出。

（6）检查磁（电）屏蔽装置，有无放电现象，固定是否牢固。磁（电）屏蔽装置应可靠接地。

（7）检查内部油漆情况，对局部脱漆和锈蚀应处理，重新补漆。内部漆膜完整，附着牢固。

（8）更换钟罩与油箱间的密封胶垫。胶垫接头黏合牢固，并放置在油箱法兰直线部位的两螺栓中间，搭接面平放，搭接面长度不少于胶垫宽度的2～3倍。在胶垫接头处严禁用白纱带或尼龙带等物包扎加固。

（9）油箱外部检修。

1）油箱的强度足够，密封良好，如有渗漏应进行补焊，重新喷漆。

2）密封胶垫全部予以更换。

3）箱壁或顶部的铁芯定位螺栓退出，并与铁芯绝缘。

4）油箱外部漆膜喷涂均匀、有光泽、无漆瘤。

5）铁芯（夹件）外引接地套管完好。

（四）冷却装置的检修

冷却装置的检修主要是检查其密封情况、油泵和风扇的工作状况，并进行针对性的处理，对冷却装置进行清扫，检查冷却装置的阀门是否全部开启等。

检修工艺及质量标准如下：

（1）校核冷却器的油路管径，使油注入变压器本体时，油流的线速度不得大于2m/s，导向冷却装配喷出口的油流线速度不得大于1m/s。否则，必须采取加大出口口径等改良措施。

（2）运行15年及以上的散热器、冷却器应解体检修。处置渗漏点，清洗内外，更换密封垫。

（3）潜油泵的检修：现场对运转次数到达检修周期和有过热、异响的潜油泵必须实时放置更换检修。潜油泵的解体检修应在检修车间的工作台上进行，应依照制造厂提供的维护检修要求或参照变压器现场检修导则的指导进行。新潜油泵在回装到冷却器上之前，应先不带电做转动实验，可从吸进口拨动泵叶，检查转动是否灵活；然后按规程要求进行电气实验。电念头亦应先手动使其旋转，检查有无卡涩现象。

（4）回装到本体上的冷却器（含散热器）必须注重放气，且不得将气赶进本体。

（5）风扇、电念头的检修：电念头转子不得有跨越1.5mm及以上的串轴现象，没法修复者，应予更换。检查风扇叶片与电机轴上的防雨罩是否完好。装配回原位后，检查转动标的目的是否准确。

（6）检查并清扫总控制箱、分控制箱，应内外清洁，密封优秀，密封条无老化现象，接线无松动、发热迹象，否则应予处置。

（7）检查所有电缆和毗连线，发现已有老化迹象的一概更换。

（五）套管的检修

在变压器大修过程中，一般对油纸电容式套管不做解体检修。经试验结果判明电容芯子有轻度受潮时，可用热循环法进行轻度干燥驱潮，以使其$\tan\delta$值符合规定。具体操作方法是：将送油管接到套管顶部的油塞孔上，回油管接到套管尾端的放油孔上，通过不高于80±5℃的热油循环，使套管的$\tan\delta$值达到合格为止，处理时间不超过10h。

而当那些本身深度受潮或电容芯子存在严重缺陷或已发现套管电容芯子存在树枝状放电痕迹时，则需要在具有专用处理设备的检修场所或在制造厂中进行检修处理，一般采用更换套管的方法。

油纸电容式套管的检修工艺和质量标准如下：

（1）检查和清扫瓷套外表和导电管内壁，套管外表和导电管内壁应清洁；检查套管的油位；油位正常，无渗漏油；无裂纹、破损及放电痕迹。

（2）更换升高座法兰上的密封胶垫，更换套管上放油塞、放气塞等可调换的密封胶垫；密封胶垫压缩量：O 形为 1/2，条形为 1/3。密封良好，无渗漏。

（3）检查均压球的紧固状况和小套管的连接情况；均压球应与导电管连接紧固，小套管与套管末屏连接可靠，试验结束后应恢复接地。

（4）对套管进行绝缘电阻、介质损耗试验，必要时取油样试验；绝缘电阻值、介质损耗值合格，油试验合格。

（5）回装时穿缆式的套管引线不能硬拉，引线锥形部分进入均压球内，对各密封面重新密封；引线锥形部分应圆滑地进入均压球，确保引线绝缘和引线的完好，引线与导电管同心，密封面密封良好。

套管型电流互感器的检修工艺和质量标准如下：

（1）检查引出线的标记是否齐全；引出线的标记应与铭牌相符。

（2）更换引出线接线柱的密封胶垫；胶垫更换后不应有渗漏，接线柱螺栓止动帽和垫圈应齐全。

（3）检查引线是否完好，包扎的绝缘有无损伤，引线连接是否可靠；引线和所包扎的绝缘应完好无损，引接线螺栓紧固连接可靠。

（4）检查线圈外绝缘是否完好，并用 2500V 绝缘电阻表测量线圈的绝缘电阻；线圈外表绝缘完好，绝缘电阻应大于 1MΩ。

（5）检查电流互感器固定是否牢固；电流互感器固定牢固无松动现象。

（6）测量伏安特性、检查变比（必要时），应与铭牌相符。

（六）储油柜的检修

1. 胶囊式储油柜的检修

（1）放出储油柜内的存油，取出胶囊，倒出积水，清扫储油柜；内部洁净无水迹。

（2）检查胶囊密封性能，进行气压试验，压力 0.02～0.03MPa，时间 12h（或浸泡在水池中检查有无气泡）应无渗漏；胶囊无老化开裂现象，密封性能良好。

（3）用白布擦净胶囊，从端部将胶囊放入储油柜，防止胶囊堵塞气体继电器连接管，连管口应加焊挡罩；胶囊洁净，连接管口无堵塞。

（4）将胶囊挂在挂钩上，连接好引出口；为了防止油进入胶囊，胶囊出口应高于油位计与安全气道连管，且三者应相互连通。

（5）更换密封胶垫，装复端盖；密封良好，无渗漏。

2. 隔膜式储油柜的检修

（1）解体检修前可先充油进行密封试验，压力 0.02～0.03MPa，时间 2h；隔膜密封良好，无渗漏。

（2）拆下各部连接管，清扫干净，妥善保管，管口密封；防止进入杂质。

（3）拆下指针式油位计连杆，卸下指针式油位计；隔膜应保持清洁、完好。

（4）分解中节法兰螺栓，卸下储油柜上节油箱，取出隔膜清扫；隔膜应保持清洁、完好。

（5）清扫上下节油箱；储油柜内外壁应整洁有光泽、漆膜均匀。

（6）更换密封胶垫；密封良好无渗漏。

（7）检修后按相反顺序进行组装。

3. 磁力式油位计的检修

（1）打开储油柜手孔盖板，卸下开口销，拆除连杆与密封隔膜相连的铰链，从储油柜上整体拆下磁力式油位计。

（2）检查传动机构是否灵活，有无卡轮、滑齿现象。

（3）检查主动磁铁、从动磁轭是否耦合和同步，指针是否与表盘刻度相符，否则应调节后锁紧紧固螺栓，以防松脱。

（4）检查限位报警装置动作是否正确，否则应调节凸轮或开关位置。

（5）更换密封胶垫进行复装。

（七）在线净油装置的检修

由于北京颇尔生产的LTC7500在线净油装置目前使用较广泛且缺陷发生率较高，故以下着重介绍LTC7500装置检修要点。

（1）为确保设备的使用寿命和运行安全，在初次运行的一周内应每日检查1次，一周后应每月检查2次。主要检查系统是否有渗漏、异常的运转声音。

（2）日常维护包括补油、取油样、滤芯更换。

（3）当压差报警装置报警时必须及时更换相应的滤芯。注意：如发现油含水量一直居高不下时，即使未报警，也应及时查明原因，排除故障，必要时更换除水滤芯。

（4）取油样操作。打开设备控制箱，先切断滤油设备的电源，打开取样阀，按取样操作要求取样。取样结束后关闭阀，合上电源开关，关闭箱门。

（5）滤芯更换。切断滤油设备的电源，关闭切换油室进出油管的阀门，卸除在线净油装置箱壳，旋下滤芯。更换新密封圈，待换滤芯注满油后，旋上新滤芯。打开油室进出油阀，旋松放气溢油螺栓，逐个放气直至溢油。完成以上工作后，旋紧放气溢油螺栓，复装箱壳，恢复在线净油装置电源。

更换两种滤芯的操作程序相同，但注意不要混淆。

（八）压力释放阀的检修

（1）从变压器油箱上拆下压力释放阀；拆下零件妥善保管，孔洞用盖板封好。

（2）清扫护罩和导流罩；清除积尘，保持清洁。

（3）检查各部连接螺栓及压力弹簧；各部连接螺栓及压力弹簧应完好，无锈蚀，无松动。

（4）进行动作试验；开启和关闭压力应符合规定。

（5）检查微动开关动作是否正确；触点接触良好，信号正确。

（6）更换密封胶垫；密封良好不渗油。

（7）升高座如无放气塞应增设；防止积聚气体因温度变化发生误动。

（8）检查信号电缆；应采用耐油电缆。

（九）吸湿器的检修

（1）将吸湿器从变压器上卸下，倒出内部硅胶，检查玻璃罩是否完好，并进行清扫；玻璃罩清洁完好。

（2）把干燥的硅胶装入吸湿器内，并在顶盖下面留出1/5～1/6高度的空隙；新装吸附剂应干燥，颗粒直径不小于3mm。

（3）失效的硅胶由蓝色变为粉红色，可置入烘箱干燥，还原后再用；还原后应呈蓝色。

（4）更换胶垫；胶垫质量符合标准规定。

（5）下部的油封罩内注入变压器油，并将罩拧紧；加油至正常油位线，能起到呼吸作用。

（6）为防止吸湿器摇晃，可用卡具将其固定在变压器油箱上；运行中吸湿器安装牢固，不受变压器振动影响。

（7）吸湿器的外形尺寸及容量可根据实际部位选用合适的类型。

（十）气体继电器的检修

（1）将气体继电器拆下，检查容量器、玻璃窗、放气阀门、放油塞、接线端子盒、小套管等是否完整，接线端子及盖板上箭头标示是否清晰，各接合处是否渗漏油；继电器内充满变压器油，在常温下加压0.15MPa，持续30min无渗漏。

（2）气体继电器密封检查合格后，用合格的变压器油冲洗干净；内部清洁无杂质。

（3）气体继电器应由专业人员检验，动作可靠，绝缘、流速检验合格；流速符合要求。

（4）气体继电器连接管径应与继电器管径相同，其弯曲部分应大于90°；管径符合要求。

（5）气体继电器先装两侧连管，连管与阀门、连管与油箱顶盖间手工艺连接螺栓暂不完全拧紧，此时将气体继电器安装于其间，用水平尺找准位置并使入出口连管和气体继电器三者处于同一中心位置，后再将螺栓拧紧；气体继电器应保持水平位置；连管朝储油柜方向应有1%到1.5%的升高坡度；连管法兰密封胶垫的内径应大于管道的内径；气体继电器至储油柜间的阀门应安装于靠近储油柜侧，阀的口径与管径相同，并有明显的开关标志。

（6）复装完毕后打开连管上的阀门，使储油柜与变压器本体油路连通，打开气体继电器的放气塞排气；气体继电器的安装，应使箭头指向储油柜，继电器的放气塞应低于储油柜最低油面50mm，并便于气体继电器的抽芯检查。

（7）连接气体继电器的二次引线，并做传动试验；二次线缆采用耐油电缆，并防止漏水和受潮，气体继电器的轻、重瓦斯保护动作正确。

（十一）无励磁分接开关的检修

（1）检查开关各部件是否齐全完整无缺损。

（2）松开上方头部定位螺栓，转动操作手柄，检查动触头转动是否灵活，若转动不灵活应进一步检查卡滞的原因。检查绕组实际分接是否与上部指示位置一致，否则应进行调整；机械转动灵活，转轴密封良好，无卡滞，上部指示位置与下部实际接触位置应相一致。

（3）检查动、静触头间接触是否良好，触头表面是否清洁，有无氧化变色、镀层脱落及碰伤痕迹，弹簧有无松动。若发现有氧化膜，用碳化钼和白布带穿入触柱来回擦拭触柱。触柱如有严重烧损时应更换；触头接触电阻小于500μΩ，触头表面应保持光洁，无氧化变质、碰伤及镀层脱落，触头接触压力符合要求，接触严密。

（4）检查触头分接线是否紧固，发现松动应拧紧、锁住；开关所有紧固件均应拧紧，无松动。

（5）检查分接开关绝缘件有无受潮、剥裂或变形，表面是否清洁，发现表面脏污应用无绒毛的白布擦拭干净，绝缘筒如有严重剥裂变形时应更换。操作杆拆下后，应放入油中或用塑料布包上；绝缘筒应完好，无破损、剥裂、变形，表面清洁无油垢。操作杆绝缘良好，无弯曲变形。

（6）检查分接开关，拆前做好明显标记；拆装前后指示位置必须一致，各相手柄及传动机构不得互换。

（7）检查单相开关绝缘操作杆下端槽形插口与开关转轴上端圆柱销的接触是否良好，如有接触不良或放电痕迹应加装弹簧片。

（十二）有载分接开关的检修

1. 有载分接开关的检修周期

（1）随变压器检修进行相应检修。

（2）运行中切换开关或选择开关油室绝缘油，每6个月至1年或分接变换2000～4000次，至少采样1次。

（3）分接开关新投运1～2年或分接变换5000次，切换开关或选择开关应吊芯检查1次。

（4）运行中分接开关累计分接变换次数达到所规定的检修周期分接变换次数限额后，应进行大修。一般分接变换1万～2万次或3～5年，也应吊芯检查。

（5）运行中分接开关，每年结合变压器小修，操作3个循环分接变换。

2. 有载分接开关大修项目

（1）分解开关芯体吊芯检查、维修、调试。

（2）分接开关油室的清洗、检漏与维修。

（3）驱动机构检查、清扫、加油与维修。

（4）储油柜及其附件的检查与维修。

（5）气体继电器、压力释放装置的检查。

（6）自动控制箱的检查。

（7）储油柜及油室中绝缘油的处理。

（8）电动机构及其他器件的检查、维修与调试。

（9）各部位密封检查，渗漏油处理。

（10）电气控制回路的检查、维修与调试。

（11）分接开关与电动机构的连接校验与调试。

3. 有载分接开关的安装及检修中的检查与调整

（1）检查分接开关各部件，包括切换开关、选择开关、分接选择器、转换选择器等应无损坏与变形。

（2）检查分接开关各绝缘件，应无开裂、爬电及受潮现象。

（3）检查分接开关各部位紧固件应紧固良好。

（4）检查分接开关的触头及其连线应完整无损、接触良好、连接牢固，必要时测量接触电阻及触头的接触压力、行程。检查铜编织线应无断股现象。

（5）检查过渡电阻有无断裂、松脱现象，并测量过渡电阻值，其值应符合要求。

（6）检查分接开关引线各部位绝缘距离。

（7）分接引线长度应适宜，以使分接开关不受拉力。

（8）检查分接开关与其储油柜之间阀门应开启。

（9）分接开关密封检查。在变压器本体及其储油柜注油的情况下，将分接开关油室中的绝缘油抽尽，检查油室内是否有渗漏油现象，最后进行整体密封检查，包括附件和所有管道，均应无渗漏油现象。

（10）清洁分接开关油室与芯体，注入符合标准的绝缘油，储油柜油位应与环境温度相适应。

（11）在变压器抽真空时，应将分接开关油室与变压器本体连通，分接开关做真空注油时，必须将变压器本体与分接开关油室同时抽真空。

（12）检查电动机构，包括驱动机构、电动机传动齿轮、控制机构等应固定牢固，操作灵活，连接位置正确，无卡塞现象。转动部分应该注入符合制造厂规定的润滑脂。刹车皮上无油迹，刹车可靠。电动机构箱内清洁，无脏污，密封性能符合防潮、防尘、防小动物的要求。

（13）分接开关和电动机构的联结必须做联结校验。切换开关动作切换瞬间到电动机构动作结束之间的圈数，要求两个旋转方向的动作圈数符合产品说明书要求。联结校验合格后，必须先手摇操作一个循环，然后再电动操作。

（14）检查分解开关本体工作位置和电动机构指示位置应一致。

（15）油流控制继电器或气体继电器动作的油流速度应符合制造厂要求，并应校验合格。其跳闸触点应接变压器跳闸回路。

（16）手摇操作检查。手摇操作一个循环，检查传动机构是否灵活，电动机构箱中的联锁开关、极限开关、顺序开关等动作是否正确；极限位置的机械制动及手摇与电动闭锁是否可靠；水平轴与垂直轴安装是否正确；检查分接开关和电动机构连接的正确性；正向操作和反向操作时，两者转动角度与手摇转动圈数是否符合产品说明书要求，电动机构和分接开关每个分接变换位置及分接变换指示灯的显示是否一致，计数器动作是否正确。

（17）电动操作检查。先将分接开关手摇操作置于中间分接位置，接入操作电源，然后进行电动操作，判别电源相序及电动机构转向。若电动机构转向与分接开关规定的转向不相符，应及时纠正，然后逐级分接变换一个循环，检查启动按钮、紧急停车按钮、电气极限闭锁动作、手摇操作电动闭锁、远方控制操作均应准确可靠。每个分接变换的远方位置指示、电动机构分接位置显示与分接开关分接位置指示均应一致，动作计数器动作正确。

第二节　变压器试验要求

一、变压器试验项目分类

变压器试验项目可分为绝缘试验和特性试验两类。

1. 绝缘试验

绝缘试验包括绝缘电阻和吸收比试验、测量介质损耗因数、泄漏电流试验、工频耐压和感应耐压试验。对220kV及以上变压器应做局部放电试验，新变压器或大修后的变压器在正式投运前要进行空载合闸冲击试验。

2. 特性试验

特性试验包括变比、接线组别、直流电阻、空载、短路、温升及突然短路试验。

二、变压器绝缘试验

1. 绝缘电阻和吸收比试验

绝缘电阻试验是对变压器主绝缘性能的试验，主要诊断变压器受机械、电场、温度、化学等作用及潮湿污秽等影响程度，能灵敏反映变压器绝缘整体受潮、整体劣化和绝缘贯穿性缺陷。

对同一绝缘材料来说，受潮或有缺陷时的吸收曲线也会发生变化，这样就可以根据吸收曲线来判定绝缘的好坏，通常用绝缘电阻表测量15s与60s的绝缘电阻，两者的比值（即吸收比，用K值）来表示。因为绝缘介质受潮程度增加时，漏导电流比吸收电流起始值增加得多，表现在绝缘电阻上就是：15s与60s的绝缘电阻值基本相等，所以K值就接近于1；当绝缘介质干燥时，由于漏导电流小，电流吸收相对大，所以K值就大于1。根据试验经验：当K值大于1.3时，绝缘介质为干燥，这样通过测量绝缘介质的吸收比，可以很好地判定绝缘介质是否受潮，同时K为一个比值，它消除了绝缘结构几何尺寸的影响，而且它为同一温度下测得的数值，无须经过温度换算，对比较测量结果很方便。

2. 测量介质损耗因数

油纸绝缘是有损耗的，在交流电压作用下有极化损耗和电导损耗，通常用$\tan\delta$来描述介质损耗的大小，且$\tan\delta$与绝缘材料的形状、尺寸无关，只决定于绝缘材料的绝缘性能，所以$\tan\delta$是判断绝缘状态是否良好的重要手段之一。绝缘性能良好的变压器的$\tan\delta$值一般较小，若变压器存在着绝缘缺陷，则可将变压器绝缘分为绝缘完好和具有绝缘缺陷两部分。当有绝缘缺陷部分的体积（电容量）占变压器总体积（电容量）的比例较大时，测量的 $\tan\delta$ 也较大，说明试验反映绝缘缺陷灵敏，反之则不灵敏。所以 $\tan\delta$ 试验能较好地反映出分布性绝缘缺陷或缺陷部分体积较大的集中性绝缘缺陷。例如变压器整体受潮或绝缘老化、变压器油质劣化及较大面积的绝缘受潮或老化等。由于套管的体积远小于变压器的体积，在进行变压器 $\tan\delta$ 试验时，即使套管存在明显的绝缘缺陷，也无法反映出来，所以套管需要单独进行 $\tan\delta$ 试验。

3. 泄漏电流试验

测量泄漏电流的作用与测量绝缘电阻相似，但由于试验电压高，测量仪表灵敏度高，相比之下更灵敏、更有效。能灵敏地反映瓷质绝缘的裂纹、夹层绝缘的内部受潮及局部松散断裂、绝缘油劣化、绝缘的沿面炭化等。

4. 工频耐压试验

工频耐压试验是在高电压下鉴定绝缘强度的一种试验方法，它能反映出变压器部分主绝缘存在的局部缺陷，如：绕组与铁芯夹紧件之间的主绝缘、同相不同电压等级绕组之间的主绝缘存在缺陷，引线对地电位金属件之间、不同电压等级引线之间的距离不够，套管绝缘不良等缺陷。而绕组纵绝缘（匝间、层间、饼间绝缘）缺陷、同电压等级不同相引线之间距离不够等，由于试验时这些部位处于同电位，所以无法反映出这些绝缘缺陷。另外，对分级绝缘的绕组，由于中性点的绝缘水平较低，绕组工频耐压试验的试验电压决定于中性点的绝缘水平，如 110kV 绕组的中性点绝缘水平为 35kV、试验电压为 72kV，这时更多是考核绕组中性点附近对地和中性点引出线对地的主绝缘。

5. 感应耐压试验

变压器工频耐压试验时，电压是加在被试绕组与非被试绕组及接地部位（油箱、铁芯等）之间，而被试绕组的所有出线端子是短接地，因此被试绕组各点电位相等，是对主绝缘进行了试验。但变压器相间主绝缘以及匝间、层间和饼间等纵绝缘却没有经受试验电压的考核。感应耐压试验时采用对变压器进行励磁，感应产生高电压，对工频耐压试验未能进行考核到的绝缘部分进行试验。对于全绝缘变压器，工频耐压试验只考核了主绝缘的电气强度，而纵绝缘则由感应耐压试验进行检验。对于分级绝缘变压器，工频耐压试验只考核了中性点的绝缘水平，而绕组的纵绝缘即匝间、层间和饼间绝缘以及绕组对地及对其他绕组和相间绝缘的电气强度仍需感应耐压试验进行考核。因此，感应耐压试验是考核变压器主绝缘和纵绝缘电气强度的重要手段。

6. 局部放电试验

局部放电是指在高压电器内部绝缘的局部位置发生的放电。这种放电只存在于绝缘的局部位置，而不会立即形成整个绝缘贯穿性的击穿或闪络。

高压电气设备的绝缘内部常存在着气隙。另外，变压器油中可能存在着微量的水分及杂质。在电场的作用下，杂质会形成小桥，泄漏电流的通过会使该处发热严重，促使水分汽化形成气泡；同时也会使该处的油发生裂解产生气体。绝缘内部存在的这些气隙（气泡），其介电常数比绝缘材料的介电常数要小，故气隙上承受的电场强度比邻近的绝缘材料上的电场强度要高，而气体的绝缘强度比绝缘材料低。这样，当外施电压达到某一数值时，绝缘内部所含气隙上的场强就会先达到使其击穿的程度，从而气隙先发生放电，这种绝缘内部气隙的放电就是一种局部放电。

还有绝缘结构中由于设计或制造上的原因，会使某些区域的电场过于集中。在此电场集中的地方，就可能使局部绝缘（如油隙或固体绝缘）击穿或沿固体绝缘表面放电。另外，产品内部金属接地部件之间、导电体之间电气连接不良，也会产生局部放电。

因此，如果高电压设备的绝缘在长期工作电压的作用下，产生了局部放电，并且局部放电不断发展，就会造成绝缘的老化和破坏，降低绝缘的使用寿命，从而影响电气设备的安全运行。为了高电压设备的安全运行，就必须对绝缘中的局部放电进行测量，并保证其在允许范围内。

7. 空载合闸冲击试验

做空载合闸冲击试验的目的如下：

（1）检查变压器及其回路的绝缘是否存在弱点或缺陷。拉开空载变压器时，有可能产生操作过电压。在电力系统中性点不接地或经消弧线圈接地时，过电压幅值可达 4～4.5 倍相电压；在中性点直接接地时，过电压幅值可达 3 倍相电压。为了检验变压器绝缘强度能否承受全电压或操作过电压的作用，故在变压器投入运行前，需做空载全电压冲击试验。若变压器及其回路有绝缘弱点，就会被操作的过电压击穿而暴露。

（2）检查变压器差动保护是否误动。带电投入空载变压器时，会产生励磁涌流，其值可达 6～8 倍额定电流。励磁涌流开始衰减较快，一般经 0.5～1s 即可减至 0.25～0.5 倍额定电流，但全部衰减完毕时间较长，中、小变压器约几秒，大型变压器可达 10～20s，故励磁涌流衰减初期，往往使差动保护误动，造成变压器不能投入。因此，空载冲击合闸时，在励磁涌流作用下，可对差动保护的接线、特性、定值进行实际检查，并做出该保护可否投入的评价和结论。

（3）考核变压器的机械强度。由于励磁涌流产生很大的电动力，为了考核变压器的机械强度，故需做空载冲击试验。新产品投运前应连续做 5 次全电压空载冲击试验。每次冲击试验间隔不少于 5min，操作前应派人到现场对变压器进行监视，检查变压器有无异音异状，如有异常应立即停止操作。并且在变压器送电前，其保护应全部投入。

一般要求空载合闸 5 次，因为每次合闸瞬间电压的幅值都不一样，这样每次的励磁涌流也不同，所以一般要求空载合闸 5 次来全面地检测变压器的绝缘、机械强度及差动保护的动作情况。

三、变压器特性试验

1. 变比试验

变压器在空载情况下，高压绕组的电压与低压绕组的电压之比称为变压比。三相变压器通常按线电压计算。变压器试验是在变压器一侧施加电压，用仪表或仪器测量另一侧电压，然后根据测量结果计算变压比。其目的如下：

（1）检查变压比是否与铭牌值相符，以保证达到要求的电压变换。

（2）检查分接开关位置和分接引线的连接是否正确。

（3）检查各绕组的匝数比，可判断变压器是否存在匝间、层间及饼间短路。

（4）提供变压器实际的变压比，以判断变压器能否并列运行。

2. 接线组别试验

变压器的接线组别是变压器的重要技术参数之一。变压器并联运行时，必须组别相同，否则会造成变压器台与台之间的电压差，形成环流，甚至烧毁变压器。接线组别的试验方法有直流法、双电压法和变压比电桥法等。目前常用的是变压比电桥法，在测量变压比的同时，也验证了绕组接线组别的正确性。

3. 直流电阻试验

直流电阻试验可以检查出绕组内部导线的焊接质量，引线与绕组的焊接质量，绕组所用导线的规格是否符合设计要求，分接开关、引线与套管等载流部分的接触是否良好，三相电阻是否平衡等。直流电阻试验的现场实测中，发现了诸如变压器接头松动，分接开关接触不良、档位错误等缺陷，对保证变压器安全运行起到了重要作用。

4. 空载试验

变压器的空载试验一般从电压较低的绕组施加正弦波形、额定频率的额定电压，其他绕组开路的情况下测量其空载电流和空载损耗。

其目的是检查磁路故障和电路故障，检查绕组是否存在匝间短路故障，检查铁芯叠片间的绝缘情况及穿心螺杆和压板的绝缘情况等。当发生以上故障时，空载损耗和空载电流都会增大。

5. 短路试验

变压器的短路试验就是将变压器的一侧绕组短路，从另一端绕组（分接头在额定电压位置上）施加额定频率的交流试验电压，当变压器绕组内的电流为额定值时，测定所加电压和功率的试验就称为变压器的短路试验。现场试验时，考虑到低压侧加电压因电流大、选择试验设备有困难，一般均将低压侧绕组短路，从高压侧绕组施加电压。调整电压使高压侧电流达到额定电流值时，记录此时的功率和电压值，即分别为短路阻抗电压值和短路损耗。

变压器的短路损耗包括电流在绕组电阻上产生的电阻损耗和磁通引起的各种附加损耗，它是变压器运行的重要经济指标之一。同时，阻抗电压是变压器并联运行的基本条件之一，通常用额定电压的百分数来表示。用百分数表示的阻抗电压和短路阻抗是完全相等的。

6. 温升试验

变压器的温升计算（或实际）值，是考核变压器技术性能的一个重要指标。它不仅关系到变压器的安全性、可靠性、使用寿命，也关系到变压器的制造成本。所以在变压器标准中，都有明确的规定。

不同绝缘等级的变压器，其线圈、铁芯、油的温升都有严格的规定。设计人员必须进行仔细、反复的计算。在满足标准的前提下，尽可能降低材料成本。也可以说，对变压器进行温升计算，就是在找一种平衡点，使其既满足变压器的寿命要求，又不浪费材料资源。

现在的温升计算都是一个平均值，由平均值来推算最热点的温度（较粗略），因为最热点的温度才是影响变压器使用寿命的主要因素。

7. 突然短路试验

电力输电系统在运行中不可避免地会出现短路故障，这就要求电力变压器应具有一定的短路承受能力，而突然短路试验正是考核该能力的特殊项目，同时也是对变压器制造综合技术能力和工艺水平的考核。利用试验中强短路电流产生的电动力可以检验变压器和各种导电部件的机械强度，考核变压器的动稳定性。因此，突然短路试验是保证变压器抗短路能力的一项十分重要的试验。

四、变压器油试验

（1）外观：检查运行油的外观，可以发现油中存在不溶性油泥、纤维和脏物。在常规试验中，应有此项目的记载。

（2）颜色：新变压器油一般是无色或淡黄色，运行中颜色会逐渐加深，但正常情况下这种变化趋势比较缓慢。若油品颜色急剧加深，则应调查设备是否有过负荷现象或过热情况出现。如其他有关特性试验项目均符合要求，可以继续运行，但应加强监视。

（3）水分：水分是影响变压器设备绝缘老化的重要原因之一。变压器油和绝缘材料中含水量增加，直接导致绝缘性能下降并会促使油老化，影响设备运行的可靠性和使用寿命。对水分进行严格的监督，是保证设备安全运行必不可少的一个试验项目。

（4）酸值：油中所含酸性产物会使油的导电性增强，降低油的绝缘性能，在运行温度较高时（如80℃以上）还会促使固体纤维质绝缘材料老化和造成腐蚀，缩短设备使用寿命。由于油中酸值可反映出油质的老化情况，所以加强酸值的监督，采取正确的维护措施是很重要的。

（5）氧化安定性：变压器油的氧化安定性试验是评价其使用寿命的一种重要手段。由于国产油氧化安定性较好，且又添加了抗氧化剂，所以通常只对新油进行此项试验，但对于进口油，特别是不含抗氧化剂的油，除对新油进行试验外，在运行若干年后也应进行此项试验，以便采取适当的维护措施，延长设备使用寿命。

（6）击穿电压：变压器油的击穿电压可检验变压器油耐受极限电应力情况，是一项非常重要的监督手段。通常情况下，它主要取决于被污染的程度，但当油中水分较高或含有杂质颗粒时，对击穿电压影响较大。

（7）介质损耗因数：介质损耗因数对判断变压器油的老化与污染程度是很敏感的。新油中所含极性杂质少，所以介质损耗因数也甚微小，一般仅有 0.01%～0.1%数量级；但当氧化或过热而引起油质老化，或混入其他杂质时，所生成的极性杂质和带电胶体物质逐渐增多，介质损耗因数也就会随之增大，在油的老化产物甚微，用化学方法尚不能察觉时，介质损耗因数就已能明显地分辨出来。因此介质损耗因数的测定是变压器油检验监督的常用手段，具有特殊的意义。

（8）界面张力：油水之间界面张力的测定是检查油中含有因老化而产生的可溶性极性杂质的一种间接有效的方法。油在初期老化阶段，界面张力的变化是相当迅速的，到老化中期，其变化速度也逐渐降低，而油泥生成则明显增加。因此，此方法也可对生成油泥的趋势做出可靠的判断。

（9）油泥：此法是检查运行油中尚处于溶解或胶体状态下在加入正庚烷时，可以从油中沉析出来的油泥沉积物。由于油泥在新油和老化油中的溶解度不同，当老化油中渗入新油时，油泥便会沉析出来，油泥的沉积将会影响设备的散热性能，同时还对固体绝缘材料和金属造成严重的腐蚀，导致绝缘性能下降，危害性较大。因此，当以大于 5%的比例混油时，必须进行油泥析出试验。

（10）闪点：测定闪点对运行油的监督是必不可少的项目。闪点降低表示油中有挥发性可燃气体产生，这些可燃气体往往是由于电气设备局部过热，电弧放电造成绝缘油在高温下热裂解而产生的。通过闪点的测定可以及时发现设备的故障，同时对新充入设备及检修处理后的变压器油来说，测定闪点也可防止或发现是否混入了轻质馏分的油品，从而保障设备的安全运行。

（11）油中气体组分含量：油中可燃气体一般都是由于设备的局部过热或放电分解产生的。产生可燃气体的原因如不及时查明和消除，对设备的安全运行是十分危险的。因此采用气相色谱法测定油中气体组分，有效消除变压器的潜伏性故障。该项目是变压器油运行监督中一项必不可少的检测内容。

（12）水溶性酸：变压器油在氧化初级阶段易生成低分子有机酸，如甲酸、乙酸等，因为这些酸的水溶性较好，当油中水溶性酸含量增加（即 pH 值降低），油中又含有水时，会使固体绝缘材料和金属发生腐蚀，并降低电气设备的绝缘性能，缩短设备的使用寿命。

（13）凝点：根据我国的气候条件，变压器油按低温性能划分牌号，如 10、25、45 三种牌号是指凝点分别为－10、－25、－45℃。对于新油的验收及不同牌号油的混用，凝点的测定是必要的。

（14）体积电阻率：变压器油的体积电阻率同介质损耗因数一样，可以判断变压器油的老化程度与污染程度。油中的水分、污染杂质和酸性产物均可造成电阻率的降低。

第三节 变压器验收要求

一、电力变压器施工及验收执行规范

电力变压器施工及验收执行规范总则从施工设计方案、设备运输、设备保管、设备质量、设备到场验收、施工的安全技术措施、相关建筑工程要求、设备材质要求等 10 个方面来阐述电力变压器施工及验收的总体规范要求。尤其需要注意的是电力变压器的施工及验收除按行业规范的规定执行外，还应符合国家现行的有关标准的规定。

电力变压器施工及验收执行规范细则对电力变压器施工及验收的整个流程进行了详细描述，涵盖了每个步骤的工作要点和注意事项，包括从最开始的设备装卸与运输，到安装前的检查与保管、本体就位、注油前排氮、器身检查、变压器干燥、本体及附件安装、注油排氮、热油循环、补油和静置、整体密封检查、工程交接验收等11个步骤。

二、变压器安装前应检查的项目

设备到达现场后，应及时进行下列外观检查：

（1）油箱及所有附件应齐全，无锈蚀及机械损伤，密封应良好。

（2）油箱箱盖或钟罩法兰及封板的连接螺栓应齐全，紧固良好，无渗漏；浸入油中运输的附件，其油箱应无渗漏。

（3）充油套管的油位应正常，无渗油，瓷件无损伤。

（4）充气运输的变压器，油箱内应为正压，其压力一般控制为0.01～0.03MPa。

（5）装有冲击记录仪的设备，应检查并记录设备在运输和装卸中的受冲击情况。

三、变压器干燥的注意事项

变压器是否需要进行干燥，应根据新装电力变压器不需干燥的条件进行综合分析判断后确定。

1. 带油运输的变压器

（1）绝缘油电气强度及微量水试验合格。

（2）绝缘电阻及吸收比（或极化指数）符合规定。

（3）介质损耗因数 $\tan\delta$（%）符合规定（电压等级在35kV以下及容量在4000kVA以下者，可不作要求）。

2. 充气运输的变压器

（1）器身内压力在出厂到安装前均保持正压。

（2）残油中微量水不应大于30ppm；电气强度试验在电压等级为330kV及以下者不低于30kV，500kV者不低于60kV。

（3）变压器注入合格绝缘油后。

1）绝缘油电气强度及微量水符合规定。

2）绝缘电阻及吸收比（或极化指数）符合规定。

3）介质损耗因数 $\tan\delta$（%）符合规定。

注意：① 上述绝缘电阻、吸收比（或极化指数）、$\tan\delta$（%）及绝缘油的电气强度及微量水试验应符合GB 50150—2016《电气装置安装工程电气设备交接试验标准》的相应规定。② 当器身未能保持正压，而密封无明显破坏时，则应根据安装及试验记录全面分析做出综合判断，决定是否需要干燥。

3. 采用绝缘件表面含水量判断规定

（1）设备进行干燥时，必须对各部温度进行监控。当不带油干燥利用油箱加热时，箱壁温度不宜超过110℃，箱底温度不得超过100℃，绕组温度不得超过95℃；带油干燥时，上层油温不得超过85℃；热风干燥时，进风温度不得超过100℃。干式变压器进行干燥时，其绕组温度应根据其绝缘等级而定。

（2）采用真空加温干燥时，应先进行预热。抽真空时应监视箱壁的弹性变形，其最大值不得超过壁厚的2倍。

（3）在保持温度不变的情况下，绕组的绝缘电阻下降后再回升，110kV及以下的变压器持续6h，220kV及以上的变压器持续12h保持稳定，且无凝结水产生时，可认为干燥完毕。

（4）干燥后的变压器应进行器身检查，所有螺栓压紧部分应无松动，绝缘表面应无过热等异常情况。如不能及时检查，应先注以合格油，油温可预热至50℃～60℃，绕组温度应高于油温。

四、变压器本体及附件安装要点

（1）变压器安装必须在晴朗干燥、无尘土飞扬及其他污染的天气进行。现场应与气象部门联系，了解气候变化情况，并做好突然下雨的临时应急措施。

（2）变压器安装前一天必须对变压器周围场地进行清理打扫，保证工作场地的清洁。

（3）与厂家人员做好配合、沟通，对所有部件进行核对，完成各项附件安装。

（4）附件的安装应按照先下后上、先里后外的顺序进行，严防器件相互碰撞。

（5）螺栓紧固时，应先将密封圈放平整，调整合适后，再依对角位置交叉地反复紧固螺母，每次旋紧约1/4圈，不得单独一拧到底，密封圈压缩量约为1/3。

（6）附件安装完毕保持箱体清洁，各侧套管绝缘子清扫干净，油迹清洗干净。

（7）导油管、散热片的安装。

1）安装前先检查内部是否清洁干净，有无受潮。

2）安装散热器时应设专人指挥，上下协调一致，起吊速度要缓慢平稳。散热片吊装时应小心谨慎，防止散热片受力变形后渗油。

3）吊装时应使用散热器的专用吊环，不可以随意绑扎。

4）法兰面对准，检查密封圈位置是否放正。

（8）套管TA的安装。

1）套管TA的安装在做完预试后进行。

2）套管TA的接线板密封良好无渗漏。

3）应使铭牌向外，放气塞位置应在最高处。

4）密封垫应放在法兰的槽内，没有槽的应放在中心位置。

5）套管TA在起吊前擦净污垢，并对上下端法兰进行清洗。

6）套管TA就位时，应按厂家标定位置进行，保证套管安装的角度和升高座回油管道位置的要求。

（9）储油柜的安装。

1）安装储油柜前必须对胶囊进行检查，确保密封良好。

2）用白布擦净胶囊，从端部将胶囊放入储油柜，防止胶囊堵塞气体继电器的连接管，连管口应加焊挡罩。将胶囊挂在挂钩上，连接好引出口。

3）注意保证储油柜顶部法兰处密封良好。

4）油位计动作灵活，指示正确，触点处密封良好。

5）起吊时用绳子牵引储油柜，防止碰撞。

（10）低压套管安装。

1）瓷套内外表面清洁，无裂纹、破损。

2）穿缆式套管的引线不能硬拉，其引线应圆滑地进入套管，确保引线绝缘和引线的完好。

3）引线对油箱的距离应满足要求。

4）套管下端引线的螺栓应紧固，并有防松措施，导电杆上的螺母应采用铜螺母。

5）固定套管的金具应有弹性纸垫，各螺栓受力均匀，橡胶密封垫压缩量为1/3。

（11）气体继电器的安装。

1）检查容器、玻璃窗、放气阀门、放油塞、接线盒、小瓷套等是否完整，接线端子及盖板上箭头标示应清晰，继电器内充满变压器油。

2）流速应按整定单的要求校验合格，动作可靠，绝缘合格。

3）气体继电器连结管径应与继电器管径相同，其弯曲部分应大于90°。

4）气体继电器先装两侧连管，连管与阀门、连管与油箱顶盖间的联结螺栓暂不完全拧紧，将气体继电器安装于其间，朝向正确。用水平尺找准位置并使出入口连管和气体继电器三者处于同一中心位置，橡胶密封垫位置正确，然后将螺栓均匀拧紧。

5）防雨罩安装牢固或者更换为有防雨功能的继电器。

（12）高压套管与中性点套管的安装。

1）检查和清扫瓷套外表和导电管内壁。外表和导电管内壁应清洁，无裂纹、破损及放电痕迹。

2）套管油位正常，试验合格。若有异常应查明原因，处理合格后才能回装，否则应更换处理。

3）当起吊到适当位置时，先装上均压球（一定要旋紧），再在导管中穿入电缆的拉绳绑在套管下端部，拉绳通过滑轮挂在起重机的吊钩上。挂好拉绳后，将套管竖立到一定倾斜角度。

4）起吊过程应平稳缓慢，当套管吊到油箱上的安装法兰上方时，从油箱中取出电缆引线（在取出引线之前应在法兰上放好新的密封胶垫）。如发现引线的外包白布带脱落露铜时，应重新包扎好，然后将拉绳上的螺栓拧入引线头的螺孔中。理顺电缆引线（防止打结和划伤）和拉绳，将套管徐徐插入升高座内，同时慢慢收拢拉绳，使电缆引线同步地向上升，直到套管就位。

5）套管就位过程中，应有 2 人稳住套管，一位主装人员通过人孔监视套管是否平稳就位，如发现问题应立即停止回落，进行调整，必要时重新将套管升起后再进行调整，要确保套管下瓷套和引线及绝缘不受损伤。

6）套管将要到位时，应检查密封橡胶垫的位置是否到位。对一般穿缆式引线，应检查引线的绝缘锥是否已进入套管均压球；对成型绝缘件的引线，检查套管端部的金属部件是否已进入引线的均压球。检查无误后，即可将套管下落到位，并均匀拧紧固定套管法兰的螺栓。

7）将引线接头从套管顶部提出至合适高度，提升时切勿强拉硬拽，以防引线根部绝缘或夹件损坏。然后一手抓住引线接头，另一手拆除拉绳，并旋上定位螺母，定位螺母必须圆形端朝上，方形端朝下。定位螺母拧到与引线接头的定位孔对准时插入圆柱销。在导电座上放好新的O形密封圈后，用专用扳手卡住定位螺母旋上导电头，再用专用扳手将导电头和定位螺母用力拧紧。然后将导电头用螺栓紧固在导电座上，紧固前要将O形密封圈放正，并将其压紧到合适程度，以确保密封性能良好。

五、热油循环、补油和静置的技术要求

（1）500kV变压器真空注油后必须进行热油循环，循环时间不得少于48h。热油循环可在真空注油到储油柜的额定油位后的状态下进行，此时变压器不抽真空；当注油到离器身顶盖200mm处时，热油循环需抽真空。真空度应符合规范规定。真空净油设备的出口温度不应低于50℃，油箱内温度不应低于40℃。经过热油循环的油应达到GB 50150—2016《电气装置安装工程电气设备交接试验标准》的规定。

（2）冷却器内的油应与油箱主体的油同时进行热油循环。

（3）往变压器内加注补充油时，应通过储油柜上专用的注油阀，并经滤油机注入，注油至储油柜规定油位。注油时应排放本体及附件内的空气，少量空气可自储油柜排尽。

（4）注油完毕后，在施加电压前其静置时间不应少于表2－1的规定。

表2－1　　变压器静置时间标准

电压等级	静置时间（h）
110kV及以下	24
220kV及330kV	48
500kV	72

（5）静置完毕后，应从变压器的套管、升高座、冷却装置、气体继电器及压力释放阀等有关部位进行多次放气，并启动潜油泵，直至残余气体排尽。

（6）具有胶囊或隔膜的储油柜的变压器必须按制造厂规定的顺序进行注油、排气。

六、变压器竣工验收

变压器的竣工验收共分为12个部分，其中涉及的细节问题颇多，在验收中应逐条核对，具体内容如下。

1. 本体外观验收

表面干净无脱漆锈蚀，无变形，密封良好，无渗漏，标志正确、完整，放气塞紧固。设备出厂铭牌齐全、参数正确。相序标志清晰正确。

2. 套管验收

（1）瓷套表面清洁，无裂纹、无损伤，注油塞和放气塞紧固，无渗漏油。

（2）油位计就地指示应清晰，便于观察，油位正常，油套管垂直安装油位在 1/2 以上（非满油位），倾斜 15° 安装应高于 2/3 至满油位。

（3）相色标志正确、醒目。

（4）套管末屏密封良好，接地可靠。

（5）升高座法兰连接紧固、放气塞紧固。

（6）二次接线盒密封良好，二次引线连接紧固、可靠，内部清洁；电缆备用芯加装保护帽；备用电缆出口应进行封堵。

（7）引出线安装不采用铜铝对接过渡线夹，引线接触良好、连接可靠，引线无散股、扭曲、断股现象。

3. 分接开关验收

（1）无励磁分接开关。

1）顶盖、操动机构挡位指示一致。

2）操作灵活，切换正确，机械操作闭锁可靠。

（2）有载分接开关：手动操作不少于 2 个循环、电动操作不少于 5 个循环。其中电动操作时电源电压为额定电压的 85%及以上。

1）本体指示、操动机构指示及远方指示应一致。

2）操作无卡涩，联锁、限位、连接校验正确，操作可靠；机械联动、电气联动的同步性能应符合制造厂要求，远方、就地及手动、电动均进行操作检查。

3）有载分接开关储油柜油位正常，并略低于变压器本体储油柜油位。

4）有载分接开关防爆膜处应有明显防踩踏的提示标志。

4. 有载在线净油装置验收

（1）外观：装置完好，部件齐全，各连管清洁，无渗漏、污垢和锈蚀；进油和出油的管接头上应安装逆止阀；连接管路长度及角度适宜，使有载在线净油装置不受应力。

（2）装置性能：检查手动、自动及定时控制装置正常，按使用说明进行功能检查。

5. 储油柜验收

（1）外观检查：外观完好，部件齐全，各连管清洁，无渗漏、污垢和锈蚀。

（2）胶囊气密性：呼吸通畅。

（3）旁通阀：抽真空及真空注油时阀门打开，真空注油结束立即关闭。

（4）断流阀：安装位置正确、密封良好，性能可靠，投运前处于运行位置。

（5）油位计。

1）反映真实油位，油位符合油温油位曲线要求，油位清晰可见，便于观察。

2）油位表的信号接点位置正确、动作准确，绝缘良好。

6. 吸湿器验收

（1）外观：密封良好，无裂纹，吸湿剂干燥、自上而下无变色，在顶盖下应留出 1/5～1/6 高度的空隙，在 2/3 位置处应有标识。

（2）油封油位：油量适中，在最低刻度与最高刻度之间，呼吸正常。

（3）连通管：清洁、无锈蚀。

7. 压力释放阀验收

（1）安全管道：将油导至离地面 500mm 高处，喷口朝向鹅卵石，并且不应靠近控制柜或其他附件。

（2）定位装置：定位装置应拆除。

（3）电触点检查：触点动作准确，绝缘良好。

8. 气体继电器验收

（1）校验：校验合格。

（2）继电器安装：继电器上的箭头标志应指向储油柜，无渗漏，无气体，芯体绑扎线应拆除，油位观察窗挡板应打开。

（3）继电器防雨、防震：户外变压器加装防雨罩，本体及二次电缆进线 50mm 应被遮蔽，倾斜角度 45° 向下雨水不能直淋。

（4）浮球及干簧触点。

1）浮球及干簧触点完好、无渗漏，触点动作可靠。

2）采用排油注氮保护装置的变压器应使用双浮球结构的气体继电器。

（5）集气盒应引下便于取气，集气盒内要充满油、无渗漏，管路无变形、无死弯，处于打开状态。

（6）主连通管朝储油柜方向有 1.5%～2%的升高坡度。

（7）气体继电器与主连通管之间设有波纹管者，波纹管应平直无弯曲、无变形。

9. 温度计验收

（1）温度计校验：校验合格。

（2）整定与调试：根据运行规程（或制造厂规定）整定，触点动作正确。

（3）温度指示：现场多个温度计指示的温度、控制室温度显示装置或监控系统的温度应基本保持一致，温升误差不超过 5K。

（4）密封：密封良好、无凝露，温度计应具备良好的防雨措施，本体及二次电缆进线 50mm 应被遮蔽，倾斜角度 45° 向下雨水不能直淋。

（5）温度计座。

1）温度计座应注入适量变压器油，密封良好。

2）闲置的温度计座应注入适量变压器油密封，不得进水。

（6）金属软管不宜过长，应固定良好，无破损变形、死弯，弯曲半径不小于 50mm。

10. 冷却装置验收

（1）外观检查无变形、渗漏；外接管路清洁、无锈蚀，流向标志正确，安装位置偏差符合要求。

（2）潜油泵运转平稳，转向正确，转速不大于 1000r/min，潜油泵的轴承应采取 E 级或 D 级，油泵转动时应无异常噪声、振动。

（3）油流继电器指针指向正确，无抖动，继电器触点动作正确，无凝露。

（4）所有法兰连接螺栓紧固，端面平整，无渗漏。风扇安装牢固，运转平稳，转向正确，叶片无变形。

（5）阀门操作灵活，开闭位置正确，阀门接合处无渗漏油现象。

（6）冷却器两路电源任意一相缺相，断相保护均能正确动作，两路电源相互独立、互为备用。

（7）风冷控制系统动作校验正确。

11. 接地装置验收

（1）外壳接地。

1）两点以上与不同主地网格连接牢固，导通良好，截面符合动热稳定要求。

2）变压器本体上、下油箱连接排螺栓紧固，接触良好。

（2）中性点接地套管引线应加软连接，使用双根接地排引下，与接地网主网格的不同边连接，每根引下线截面积符合动热稳定校核要求。

（3）平衡线圈接地。

1）平衡线圈若 2 个端子引出，管间引线应加软连接，截面符合动热稳定要求。

2）若 3 个端子引出，则单个套管接地，另外 2 个端子应加包绝缘热缩套，防止端子间短路。

（4）铁芯接地：接地良好，接地引下应便于接地电流检测，引下线截面满足热稳定校核要求，铁芯接地引下线应与夹件接地分别引出，并在油箱下部分别标识。

（5）夹件接地：接地良好，接地引下应便于接地电流检测，引下线截面满足热稳定校核要求。

（6）组部件接地：储油柜、套管、升高座、有载开关、端子箱等应有短路接地。

（7）备用 TA 短接接地：正确、可靠。

12. 其他验收

（1）35、20、10kV 铜排母线桥。

1）装设绝缘热缩保护，加装绝缘保护层，引出线需用软连接引出。

2）引排挂接地线处三相应错开。

（2）各侧引线。

1）接线正确，松紧适度，排列整齐，相间、对地安全距离满足要求。

2）接线端子连接面应涂以薄层电力复合脂。

3）户外引线 400mm^2 及以上线夹朝上 30°～90° 安装时，应在底部设滴水孔。

（3）导电回路螺栓。

1）主导电回路采用强度8.8级热镀锌螺栓。

2）采取弹簧垫圈等防松措施。

3）连接螺栓应齐全、紧固，紧固力矩符合GB 50149—2010《电气装置安装工程母线施工及验收规范》的要求。

（4）爬梯：梯子有一个可以锁住踏板的防护机构，距带电部件的距离应满足电气安全距离的要求；无集气盒的应便于对气体继电器带电取气。

（5）控制箱、端子箱、机构箱。

1）安装牢固，密封、封堵、接地良好。

2）除器身端子箱外，加热装置与各元件、二次电缆的距离应大于50mm，温控器有整定值，动作正确，接线整齐。

3）端子箱、冷却装置控制箱内各空气开关、继电器标志正确、齐全。

4）端子箱内直流正、负极，跳闸回路与其他回路接线之间应至少有一个空端子，二次电缆备用芯应加装保护帽。

5）交直流回路应分开使用独立的电缆，二次电缆走向牌标示清楚。

（6）二次电缆。

1）电缆走线槽应固定牢固、排列整齐，封盖良好并不易积水。

2）电缆保护管无破损锈蚀。

3）电缆浪管不应有积水弯或高挂低用现象，若有应做好封堵并开排水孔。

（7）消防设施齐全、完好，符合设计或厂家标准。

（8）事故排油设施完好、通畅。

（9）专用工器具清单、备品备件齐全。

验收工作中，需要针对以上内容逐条进行核对，确保设备无隐患上网。

第四节　变压器缺陷典型案例

一、某变电站2号变压器110kV A相套管底部渗漏油严重

A相套管底部渗漏油如图2-2所示，A相套管底部渗漏油严重，本体上堆积许多油迹，打开接线盒盖板发现实际是从接线盒中渗出。此缺陷之前已处理过，当时发现紧固没有效果，于是采用堵漏胶封堵的办法制止渗油（见图2-3）。

然而并未见效，渗油现象依然严重。再次到现场，对比A相与B相接线盒，发现两者密封垫安装不一样（见图2-3、图2-4）。松开A相接线盒线板上的螺栓，发现每颗螺栓一松即有油渗出，而且流量较大，表明其中的密封垫没有起到密封作用，只是靠几颗紧固螺栓勉强压紧作为密封。分析推断，套管TA接线盒的密封垫安装错误，起不到密封作用，需停变压器更换密封垫。通过该问题可知，结合运行环境对密封结构设计、密封材料、安

装工艺等加强检查十分重要。

图 2-2　A 相套管底部渗漏油

图 2-3　110kV A 相套管 TA 接线盒

图 2-4　110kV B 相套管 TA 接线盒

二、某变电站 1 号变压器有载分接开关顶盖渗油

该变电站 1 号变压器本体顶部大面积渗油。根据现场油迹观察，初步判断为有载开关筒体顶盖密封不良导致渗油，打开顶盖后发现有载开关上附着水泡（见图 2-5），随即对有载分接开关油筒顶盖密封圈进行更换。

图 2-5　有载分接开关上附着水泡

装复有载开关顶盖后，将油迹擦拭干净后继续观察，发现渗油依然存在（见图 2-6、图 2-7），确定新渗油点位于有载开关筒体法兰与本体连接螺栓处（见图 2-8）。

图 2-6　渗油点照片 1

图 2-7　渗油点照片 2

处理方式：对有载分接开关筒体法兰与本体连接螺栓进行全面紧固处理，渗油情况得到明显改善，如需彻底处理，需更换筒体密封圈。

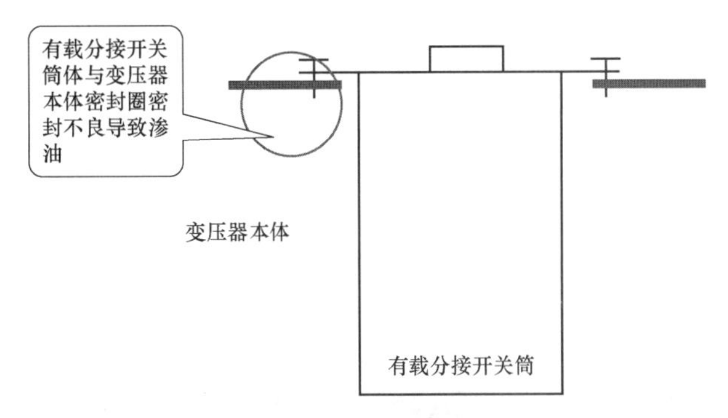

图 2-8　渗油位置示意图

三、某变电站 2 号变压器、2 号散热片贴编号处漏油

该变电站 2 号变压器 2 号散热片贴编号处漏油，掀开编号贴片，可见粘贴处已严重锈蚀（见图 2-9）。

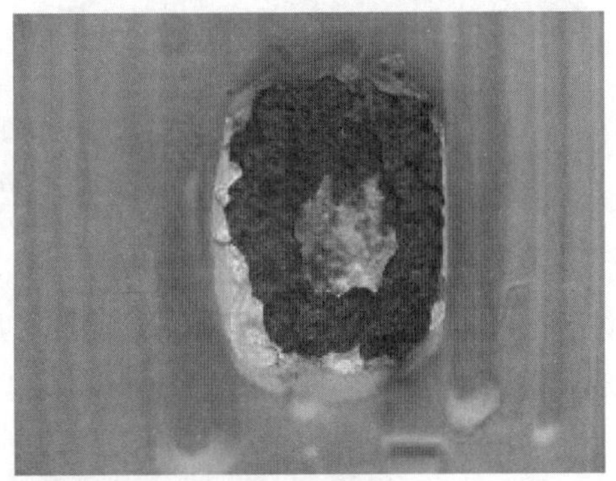

图 2-9　漏油位置图

在准备封堵之前，现场用砂布小心除锈，但由于散热片本身比较薄，加上锈蚀相当严重，除锈过程中发现砂眼扩大，因此只能带锈封堵（见图 2-10）。

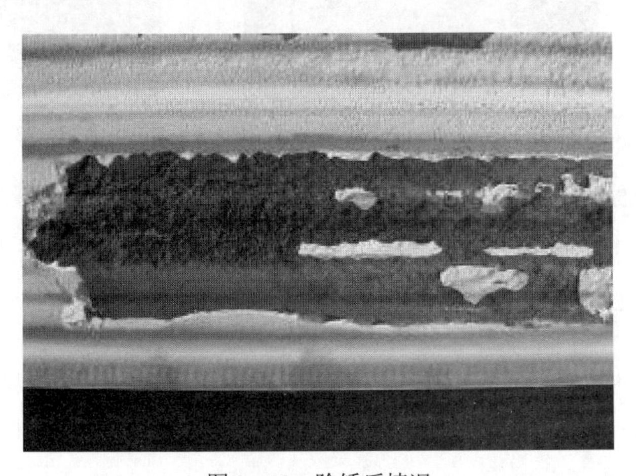

图 2-10　除锈后情况

腐蚀现象一方面跟玻璃胶的腐蚀作用有关，另一方面跟散热片本身材质有关。现场检查其他贴片，有同样现象。图 2－10 为变压器设备标示牌粘贴处。

在变电站检修过程中，已经发现许多变压器散热器贴标示牌及序号牌的部位严重锈蚀，且散热器本身的铁皮非常薄，铁皮容易烂穿，其中某变电站 2 号变压器锈蚀部位已经严重渗油（见图 2－11），虽经过临时封堵，但效果不佳。结合年检对部分锈蚀严重的散热器进行了更换。

(a)

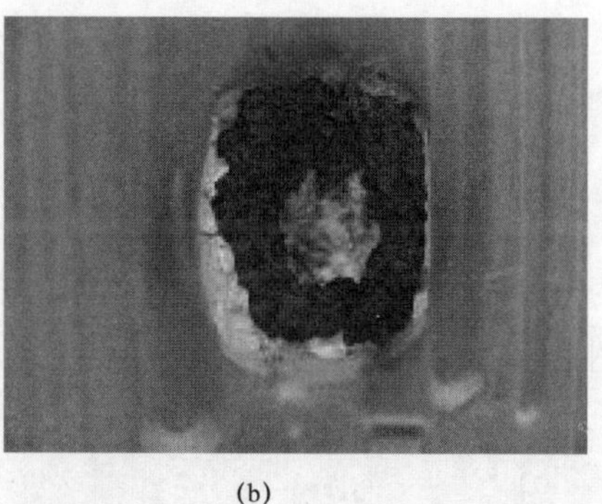

(b)

图 2－11　现场锈蚀情况

（a）变压器标示牌拆除后散热器锈蚀情况；（b）散热器标示牌拆除后锈蚀情况

由于严重锈蚀的散热器均为户外变压器，分析原因是贴牌后，雨水进入后不易排出，引起锈蚀严重（也不排除贴牌使用的玻璃胶有腐蚀性引起）。经群策群力，开发了一种不需使用玻璃胶贴牌的方法（见图 2－12 和图 2－13）。

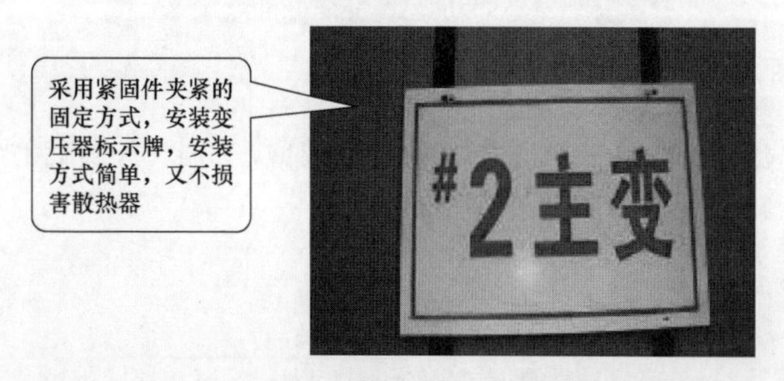

图 2－12　标示牌新安装方式

图 2－13　标示牌夹件

采取措施：全面拆除变压器散热器上所贴的序号牌，变压器标示牌改用支架安装（见图 2－13），散热器序号改用油漆涂刷。

四、某变电站 1 号变压器风控回路发冷却器故障信号

运行人员报冷却器启动时发故障信号。现场检查正常，模拟按温度启动、按负荷启动冷却器试验时发现，当按温度启动返回时发冷却器故障信号。发信回路原理如图 2－14 所示。

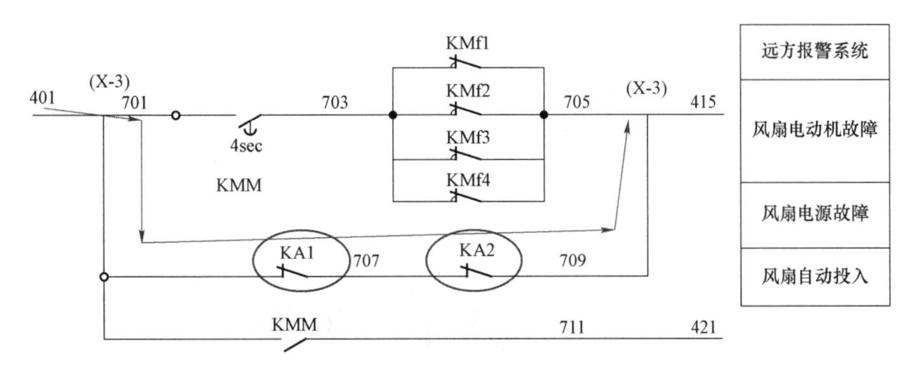

图 2－14　发信回路原理图

正电→中间继电器 KA1 的辅助动断触点→中间继电器 KA2 的辅助动断触点→负电，发故障信号。中间继电器 KA1、KA2 动作顺序如图 2－15 所示。

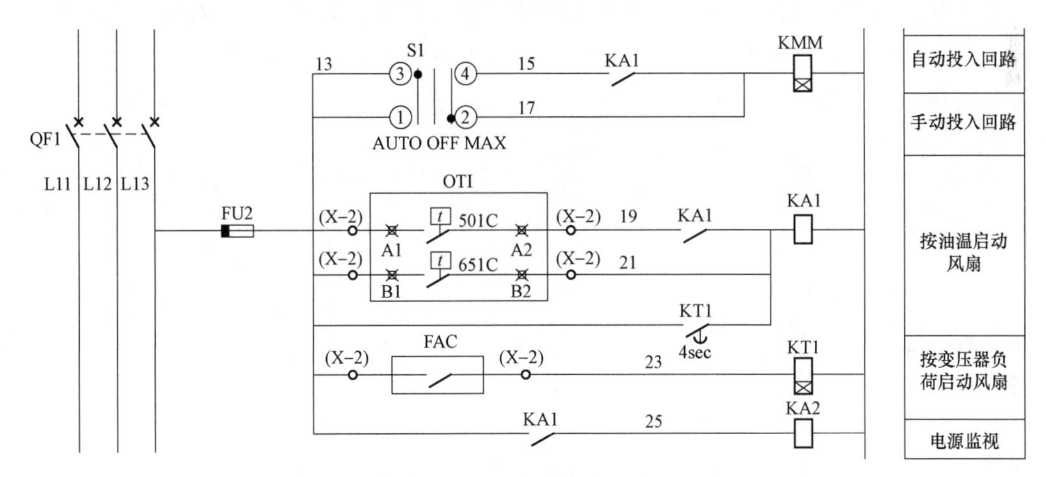

图 2－15　继电器动作顺序图

按油温启动：当油温大于 65℃时，65℃油温触点闭合，启动 KA1，并由 50℃油温触点自保持，KA1 控制回路上的动断触点断开使 KA2 失电，KA2 失电其动断触点闭合，因此在启动时不会发生故障信号。

当油温低于 50℃时，50℃油温触点断开，KA1 失电，信号回路上的动断触点闭合，同时 KA1 控制回路上的动断触点闭合使 KA2 励磁，KA2 励磁后才把信号回路上的动断触点打开。

很明显，KA2 励磁后把信号回路上的动断触点打开需要几十毫秒的时间，KA1 失电、KA2 得电的瞬间，信号回路正电→中间继电器 KA1 的辅助动断触点→中间继电器 KA2 的辅助动断触点→负电导通，发生故障信号。

处理方法：由 KA1 的辅助触点来控制 KA2，势必存在 KA1 的辅助触点先于 KA2 的辅助触点动作的现象。针对较灵敏的保护装置，该回路设计不合理，因此，将 KA1 控制 KA2 的辅助触点短接，KA1 信号回路上的辅助动断触点短接。然而实际功能不变，KA2 继续起到电源监视的作用。

第三章

SF_6 断路器检修

高压断路器也称高压开关，是高压供电系统中最重要的电器之一。高压断路器具有一套完善的灭弧装置，能关合、承载、开断运行回路正常电流，并能在规定时间内关合、承载及开断规定的过载电流（包括短路电流）的开关设备。其结构如图 3-1 所示。

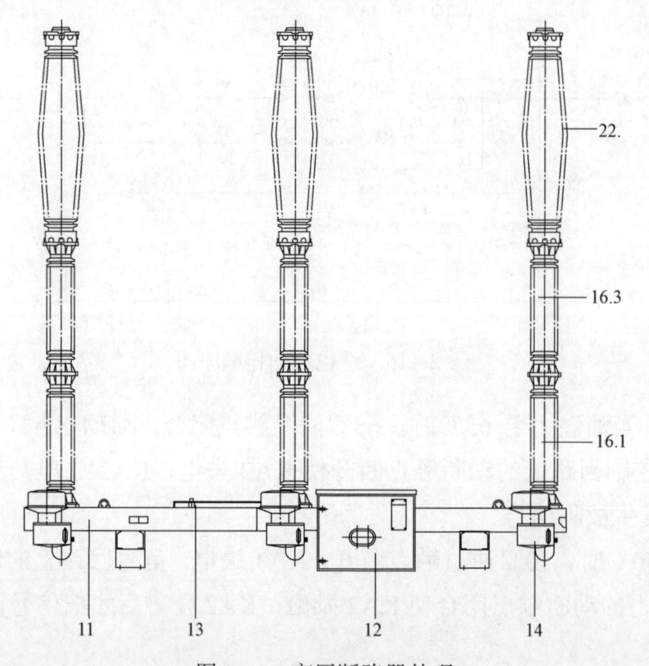

图 3-1　高压断路器外观

11—开关基架；12—控制单元；13—液压储能筒；14—液压操作缸；16.1—绝缘子；16.3—绝缘子；22—灭弧单元

第一节　SF_6 断路器的结构原理

在交流电弧中，电流自然过零时，弧中有两个相联系的过程同时存在，即电压恢复过程和介质电强度恢复过程。一方面弧隙介质强度随去游离的加强而逐渐恢复；另一方面，加于弧隙的电压将按一定规律由熄弧电压恢复到电源电压，使游离作用加强。因此，电流过零后，如果弧隙介质强度恢复的速度大于弧隙电压的恢复速度时，弧隙就不会再次被击穿，否则，电弧将重燃。SF_6断路器采用具有优良灭弧能力和绝缘能力的SF_6气体作为灭弧介质，具有开断能力强、动作快、体积小等优点。

SF_6断路器灭弧室工作原理如图3－2所示，当接到断路器分闸命令后，压气缸沿着箭头所指方向运动。当动、静弧触头尚未脱离接触前，压气缸内的气体仅被压缩；在动、静弧触头脱离接触至主喷口打开前，压气缸内被压缩的气体仅通过动弧触头侧中心导气管向外吹排；在此阶段，压气缸内的气体被机械压缩的同时也承受着电弧的加热作用，更增加了压气缸内的气压；当动弧触头运动至喷口打开时，压气缸内的高压气体同时通过喷口及动弧触头侧中心导气管吹喷形成双向气吹。这种高速气吹的SF_6气体可以从电弧区吸取大量的热能，以快速冷却电弧，给熄弧创造了良好条件；当断口达到有效熄弧距之后，在电流过零点时，电弧将熄灭，电流被切断。电弧熄灭后，SF_6气体的负电性使它还能够迅速地吸附断口间的游离电子，以恢复断口间的绝缘强度。

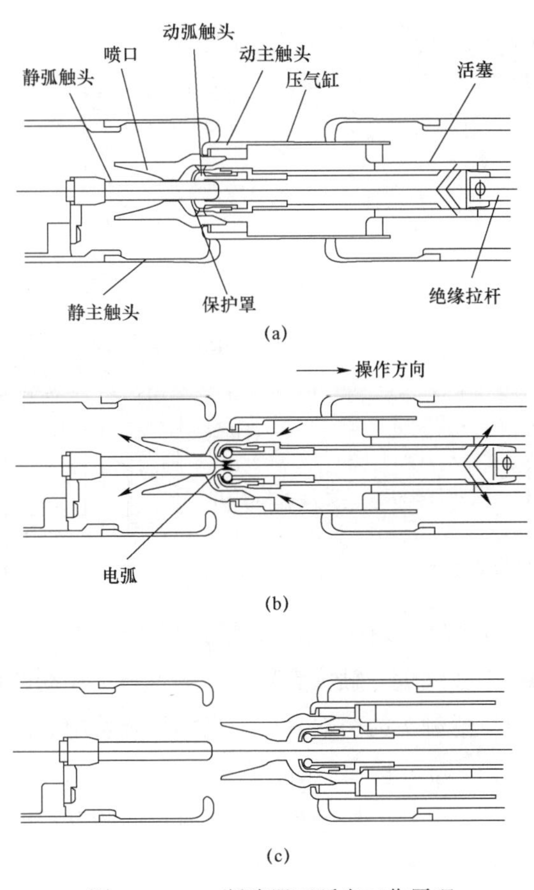

图3－2 SF_6断路器灭弧室工作原理

（a）合闸状态；（b）分闸过程；（c）分闸状态

一、SF_6 断路器结构解析

（1）瓷柱式结构（见图 3－3）：由多个相同的单元灭弧室和支柱瓷套组成的不同电压等级的断路器。灭弧室和支柱瓷套内均充有额定压力的 SF_6 气体。瓷柱式断路器使用液压操动机构或弹簧机构。机构的控制和操作元件及线路均设于操动机构箱内。灭弧室由操作元件直接操动。支柱绝缘子内装有绝缘操作杆，操作杆与机构箱相连接。

（2）罐式结构（见图 3－4）：采用了箱式多油断路器的优点，将断路器与互感器装在一起，结构紧凑，抗地震和防污能力强。断路器由基座、绝缘瓷套管、电流互感器和装有灭弧室的壳体组成。配有操动机构和一台控制柜。断路器采用双向纵吹式灭弧室，灭弧室充有额定气压的 SF_6 气体。

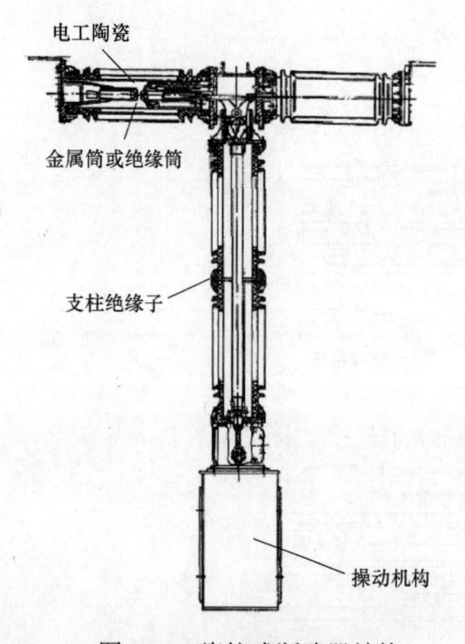

图 3－3　瓷柱式断路器结构

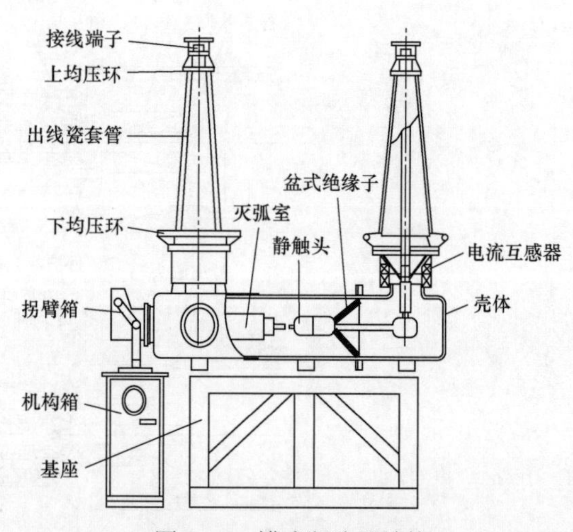

图 3－4　罐式断路器结构

（3）灭弧单元结构（见图 3－5）：一个气密的陶瓷外套中装有触头系统及吹弧气缸和压气活塞，电流通路为：上接线板→触头支架→接触管→可移动的接触管→环形分布的滑触头→导向管→下接线板。滑触头的两端各用一只螺旋弹簧中心向内压，由此获得导向管及接触管上所需的接触压力。接触管和导向管是和灭弧喷嘴 1、2 组装在一起的，灭弧喷嘴由特别耐燃烧的材料制成。可移动的接触管和吹弧气缸是相互机械连接的，并通过托叉和操作杆相连。压气活塞和直立螺栓一起固定在下接线板上。

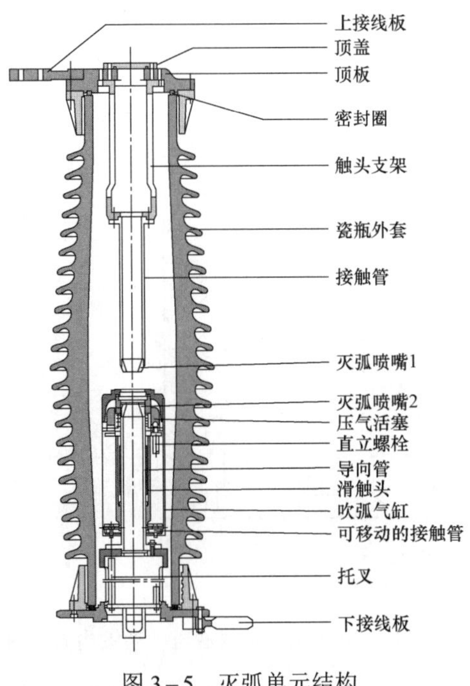

图 3-5　灭弧单元结构

第二节　液压机构结构与动作原理

一、3AQ1 型断路器液压操动机构原理

1. 3AQ1 型断路器液压操动机构原理（见图 3-6）

主要组成部分：① 储能机构，包括储能电动机、油泵、储能器、油箱、过滤器、管路和电动机的控制保护装置等。② 电磁系统，包括合闸线圈和电磁铁、分闸线圈和电磁铁、压力开关、压力表和接线板等。

储能器储能及油压控制：接通电源时，电动机开始转动，油箱里面的低压油经过过滤器和管路进入油泵，变成高压油后，再经过管路进入储能器的高压油腔，顶起活塞，压缩氮气。于是储能器储能，操动机构进到准备合闸位置。储能到油泵停止压力时，压力开关的触点断开，把电动机的电源切断。如果高压油的压力太高，达到安全阀整定值时，安全阀将动作，将高压油回到低压油箱内。当需要释放高压油时，可开启放油阀。

合闸：接通合闸线圈的电源时，合闸电磁铁被吸引，压下合闸启动阀的一级阀杆，把合闸阀的钢球推开。合闸启动阀打开，高压油经合闸启动阀、止回阀进入主控阀活塞尾部，使其向左运动，关闭与低压油箱的通道阀口，打开主控阀组合钢球阀口，高压油经主控阀进入工作缸活塞合闸腔。由于工作缸活塞的两侧受压面积不同，在压力差的作用下，活塞迅速地向左运动，于是操动机构进到合闸位置，使断路器合闸。合闸结束瞬间，断路器辅

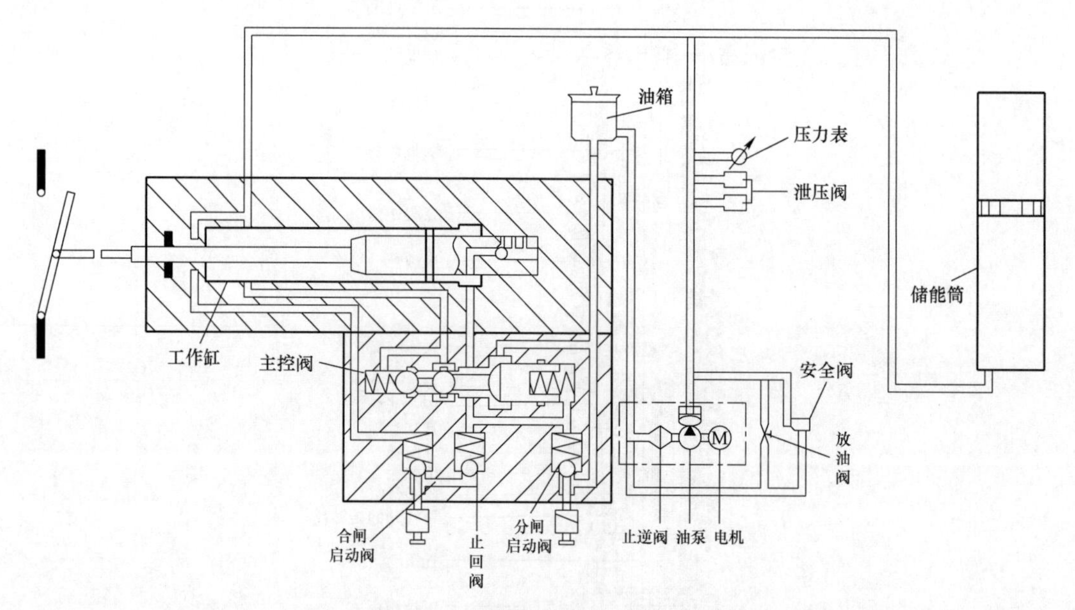

图 3－6　3AQ1 型断路器液压操动机构原理图

助开关切断合闸信号，合闸电磁铁返回，合闸启动阀关闭，止回阀关闭，而主控阀组合钢球阀口仍打开，高压油仍进主控阀活塞尾部，起自保持作用，使主控阀继续操持在关闭与低压油箱的通道位置，断路器维持合闸位置。

分闸：接通分闸线圈的电源时，分闸电磁铁被吸引，压下分闸阀的阀杆，把分闸启动阀的钢球推开，分闸启动阀打开。主控阀活塞尾部的自保持高压油经分闸启动阀回到低压油箱。在工作缸活塞分闸腔的高压油作用下，工作缸活塞向右运动，断路器分闸。断路器辅助开关切断分闸电磁铁，分闸启动阀关闭，分闸结束。

2. 液压操动机构结构及动作过程

液压操动机构结构见图 3－7，液压回路原理见图 3－8。

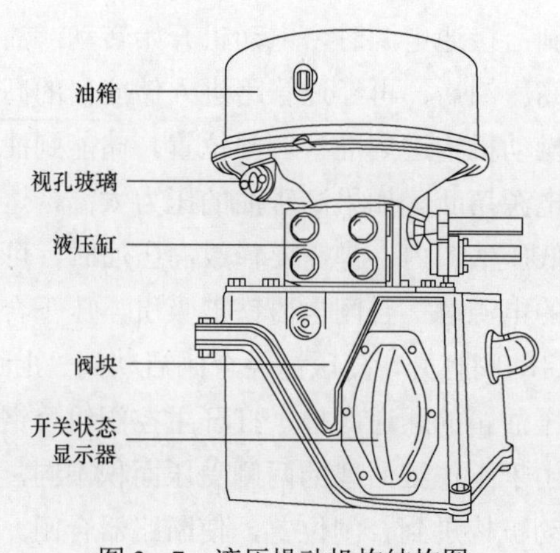

图 3－7　液压操动机构结构图

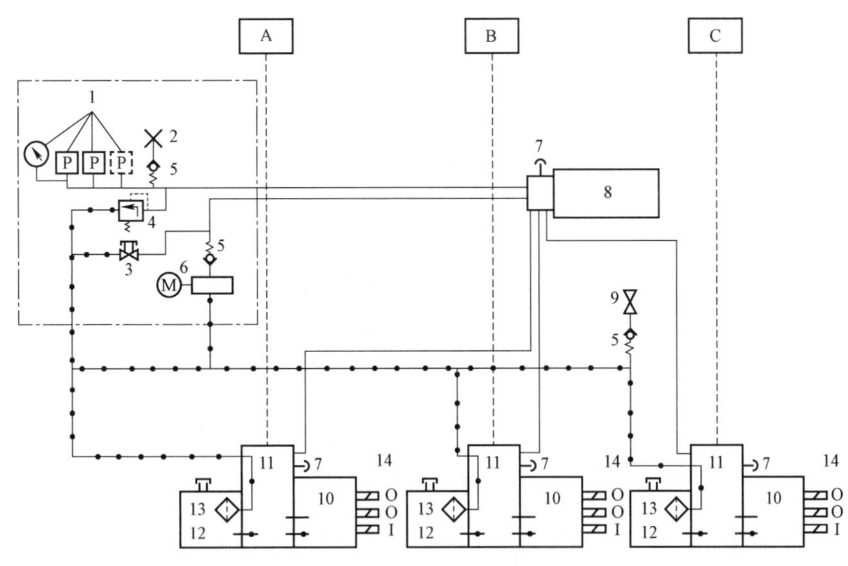

图 3－8　液压回路原理图

1—压力监控器和压力表；2—测量接点；3—泄压阀；4—安全阀；5—逆止阀；6—油泵；7—排气阀；8—液压储能筒；9—放油阀；10—阀块；11—液压缸；12—油箱；13—滤油缸；14—合闸脱扣器和分闸脱扣器

开关处于分闸状态（见图 3－9），液压缸 A 中差动活塞分闸一侧是承压油，合闸一侧是无压油，由此确保开关处于分闸状态。这也是使适用于液压系统中压力波动的情况。

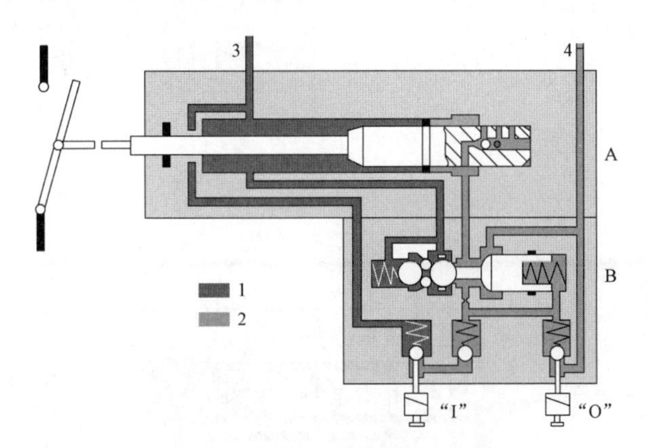

图 3－9　断路器分闸状态示意图

1—承压油；2—无压油；3—至液压储能筒；4—至油箱

A—液压缸；B—阀块

为了合闸，通过合闸电磁铁操纵合闸阀，承压油打开逆止阀并作用在主阀的阀活塞上，使主阀的阀活塞打开。这样，液压缸 A 差动活塞的合闸一侧也处在承压油下，承压油经阀块 B 上的喷嘴到达主阀的阀活塞；主阀由此保持打开状态，即使合闸指令中断或合闸控制阀控制关闭也不变（通过直接与液压储能筒相连的液压自闭塞）。主阀的阀活塞在打开后，封闭与系统无压部分的连接。因为液压缸 A 中差动活塞的合闸一侧具有比分闸一侧较大的面积，所以开关合闸。在合闸过程中，承压油从差动活塞的分闸一侧流经阀块 B 到达差动活塞的合闸一侧，承压油的差额油量由液压储能筒弥补。合闸过程如图 3－10 所示。

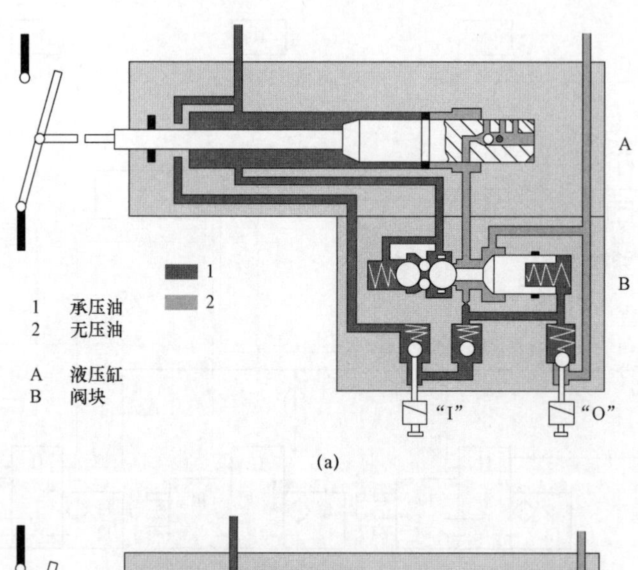

(a)

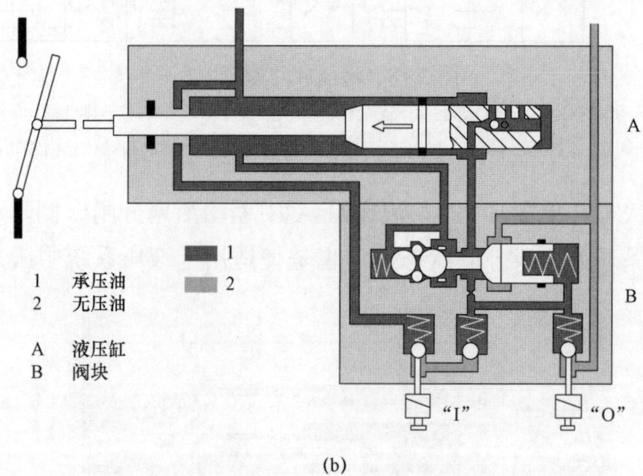

(b)

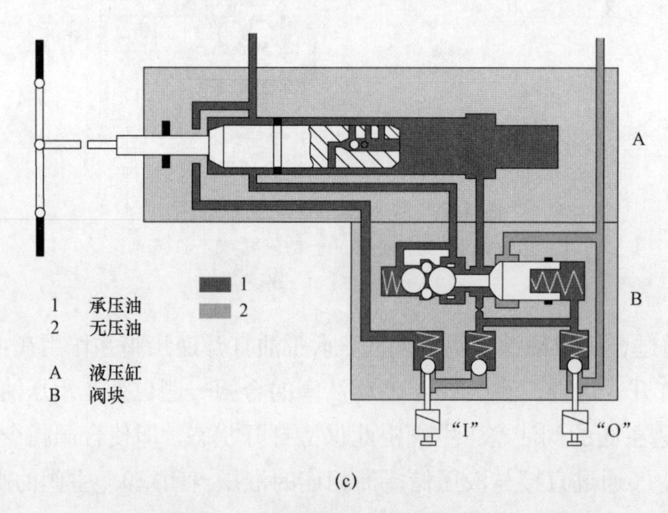

(c)

图 3-10 断路器合闸过程示意图

(a) 断路器合闸指令；(b) 断路器合闸起始；(c) 断路器合闸状态

开关处于合闸状态，液压缸 A 中的差动活塞的分闸一侧和合闸一侧处于压力下，因为差动活塞的分闸一侧具有较大的面积，所以此侧所受的力大，开关保持合闸状态。这也适用于液压系统中压力波动的情况。主阀保持自闭塞。为了分闸，通过分闸电磁铁操纵分闸阀，由此打通了原一直封闭的承压油至油箱的油路（分闸阀的阀球与主阀的阀活塞之间）。主阀关闭了承压的一侧，由此打通了液压缸 A 中差动活塞的合闸一侧的承压油至油箱的油。此时，承压油只作用在差动活塞的分闸一侧，从而使开关分闸。在分闸过程结束时，重新回到分闸的位置。分闸过程如图 3－11 所示。

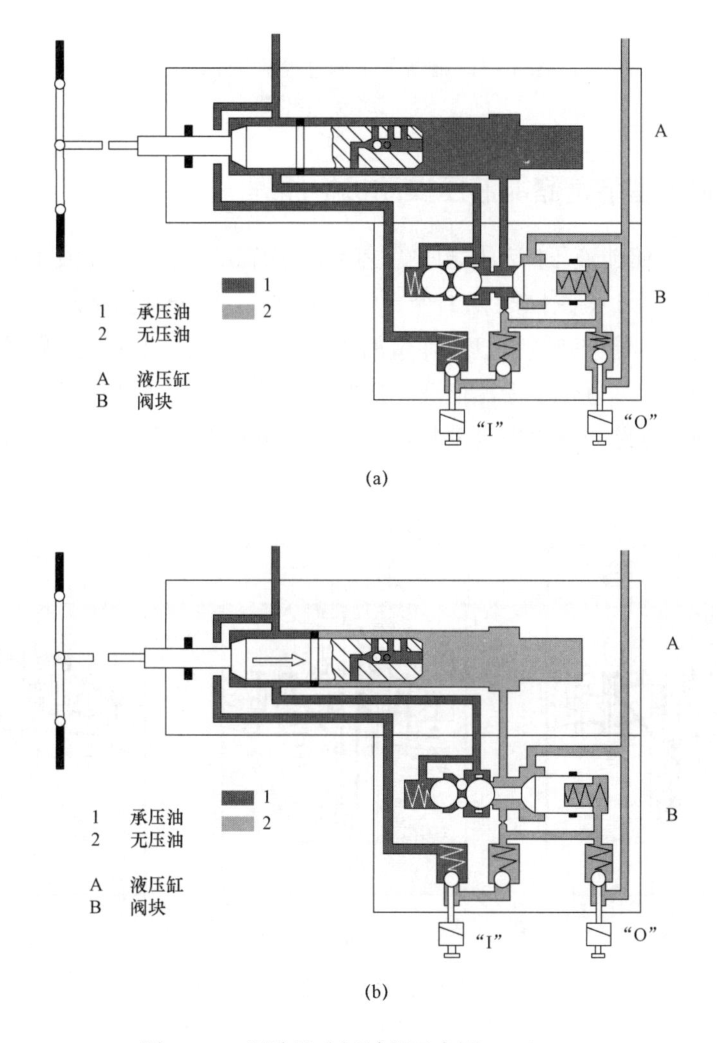

图 3－11　断路器分闸过程示意图（一）

（a）断路器分闸指令；（b）断路器分闸起始运动

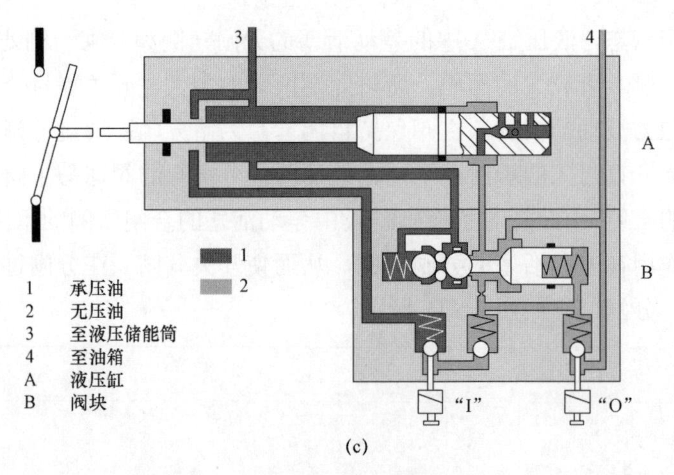

图 3-11 断路器分闸过程示意图（二）

（c）断路器分闸位置

二、AHMA 型弹簧储能液压操动机构原理

AHMA 型弹簧储能液压操动机构采用差动式工作缸，弹簧储能液压-连杆混合传动方式，控制部分只用了 1 个主控阀和 1 个合闸控制阀、2 个分闸控制阀。它组合了弹簧储能和液压机构的优点，储能弹簧有盘形弹簧的优点，储能弹簧由盘形弹簧钢板组成，使用寿命长，稳定性、可靠性好，不受温度变化影响，结构简单，又可将液压元件集中在一起，无液压管道；液压回路与外界完全密封，从而保证液压系统不会渗漏（见图 3-12）。

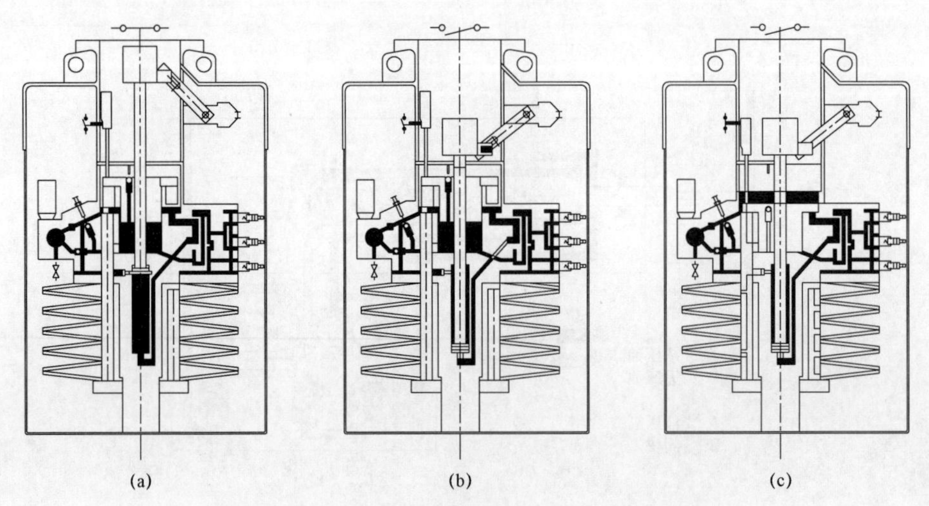

图 3-12 AHMA 型弹簧储能液压操动机构原理图

（a）结构图；（b）合闸示意图；（c）分闸示意图

合闸操作：合闸电磁铁通电，合闸电磁阀 7 打开，主控阀 6 向上动作，隔断工作缸活塞 3 下面与低压油箱 13 的通路，同时通过主控阀 6 将高压油储压腔 14 与工作缸活塞 3 下面合闸侧接通。这样，工作缸活塞上下两侧都接入高压系统。由于工作缸活塞合闸侧面积

大于分闸侧面积，因此差动式工作缸活塞 3 向上运动，断路器合闸。由辅助开关 21 切断合闸电磁铁电源，合闸电磁阀关闭，盘形储能弹簧释放的能量，由液压泵补充。机构处于图 3－12（a）所示合闸位置。

分闸操作：分闸电磁铁通电，分闸电磁阀 8 打开，主控阀 6 向下动作，接通了工作缸活塞 3 下面合闸腔与低压油箱的通路，工作缸活塞 3 合闸腔高压油被排出，工作缸活塞向下运动，断路器分闸。辅助开关 21 切断分闸电磁铁电源，分闸电磁阀关闭，机构处于图 3－12（b）所示分闸位置。

分、合闸速度调整：主要调节进入主控阀 6 的高压或低压油路中的截流阀，借助截流阀，改变管道通流截面积。

第三节 SF_6断路器检修项目

一、SF_6断路器本体专业巡视

（1）本体及支架无异物。

（2）外绝缘有无放电，放电不超过第二片伞裙，不出现中部伞裙放电。

（3）覆冰厚度不超过设计值（一般为 10mm），冰凌桥接长度不宜超过干弧距离的 1/3。

（4）外绝缘无破损或裂纹，无异物附着，增爬裙无脱胶、变形。

（5）均压电容、合闸电阻外观完好，气体压力正常，均压环无变形、松动或脱落。

（6）无异常声响或气味。

（7）SF_6密度继电器指示正常，表计防震液无渗漏。

（8）套管法兰连接螺栓紧固，法兰无开裂，胶装部位无破损、裂纹、积水。

（9）高压引线、接地线连接正常，设备线夹无裂纹、无发热。

（10）对于罐式断路器，寒冷季节罐体加热带工作正常。

二、SF_6断路器例行检修

（1）外绝缘应清洁，无破损，法兰无裂纹，排水孔畅通，胶合面防水胶完好。

（2）均压环无锈蚀、变形，安装牢固、平正，排水孔无堵塞。

（3）SF_6密度继电器动作值符合产品技术规定。

（4）SF_6密度继电器指示正常，无漏油，气体无泄漏。

（5）油断路器油位符合产品技术规定。

（6）轴、销、锁扣和机械传动部件无变形或损坏。

（7）操动机构外观完好，无锈蚀，箱体内无凝露、渗水。

（8）按产品技术规定要求对操动机构机械轴承等活动部件进行润滑。

（9）分、合闸线圈电阻检测应符合产品技术规定，无明确要求时，以初值差应不超过 5%作为判据。

（10）储能电动机工作电流及储能时间检测结果应符合产品技术规定。储能电动机应能在85%～110%的额定电压下可靠工作。

（11）辅助回路和控制回路电缆、接地线外观完好，绝缘电阻合格。

（12）缓冲器外观完好，无渗漏。

（13）检查二次元件动作正确、顺畅无卡涩，防跳和非全相功能正常，联锁和闭锁功能正常。

（14）对于运行10年以上的弹簧机构，应通过测试特性曲线来检查其弹簧拉力。并联合闸脱扣器在合闸装置额定电源电压的85%～110%范围内，应可靠动作；并联分闸脱扣器在分闸装置额定电源电压的65%～110%（直流）或85%～110%（交流）范围内，应可靠动作；当电源电压低于额定电压的30%时，脱扣器不应脱扣，并做记录。

（15）对于液压操动机构，还应进行下列各项检查，结果均应符合产品技术规定要求：

1）机构压力表、机构操作压力整定值和机械安全阀校验。

2）分闸、合闸及重合闸操作时的压力下降值校验。

3）在分闸和合闸位置分别进行液压操动机构的保压试验。

4）液压机构及气动机构，进行防失压慢分试验和非全相试验。

（16）应进行机械特性测试，各项试验数据符合产品技术规定。

三、液压（液压弹簧）专业巡视

（1）分、合闸到位，指示正确。

（2）对于三相机械联动断路器检查相间连杆与拐臂所处位置应无异常，连杆接头和连板无裂纹、锈蚀；对于分相操作断路器检查各相连杆与拐臂相对位置一致。

（3）拐臂箱无裂纹。

（4）液压机构压力指示正常，液压弹簧机构弹簧压缩量正常。

（5）压力开关微动触点固定螺杆无松动。

（6）机构内金属部分及二次元器件外观完好。

（7）储能电动机无异常声响或气味，外观检查无异常。

（8）机构箱密封良好，清洁无杂物，无进水受潮，加热驱潮装置功能正常。

（9）液压油油位、油色正常，油路管道及各密封处无渗漏。

（10）分析后台打压频度及打压时长记录无异常。

四、液压（液压弹簧）例行检修

（1）液压油应过滤，确保机构内清洁度。

（2）液压（液压弹簧）操动机构检修后，要充分排净油路中的空气。

（3）校验压力表及SF_6密度继电器。

（4）测试并记录机构补压及零启打压时间，应符合产品技术规定。

（5）核对并记录预充压力值、启停泵、重合闸闭锁、合闸闭锁、分闸闭锁、零压闭锁、漏氮报警等压力值（行程）数据，应符合产品技术规定。

（6）进行分合闸位置保压试验，无渗油，试验结果符合产品技术规定。

（7）进行合闸位置防失压慢分试验，试验结果符合产品技术规定。

（8）进行重合闸闭锁试验（测试保护装置与其配合情况）。

（9）非全相保护时间继电器校验合格，非全相和防跳试验合格。

（10）核对并记录额定操作顺序机构压力下降值符合产品技术规定。

（11）24h补压次数不得大于产品技术规定。

（12）各二次回路连接正确，绝缘值符合相关技术标准。

（13）检测并记录分、合闸线圈电阻，应符合设备技术文件要求，厂家无明确要求时，初值差应不超过 5%。

（14）并联合闸脱扣器在合闸装置额定电源电压的 85%～110%范围内，应可靠动作；并联分闸脱扣器在分闸装置额定电源电压的 65%～110%（直流）或 85%～110%（交流）范围内，应可靠动作；当电源电压低于额定电压的30%时，脱扣器不应脱扣。记录测试值。

（15）调整测试机构辅助开关转换时间与断路器主触头动作时间之间的配合符合产品技术规定。

（16）电缆、管道排列整齐美观。

（17）核对并记录导电回路触头行程、超行程、开距等机械尺寸，应符合产品技术规定。

（18）应进行机械特性测试，试验数据符合产品技术规定。

（19）加热驱潮装置及控制元件的绝缘应良好，加热器与各元件、电缆及电线之间的距离应大于50mm。

第四节　SF_6断路器试验要求

一、SF_6气体要求

（1）SF_6气体必须经 SF_6气体质量监督管理中心抽检合格，并出具检测报告后方可使用。气瓶抽检率参照GB/T 12022—2014《工业六氟化硫》执行，其他每瓶只测定含水量。

（2）纯度（质量分数）：$\geqslant 99.8\% \times 10^{-2}$（$SF_6$气体注入设备后进行）。

（3）水含量（质量分数）：$\leqslant 5 \times 10^{-6}$。（20℃）。

（4）湿度露点（101325Pa）：$\leqslant -49.7$℃（20℃）。

（5）酸度（以 HF 计）（质量分数）：$\leqslant 0.2 \times 10^{-6}$。

（6）四氟化碳（质量分数）：$\leqslant 100 \times 10^{-6}$。

（7）空气（质量分数）：$\leqslant 300 \times 10^{-6}$。

（8）可水解氟化物（以HF计）（质量分数）：$\leqslant 1 \times 10^{-6}$。

（9）矿物油（质量分数）：$\leqslant 4 \times 10^{-6}$。

（10）生物试验无毒。

（11）35～500kV 设备：SF_6 气体含水量的测定应在断路器充气 24h 后进行。750kV 设备在充气至额定压力 120h 后进行，且测量时环境相对湿度不大于 80%。SF_6 气体含水量（20℃的体积分数）应符合下列规定：与灭弧室相通的气室，应小于 150μL/L、其他气室小于 250μL/L。

二、密封试验（SF_6）

采用灵敏度不低于 1×10^{-6}（体积比）的检漏仪对断路器各密封部位、管道接头等处进行检测时，检漏仪不应报警；必要时可采用局部包扎法进行气体泄漏测量。以 24h 的漏气量换算，每一个气室年漏气率不应大于 0.5%（750kV 断路器设备相对年漏气率不应大于 0.5μL/L，Q/GDW 1157—2013《750kV 电力设备交接试验规程》）；泄漏值的测量应在断路器充气 24h 后进行。

三、SF_6 密度继电器及压力表校验

（1）SF_6 气体密度继电器安装前应进行校验并合格，动作值应符合产品技术条件。

（2）各类压力表（液压、空气）指示值的误差及其变差均应在产品相应等级的允许误差范围内。

四、绝缘电阻测量

断路器整体绝缘电阻值测量，应参照制造厂规定。

五、主回路电阻测量

采用电流不小于 100A 的直流压降法，测试结果应符合产品技术条件规定值；与出厂值进行对比，不得超过 120%出厂值。

六、瓷套管、复合套管

（1）使用 2500V 绝缘电阻表测量，绝缘电阻不应低于 1000MΩ。

（2）复合套管应进行憎水性测试。

（3）交流耐压试验可随断路器设备一起进行。

七、交流耐压试验

1. 35～500kV SF_6 断路器

（1）在 SF_6 气压为额定值时进行，试验电压按出厂试验电压的 80%，试验时间为 60s。

（2）110kV 以下电压等级应进行合闸对地和断口间耐压试验。

（3）罐式断路器应进行合闸对地和断口间耐压试验。

（4）500kV 定开距瓷柱式断路器只进行断口耐压试验。

2. 750kV SF_6断路器

（1）主回路交流耐压试验。

1）试验前应用 5000V 绝缘电阻表测量每相导体对地绝缘电阻。

2）在充入额定压力的 SF_6气体，其他各项交接试验项目完成并合格后进行，断路器应在合闸状态。

3）试验电压值为出厂试验电压值的 90%，试验电压频率在 10～300Hz 范围内。

4）试验前可进行低电压下的老练试验，施加试验电压值和时间可与厂家协商确定（推荐方案见 Q/GDW 1157—2013《750kV 电力设备交接试验规程》）。

（2）断口交流耐压试验。

1）主回路交流耐压试验完成后应进行断口交流耐压试验。

2）试验电压值为出厂试验电压值的 90%，试验电压频率在 10～300Hz 范围内。

3）试验时断路器断开，断口一端施加试验电压，另一端接地。

八、罐式断路器局部放电量检测

罐式断路器可在耐压过程中进行局部放电检测工作。1.2 倍额定相电压下局部放电量应满足设备厂家技术要求。

九、断路器均压电容器的试验（如配置）

（1）断路器均压电容器试验（绝缘电阻、电容量、介质损耗）应符合有关规定。

（2）断路器均压电容器的极间绝缘电阻不应低于 5000MΩ。

（3）断路器均压电容器的介质损耗角正切值应符合产品技术条件的规定。

（4）20℃时，电容值的偏差应在额定电容值的±5%范围内。

（5）罐式断路器的均压电容器试验可按制造厂的规定进行。

十、断路器机械特性测试

（1）应在断路器的额定操作电压、气压或液压下进行。

（2）测量断路器主、辅触头的分、合闸时间，测量分、合闸的同期性，实测数值应符合产品技术条件的规定。

（3）交接试验时应记录设备的机械行程特性曲线，并与出厂时的机械行程特性曲线进行对比，应在参考机械行程特性包络线范围内。

十一、辅助开关与主触头时间配合试验

对断路器合、分时间及操动机构辅助开关的转换时间与断路器主触头动作时间之间的配合进行试验检查，对 220kV 及以上断路器，合、分闸时间应符合产品技术条件中的要求，且满足电力系统安全稳定要求。

十二、SF_6断路器的分、合闸速度

应在断路器的额定操作电压、气压或液压下进行，实测数值应符合产品技术条件的规定。

十三、断路器合闸电阻试验（如配置）

在断路器产品交接试验中，应对断路器主触头与合闸电阻触头的时间配合关系进行测试，有条件时应测量合闸电阻的阻值。合闸电阻的提前接入时间可参照制造厂规定执行，一般为8～11ms（参考值）。合闸电阻值与初值（出厂值）差应不超±5%。

十四、断路器分合闸线圈电阻值

测量合闸线圈、分闸线圈直流电阻应合格，与出厂试验值的偏差不超过±5%。

十五、断路器分、合闸线圈的绝缘性能

使用1000V绝缘电阻表进行测试，不应低于10MΩ。

十六、断路器机构操作电压试验

（1）合闸操作：液压操动机构合闸装置在额定电源电压的85%～110%范围内，应可靠动作。

（2）分闸操作。

1）分闸装置在额定电源电压的65%～110%（直流）或85%～110%（交流）范围内，应可靠动作，当此电压小于额定值的30%时，不应分闸。

2）附装失压脱扣器的，其动作特性应符合其出厂特性的规定。

3）附装过流脱扣器的，其额定电流规定不小于2.5A，脱扣电流的等级范围及其准确度应符合相关标准。

十七、辅助和控制回路试验

采用2500V绝缘电阻表进行绝缘试验，绝缘电阻大于10MΩ。

十八、电流互感器试验

二次绕组绝缘电阻、直流电阻、变比、极性、误差测量、励磁曲线测量等应符合产品技术条件。二次绕组绝缘电阻测量时使用2500V绝缘电阻表，与出厂值对比无明显变化。

十九、开、合空载架空线路、空载变压器和并联电抗器的试验

是否开展开、合空载架空线路、空载变压器和并联电抗器的试验，可根据招标文件、

技术规范书执行。操作顺序亦按技术规范书执行。

第五节　SF_6断路器验收要求

一、本体外观验收

（1）断路器及构架、机构箱安装应牢靠，连接部位螺栓压接牢固，满足力矩要求，平垫、弹簧垫齐全、螺栓外露长度符合要求，用于法兰连接紧固的螺栓，紧固后螺纹一般应露出螺母2～3圈，各螺栓、螺纹连接件应按要求涂胶并紧固标志线。

（2）采用垫片（厂家调节垫片除外）调节断路器水平的，支架或底架与基础的垫片不宜超过3片，总厚度不应大于10mm，且各垫片间应焊接牢固。

（3）一次接线端子无松动、无开裂、无变形，表面镀层无破损。

（4）金属法兰与瓷件胶装部位黏合牢固，防水胶完好。

（5）均压环无变形，安装方向正确，排水孔无堵塞。

（6）断路器外观清洁无污损，油漆完整。

（7）电流互感器接线盒箱盖密封良好。

（8）设备基础无沉降、开裂、损坏。

（9）设备出厂铭牌齐全、参数正确。

（10）相色标志清晰正确。

（11）所有电缆管（洞）口应封堵良好。

（12）机构箱。

1）机构箱开合顺畅，密封胶条安装到位，能有效防止尘、雨、雪和动物的侵入。

2）机构箱内无异物，无遗留工具和备件。

3）机构箱内备用电缆芯应加有保护帽，二次线芯号头、电缆走向标志牌无缺失现象。

4）各空气开关、熔断器、接触器等元器件标志齐全正确，可操作的二次元器件应有中文标志并齐全正确。

5）机构箱内若配有通风设备，则应功能正常；若有通气孔，应确保形成对流。

（13）防爆膜（如配置）检查应无异常，泄压通道通畅且不应朝向巡视通道。

二、极柱及瓷套管、复合套管验收

（1）瓷套管、复合套管表面清洁，无裂纹、无损伤。

（2）增爬伞裙完好，无塌陷变形，连接界面牢固。

（3）防污闪涂料涂层完好，不应存在剥离、破损。

（4）极柱相间中心距离误差不大于5mm。

三、SF_6气体系统

1. SF_6密度继电器

（1）户外安装的密度继电器应设置防雨罩，其应能将表、控制电缆接线端子一起放入，安装位置应方便巡视人员或智能机器人巡视观察。

（2）SF_6密度继电器与开关设备本体之间的连接方式应满足不拆卸校验密度继电器的要求；密度继电器应装设在与断路器本体同一运行环境温度的位置；断路器 SF_6气体补气口位置尽量满足带电补气要求。

（3）充油型密度继电器无渗漏。

（4）具有远传功能的密度继电器，就地指示压力值应与监控后台一致。

（5）密度继电器报警、闭锁压力值应按制造厂规定整定，并能可靠上传信号及闭锁断路器操作。

2. SF_6气体压力

充入SF_6气体气压值满足制造厂规定。

3. SF_6气体管路阀系统

截止阀、逆止阀能可靠工作，投运前均已处于正确位置，截止阀应有清晰的关闭、开启方向及位置标示。

四、操动机构

1. 操动机构通用验收要求

（1）操动机构固定牢靠。

（2）操动机构的零部件齐全，各转动部位应涂以适合当地气候条件的润滑脂。

（3）电动机固定应牢固，转向应正确。

（4）各种接触器、继电器、微动开关、压力开关、压力表、加热驱潮装置和辅助开关的动作应准确、可靠，接点应接触良好、无烧损或锈蚀。

（5）分、合闸线圈的铁芯应动作灵活、无卡阻。

（6）压力表应经出厂检验合格，并有检验报告，压力表的电接点动作正确可靠。

（7）操动机构的缓冲器应经过调整；采用油缓冲器时，油位应正常，所采用的液压油应适合当地气候条件，且无渗漏。

2. 液压机构验收

（1）液压油标号选择正确，适合设备运行地域环境要求，油位满足设备厂家要求，并应设置明显的油位观察窗，方便在运行状态检查油位情况。

（2）液压机构连接管路应清洁、无渗漏，压力表计指示正常且其安装位置应便于观察。

（3）油泵运转正常，无异常，欠压时能可靠启动，压力建立时间符合要求；若配有过流保护元件，整定值应符合产品技术要求。

（4）液压系统油压不足时，机械、电气防止慢分装置应可靠工作。

（5）具备慢分、慢合操作条件的机构，在进行慢分、慢合操作时，工作缸活塞杆的运动应无卡阻现象，其行程应符合产品技术文件要求。

（6）液压机构电动机或油泵应能满足60s内从重合闸闭锁油压打压到额定油压和5min内从零压充到额定压力的要求；机构打压超时应报警，时间应符合产品技术要求。

（7）微动开关、接触器的动作应准确可靠、接触良好；电接点压力表、安全阀、压力释放器应经检验合格，动作可靠，关闭严密。

（8）联动闭锁压力值应按产品技术文件要求予以整定，液压回路压力不足时能按设定值可靠报警或闭锁断路器操作，并上传信号。

（9）液压机构24h内保压试验无异常，24h压力泄漏量满足产品技术文件要求，频繁打压时能可靠上传报警信号。

3. 液压机构储能装置验收

（1）采用氮气储能的机构，储压筒的预充氮气压力应符合产品技术文件要求，测量时应记录环境温度；补充的氮气应采用微水含量小于5μL/L的高纯氮气作为气源。

（2）储压筒应有足够的容量，在降压至闭锁压力前应能进行“分—0.3s—合分”或“合分—3min—合分”的操作。

（3）对于设有漏氮报警装置的储压器，需检查漏氮报警装置功能可靠。

4. 断路器操作及位置指示

断路器及其操动机构操作正常、无卡涩，储能标志，分、合闸标志及动作指示正确，便于观察。

5. 就地/远方切换

断路器远方、就地操作功能切换正常。

6. 辅助开关

（1）断路器辅助开关切换时间与断路器主触头动作时间配合良好，接触良好，接点无电弧烧损。

（2）辅助开关应安装牢固，防止因多次操作松动变位。

（3）辅助开关应转换灵活、切换可靠、性能稳定。

（4）辅助开关与机构间的连接应松紧适当、转换灵活，并能满足通电时间的要求；连接锁紧螺母应拧紧，并应采取防松措施。

7. 防跳回路

就地、远方操作时，防跳回路均能可靠工作，在模拟手合于故障条件下断路器不会发生跳跃现象。

8. 非全相装置

三相非联动断路器缺相运行时，所配置非全相装置能可靠动作，时间继电器经校验合格且动作时间满足整定值要求；带有试验按钮的非全相保护继电器应有警示标志。

9. 动作计数器

断路器应装设不可复归的动作计数器，其位置应便于读数，分相操作的断路器应分相装设。

五、接地验收

1. 断路器本体接地

断路器接地采用双引下线接地，接地铜排、镀锌扁钢截面积满足设计要求。接地引下线应有专用的色标；紧固螺钉或螺栓应使用热镀锌工艺，其直径应不小于 12mm，接地引下线无锈蚀、损伤、变形。与接地网连接部位的搭接长度及焊接处理符合要求：扁钢（截面积不小于 100mm^2）为其宽度的 2 倍且至少 3 个棱边焊接；圆钢（直径不小于 8mm）为其直径的 6 倍，详见 GB 50169—2016《电气装置安装工程接地装置施工及验收规范》；焊接处应做防腐处理。

2. 机构箱接地

机构箱接地良好，有专用的色标，螺栓压接紧固；箱门与箱体之间的接地连接铜线截面积不小于 4mm^2。

3. 控制电缆接地

（1）由断路器本体机构箱至就地端子箱之间的二次电缆的屏蔽层应在就地端子箱处可靠连接至等电位接地网的铜排上，在本体机构箱内不接地。

（2）二次电缆绝缘层无变色、老化、损坏。

六、其他

1. 加热、驱潮装置

（1）断路器机构箱、汇控柜中应有完善的加热、驱潮装置，并根据温度湿度、自动控制，必要时也能进行手动投切，其设定值满足安装地点环境要求。

（2）机构箱、汇控柜内所有的加热元件应是非暴露型的；加热驱潮装置及控制元件的绝缘应良好，加热器与各元件、电缆及电线的距离应大于 50mm；加热驱潮装置电源与电动机电源要分开。

（3）寒冷地域装设的加热带能正常工作。

2. 照明装置

断路器机构箱、汇控柜应装设照明装置，且工作正常。

3. 一次引线

（1）引线无散股、扭曲、断股现象。引线对地和相间距离符合电气安全距离要求，引线松紧适当，无明显过松过紧现象，导线的弧垂须满足设计规范。

（2）铝设备线夹，在可能出现冰冻的地区朝上 30°～90° 安装时，应设置滴水孔。

（3）设备线夹连接宜采用热镀锌螺栓。

（4）设备线夹与压线板是不同材质时，应采用面间过渡安装方式而不应使用铜铝对接过渡线夹。

4. 施工资料

变更设计的证明文件、安装技术记录、调整试验记录、竣工报告。

5. 厂家资料

使用说明书、技术说明书、出厂试验报告、合格证及安装图纸等技术文件。

6. 备品备件

按照技术协议书规定，核对备品备件、专用工具及测试仪器数量、规格是否符合要求。

第六节　SF_6断路器设备典型缺陷案例

一、某型断路器控制回路断线

某变电站220kV断路器发“控制回路断线”和“开关 SF_6/OIL/N2 总闭锁”，以及“CSI101A压力低闭锁重合闸”信号。

现场查看操动机构箱发现，正常运行应该处于吸合状态的K10、K12继电器均未吸合（见图3－13）。

图3－13　操动机构二次图

从控制回路原理图（见图3－14）分析，K12继电器未吸合应该是由于K10继电器未吸合引起的。

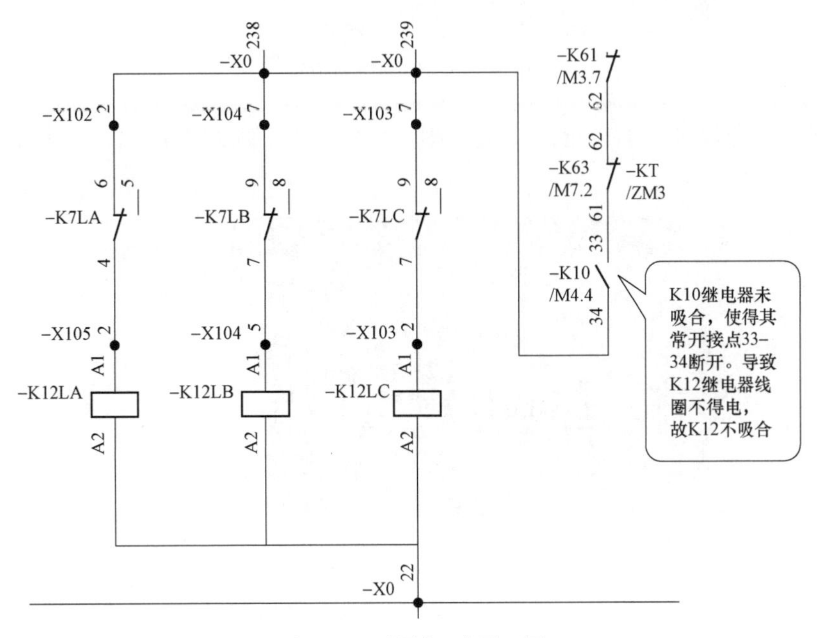

图3－14　控制回路原理图

K10 线圈励磁回路中串联了 K5（SF_6 气压闭锁继电器）、K3（油压闭锁继电器）、K14（N_2 泄漏闭锁继电器）的动断触点。检查发现回路中这三副动断触点均已接通，正电已下达至 K10 的 A1 端，且 K10 的 A2 端负电也正常，该继电器理应吸合，而实际未吸合。由此推断该继电器线圈已损坏，得电不能正常吸合。K10 继电器未吸合，使得其动合触点 13－14 断开。导致分闸回路断路，发控制回路断线。K10 继电器未吸合，使得其动断触点 61－62 接通。发分闸总闭锁信号。K12 继电器未吸合，使得其动断触点 21－22 接通。发自动重合闸闭锁信号。更换 K10 继电器后恢复正常。

二、某变电站 220kV 断路器 SF_6 气体泄漏

该开关 SF_6 额定气压 0.7MPa，报警气压 0.62MPa，闭锁气压 0.60MPa（以上压力皆为绝对压力），到达现场后检查 SF_6 密度继电器显示压力约 0.61MPa（见图 3－15），到达气压告警值，用精密压力表校验气压与表压相符，为保证开关正常工作，补气至 0.7MPa。

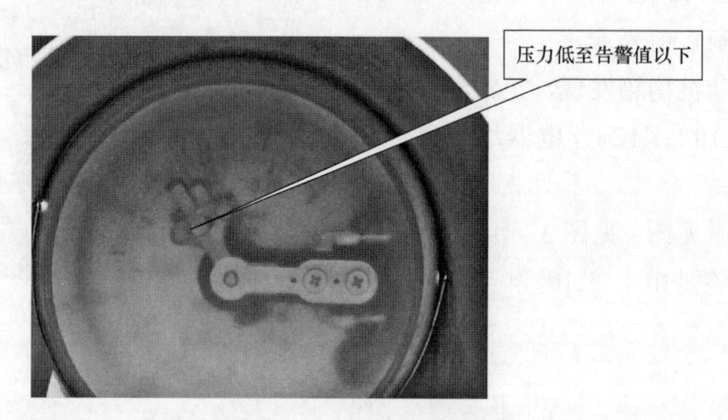

图 3－15　现场压力检查

利用红外检漏仪进行了检查，发现 C 相密度继电器有明显的漏气（见图 3－16）。

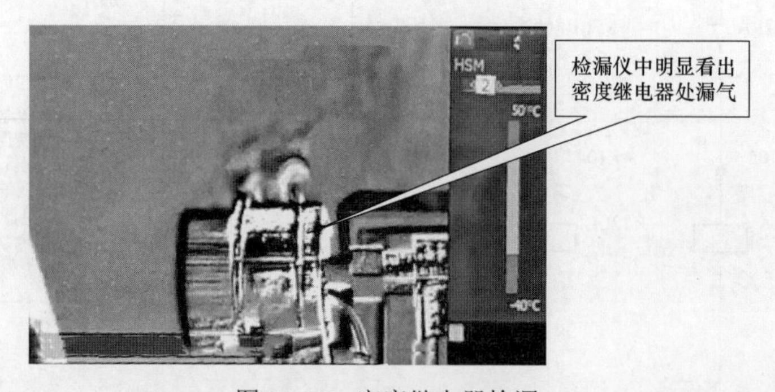

图 3－16　密度继电器检漏

因此判断开关 C 相密度继电器漏气导致 C 相 SF_6 气压偏低引起告警，对 C 相密度继电器进行更换后恢复正常。

三、某变电站 220kV 断路器机构连杆断裂

某变电站 2 号主变压器及三侧断路器复役后发现 2 号主变压器 220kV 侧无潮流信息。检修人员到现场后发现 2 号主变压器 220kV 断路器操动机构总连杆断裂（三相联动）（见图 3－17）。

图 3－17　操动机构总连杆断裂

现场检查开关本体拐臂处于半分半合偏合闸位置，触头开距不满足拉弧条件，SF_6 成分分析无异常。利用专用工具，释放开关机构储能，调整相间连杆并更换新总连杆（见图 3－18）。待上述工作结束，进行主回路电阻测试和机械特性测试，试验数据合格，开关具备可投运条件。

图 3－18　现场处理照片

原因分析：

设备操动机构主部件轴承座固定防松措施不完善（无弹簧垫、无紧固标记），开关多次分、合闸操作后，固定螺栓松动引起固定不可靠。基建施工阶段，设备厂家现场服务人员技术把关不严，开关机构在安装调试时轴承座固定螺栓安装方向错误及相间连杆接头松动（见图 3－19）。产品设计不合理加上轴承座固定螺栓错误的安装方向，加速了轴承座固定

图 3－19　原因分析（固定螺栓安装错误）示意图

松动。该型断路器弹簧机构输出采用平面四连杆结构。机构输出拐臂、传动拐臂和输出连杆组成平行四边形。在轴承座、连杆松动后，传动拐臂在机构操作过程中随意摆动，造成输出连杆受压失稳，其薄弱环节的接头发生弯曲破坏。再次合闸时，接头受拉突然断裂。现场实际检查输出连杆接头断面发现其在断裂前受到明显的弯曲应力。

气体绝缘金属封闭开关设备检修

第一节　组合电器结构与原理

气体绝缘金属封闭开关设备（GIS）由断路器、隔离开关、接地开关、互感器、避雷器、母线、连接件和出线终端等组成，这些设备或部件全部封闭在金属接地的外壳中，在其内部充有一定压力的 SF_6 绝缘气体，故也称 SF_6 全封闭组合电器，外形如图 4－1 所示。

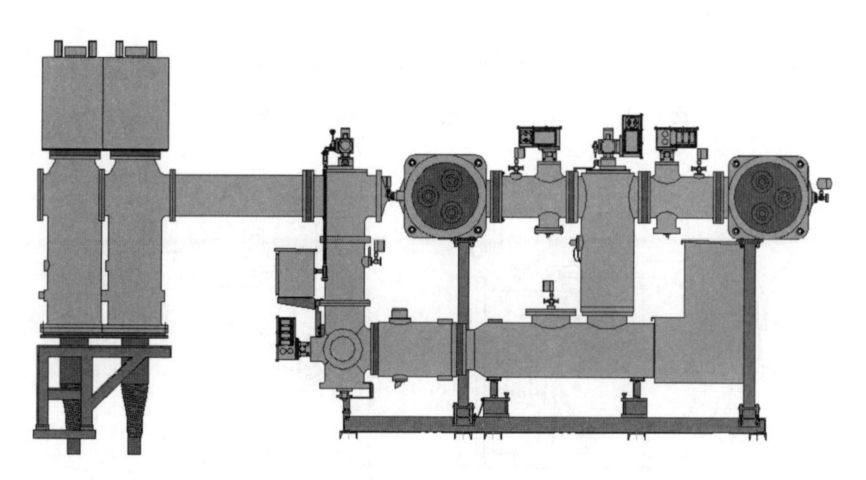

图 4－1　SF_6 全封闭组合电器外形图

一、断路器

能关合、承载和开断回路正常电流，并能在规定的时间内关合、承载和开断规定的短路电流。断路器由本体、拐臂箱和操动机构组成。装有传动连杆的拐臂箱位于断路器的顶部，操动机构箱固定在拐臂箱上，其工作原理已在本书第三章中提及，其示意图如图 4－2 所示。

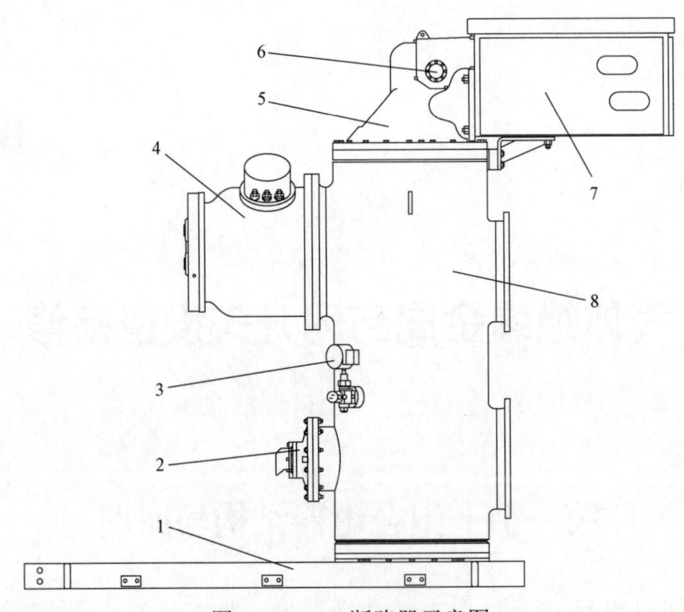

图 4-2　GIS 断路器示意图

1—底架；2—吸附剂盖板；3—密度继电器；4—TA；5—拐臂箱；6—分合闸指示；7—操动机构；8—本体

二、隔离开关

1. 三工位隔离接地开关（DES）

三工位隔离接地开关模块结合了隔离开关和接地开关的功能。得益于该三工位开关结构的特殊设计，可实现接地开关和隔离开关之间的机械互锁，其结构如图 4-3 所示。

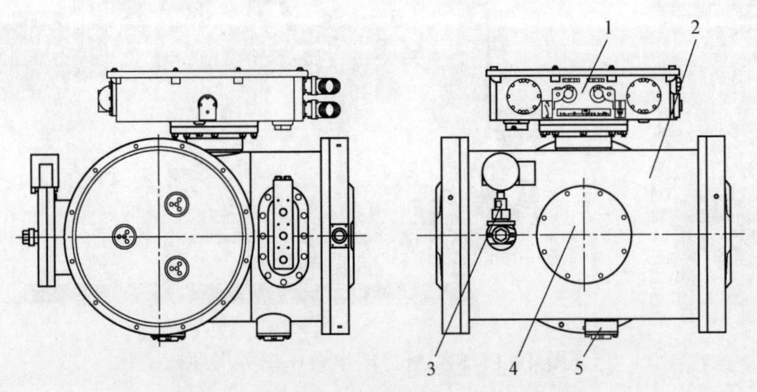

图 4-3　GIS 三工位隔离接地开关结构图

1—电动操动机构；2—本体；3—密度表；4—吸附剂；5—观察窗

DES 本体采用三相共箱结构，滑动电接触采用弹簧触头，传动方式采用齿轮齿条传动，机构位于本体侧面。

传动原理：机构输入轴转动→齿轮转动（花键配合）→齿条直动（齿轮齿条啮合）→动触头运动。电动机正反转实现分、合闸。

三工位隔离接地开关（DES），是将隔离开关（DS）和接地开关（ES）组合成一体的开关元件，其 DS 和 ES 共用一个动触头，共用一个机构，可以实现 3 种功能：隔离开关（分）+接地开关（分）；隔离开关（合）+接地开关（分）；隔离开关（分）+接地开关（合）。

（1）三工位隔离接地开关的特点。

1）三工位隔离接地开关的操动机构具有电动和手动 2 种驱动方式。机构对隔离接地开关提供的旋转运动，通过齿轮、丝杠螺母组和槽轮等运动实现。

2）三工位隔离接地开关的操动机构使用 2 台电动机，一台用于驱动隔离开关，一台用于驱动接地开关。在手动情况下，通过手柄驱动丝杠来实现手动操作动作。

3）槽轮布置于两丝杠螺母组之间，把丝杠螺母的直线运动转化为旋转运动。

4）槽轮能把隔离接地开关锁定在隔离开关合闸位置、隔离接地都分闸位置（初始位置）、接地开关合闸位置 3 种状态。

5）电动机的电源由机构联锁模块控制。当需要手动时，进行手动操作动作，该联锁模块会切断电动机电源。

6）辅助开关与位置指示器连接在一起，由丝杠螺母通过一对伞齿轮驱动。

7）所有隔离、接地的电气连接相互独立，通过重载连接器与控制柜互通信号。

（2）隔离开关合闸位置与接地开关合闸位置的转换关系如下：

1）当三工位隔离接地开关处于隔离开关合闸状态时，它不能直接进行接地开关合闸操作，必须先进行隔离开关分闸操作且分闸到位后，才能进行接地开关的合闸操作。

2）当三工位隔离接地开关处于接地开关合闸状态时，它不能直接进行隔离开关合闸操作，必须先进行接地开关分闸操作且分闸到位后，才能进行隔离开关的合闸操作。

2. 隔离开关

隔离开关由操动机构、传动连杆、绝缘拉杆、导体、中间触头、动触头、梅花型静触头等组成，其外观见图 4-4。

图 4-4　GIS 隔离开关单元

隔离开关操动机构示意图如图 4-5 所示。

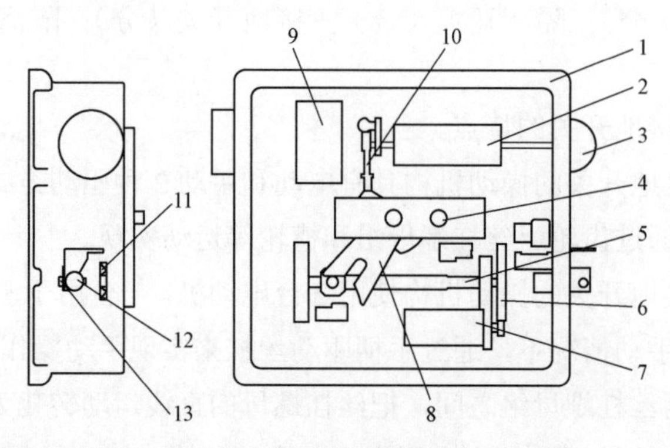

图 4-5　GIS 隔离开关操动机构示意图

1—机座；2—辅助开关；3—位置指示器；4—输出轴；5—丝杠；6—齿轮；7—电机；8—拐臂；9—接触器；10—连杆；11—手动操作方向铭牌；12—堵头；13—固定螺栓

电动机驱动齿轮转动，从而带动丝杠转动，丝杠螺母向右侧运动，同时驱动拐臂逆时针转动，拐臂通过齿轮副驱动输出轴顺时针转动，输出轴驱动本体的动触头到合闸位置，螺母处于右侧。反之，电动机反转，机构使本体处于分闸位置，实现分闸操作。

3. 接地开关

故障接地开关（FES）具有关合短路电流及开合感应电流的能力，由电动弹簧机构驱动。故障关合接地开关的接地触头置于充有 SF_6 气体的封闭壳体之内，三相共箱机构、操动机构与接地触头集于一体，实现三相机械联动操作，其结构如图 4-6 所示。

FES 操动机构如图 4-7 所示。

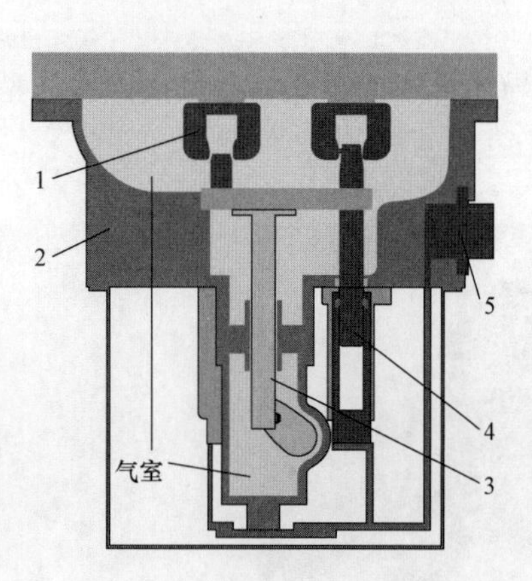

图 4-6　GIS 接地开关结构图

1—静触头；2—壳体；3—传动结构；4—导电模块；5—独立接地模块

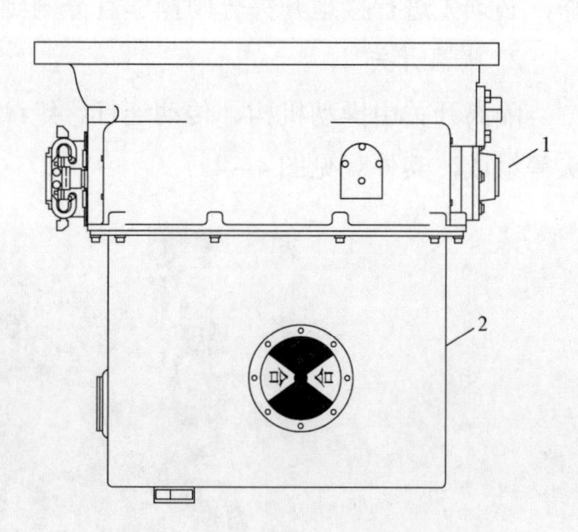

图 4-7　GIS 接地开关操动机构

1—FES/ES 本体；2—FES/ES 机构

FES 工作时，外部操动机构带动主轴转动，内部拐臂随主轴同步旋转，拐臂带动导向杆上下滑动；绝缘板与导向杆固定连接，随导向杆上下运动；三相动触头安装于绝缘板上，随绝缘板一起上下运动，实现分、合闸；同时动触头的另一侧通过表带触指与接地绝缘子连接实现接地。

故障关合接地开关的操动机构为电动弹簧机构，在弹簧的驱动下实现快速合闸。该机构与气室内部结构共用一个壳体，无单独壳体（见图4－8）。

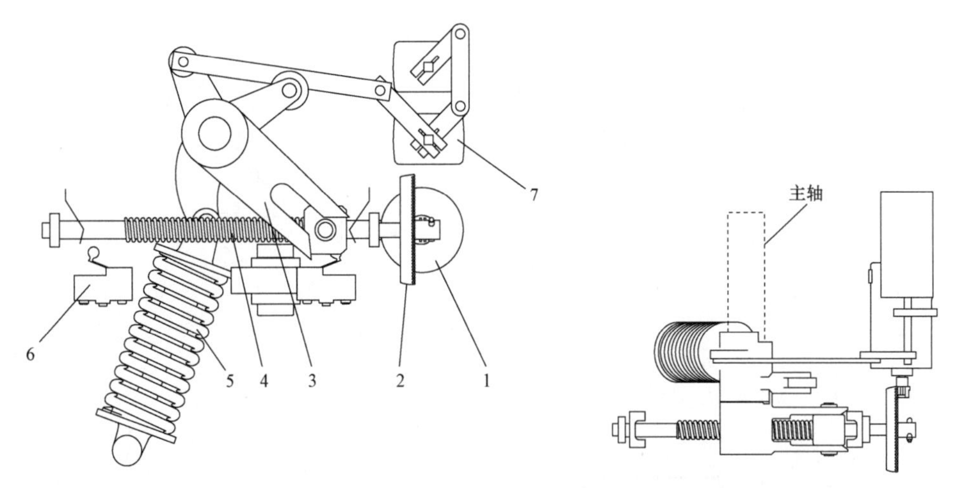

图4－8　GIS快速接地开关操动机构

1—电动机；2—齿轮；3—拐臂；4—丝杠；5—弹簧；6—行程开关；7—辅助开关

合闸动作时，采用电动机—齿轮—丝杠—拐臂—压缩弹簧至死点的运动方式进行储能，通过弹簧能量释放，驱动主轴快速转动，实现快速合闸。

分闸操作时，通过电动机—丝杠—拐臂的运动方式，驱动导电模块运动完成分闸动作。在分闸的同时，拐臂压缩弹簧，将弹簧还原至最大功能压缩状态。

在分、合闸过程中，辅助开关与拐臂通过四连杆结构实现信号的转换。分、合闸到位时，通过切换行程开关快速切断电动机电源。

开关设有两处位置指示。主位置指示写有“分、合”字样，直接与主轴连接；辅助位置指示为红绿标识，在辅助开关转换的过程中实现辅助分合位置的转换。

4. 电流互感器

电流互感器为电磁式电流互感器，是一种在正常使用条件下一次电流和二次电流实际成正比，且在连接方法正确时其相位差接近于零的互感器。电流互感器为GIS的组成元件之一，供电气测量仪表和电气保护装置用，其结构如图4－9所示。

5. 电压互感器

电压互感器为电磁式电压互感器，是一种通过电磁感应将一次电压按比例变换成二次电压的电压互感器。主要用途是将工作电压值降低，以使其适用于所连接的测量仪器和保护装置，同样也使其适用于接地故障检测，其结构如图4－10所示。

6. 避雷器

避雷器为SF_6罐式无间隙金属氧化物避雷器，一般加装于在线监测仪，用来测量泄漏电流的数值和动作次数，其结构如图4－11所示。

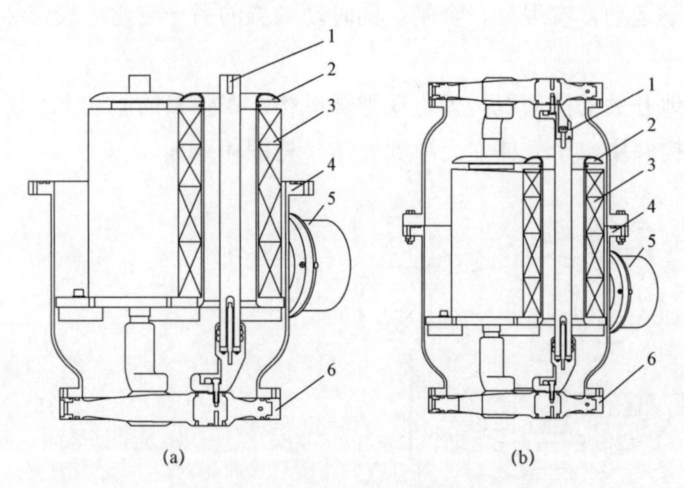

图 4-9　GIS 电流互感器结构图

（a）外部图；（b）内部图

1—一次导体；2—屏蔽罩；3—二次绕组；4—壳体；5—二次接线盒；6—盆式绝缘子

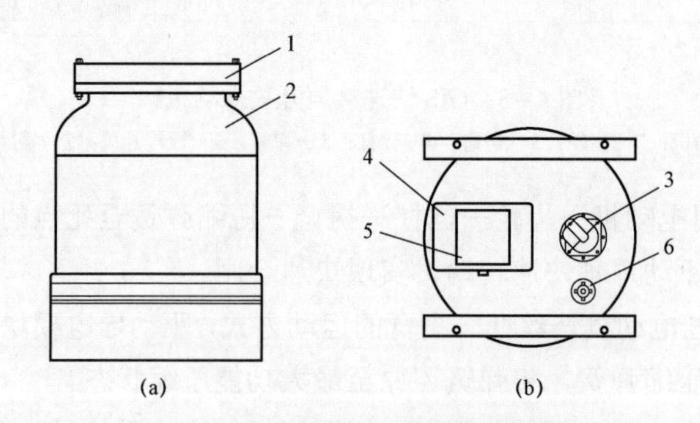

图 4-10　GIS 电压互感器结构图

（a）主视图；（b）俯视图

1—盆式绝缘子；2—壳体；3—防爆片；4—二次接线端子盒；5—铭牌；6—充气接头

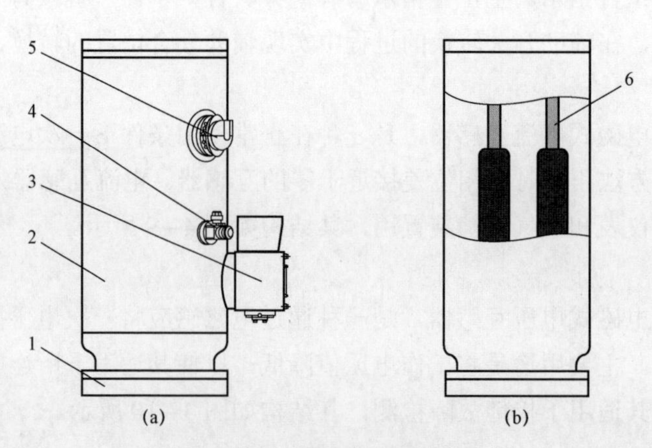

图 4-11　GIS 避雷器结构图

（a）外部图；（b）内部图

1—盆式绝缘子；2—避雷器外壳；3—在线监测仪；4—气体接头；5—防爆装置；6—Zn0 元件

7. 出线套管

用出线套管将导线引出气室，以便能够连接裸露的导线。出线套管模块由套管母线和三个套管组成，三个套管结构相同，其外形如图 4－12 所示。

8. 母线

母线为三相共箱结构，它们用于连接开关装置的各个部分。每个母线模块包括外壳、导体、盆式绝缘子、弹簧触头及触头座。导体及触头座由盆式绝缘子支撑，母线模块与邻近元件之间通过弹簧触头连接。其结构示意图如图 4－13 所示。

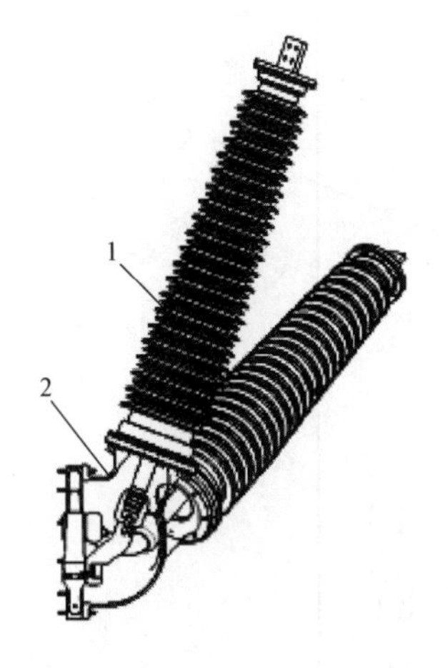

图 4－12　GIS 出线套管外形图

1—套管；2—套管母线

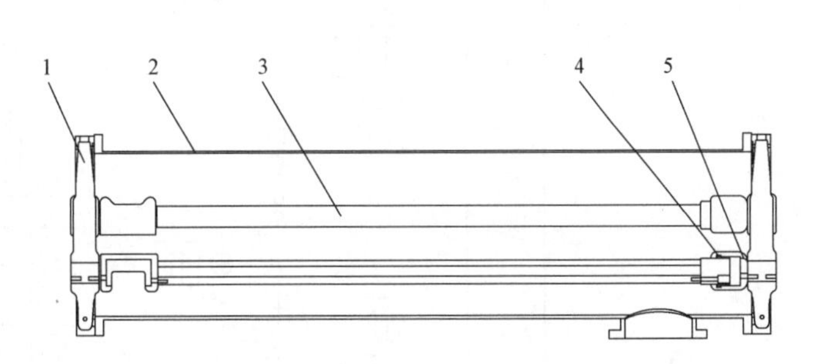

图 4－13　母线结构示意图

1—盆式绝缘子；2—壳体；3—导体；4—弹簧触头；5—触头座

9. 电缆终端

电缆终端结构如图 4－14 所示。

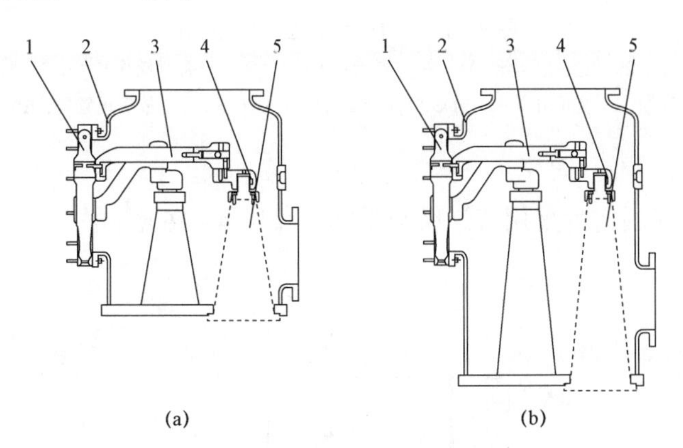

图 4－14　GIS 电缆终端结构图

（a）短电缆终端；（b）长电缆终端

1—盆式绝缘子；2—壳体；3—导体；4—弹簧触头；5—电缆头

10. 就地控制柜

（1）就地控制柜（LCP）是对 GIS 进行现场监视与控制的集中控制屏，也是 GIS 间隔内外各开关元件以及 GIS 与主控室之间进行电气联络的中继枢纽。

（2）就地控制柜具有就地操作、信号传输、保护和中继及对 SF_6 系统进行监控等功能。

（3）一般每一个 GIS 断路器间隔，配一台就地控制柜。GIS 就地控制柜结构如图 4－15 所示。

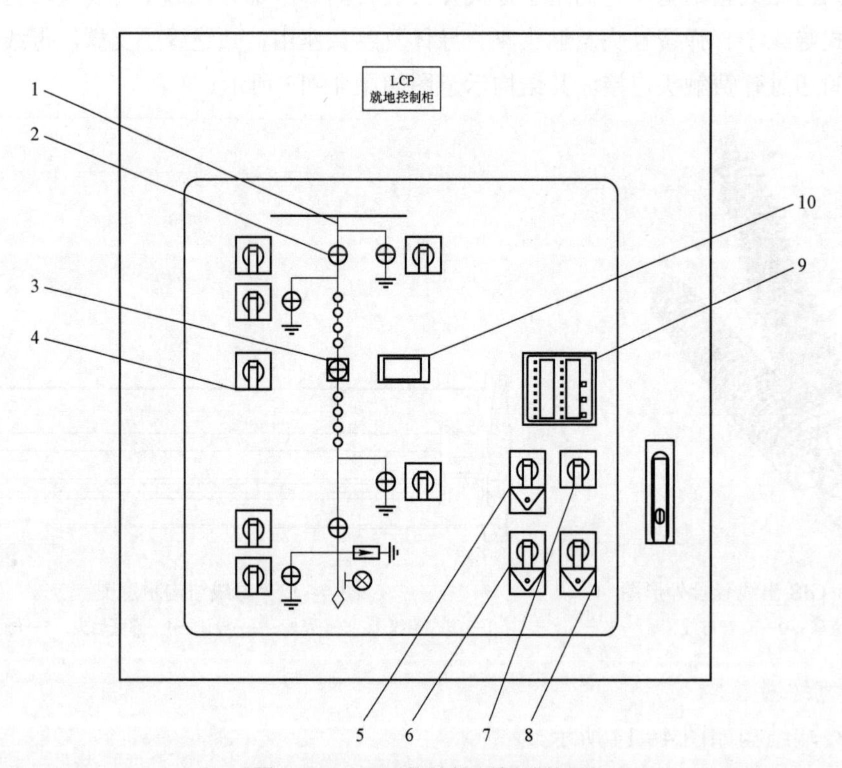

图 4－15　GIS 就地控制柜结构图

1—主接线模拟示意图；2—位置指示器；3—CB 位置指示器；4—就地分合闸操作开关；5—联锁/解锁转换开关；6—CB 远近控转换开关；7—复位开关；8—DS/ES/FES 远近控转换开关；9—故障报警器；10—断路器操作计数器

11. 密封结构

法兰与法兰之间的密封采用双道密封结构（见图 4－16）。

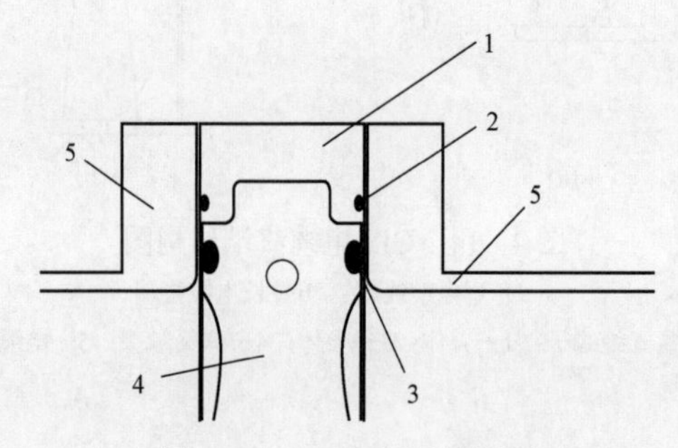

图 4－16　GIS 密封结构图

1—盆式绝缘子法兰外环；2—外侧密封槽；3—内侧密封槽；4—环氧树脂；5—壳体法兰

12. 盆式绝缘子

（1）盆式绝缘子金属法兰由环氧树脂、嵌件组成，分为气隔绝缘子和通孔绝缘子（见图 4－17）。

（2）盆式绝缘子根据国家标准对其进行破坏压力校验，能够承受 GIS 正常压力及安装运行时存在的局部不平衡压力。

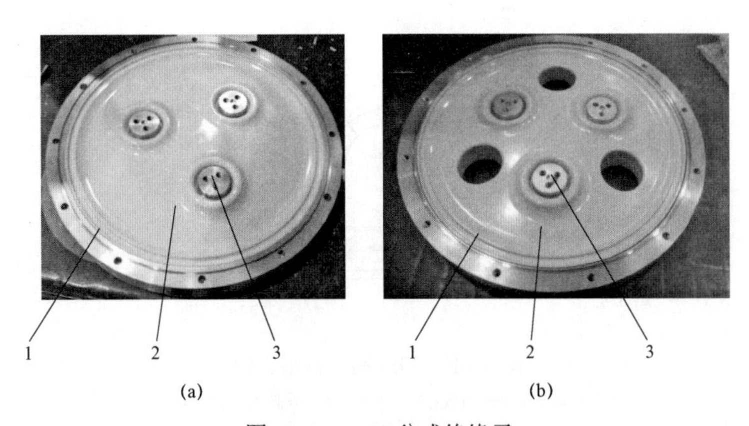

图 4－17　GIS 盆式绝缘子

（a）气隔绝缘子示意图；（b）通孔绝缘子示意图

1—金属法兰；2—环氧树脂；3—嵌件

13. 导体

导体采用一端固定，一端滑动接触结构。导体加工采用铝合金管材和铸铝合金。滑动连接采用弹簧触头。

14. 密度继电器

能对规定环境温度范围内的 SF_6 气体密度进行监测，并自动补偿到 20℃时对应的压力值。提供报警、闭锁信号，其结构如图 4－18 所示。

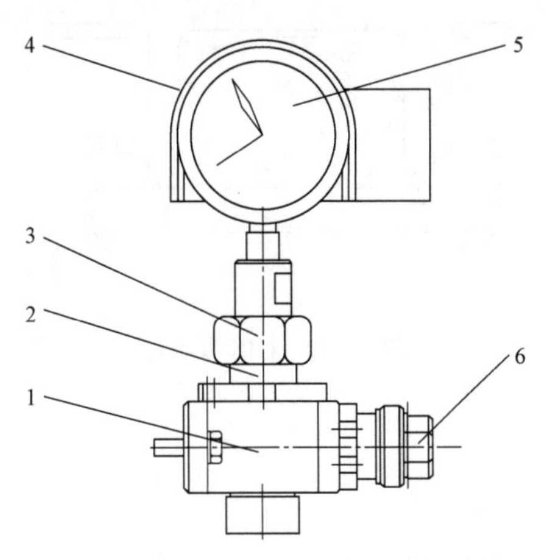

图 4－18　GIS 密度继电器结构图

1—阀座；2—自封阀；3—接头；4—罩；5—SF_6 密度计；6—护盖

15. 防护器

（1）防护器主要用来限制故障时内部压力过高。

（2）在气室内压力过高时，防爆膜会破裂以泄掉压力，从而保证产品、人员的安全。

（3）导流罩可以控制高压气流方向，使其排向安全方位。在维护期间，可以直接改变导流罩的出口方向。防护器结构如图 4－19 所示。

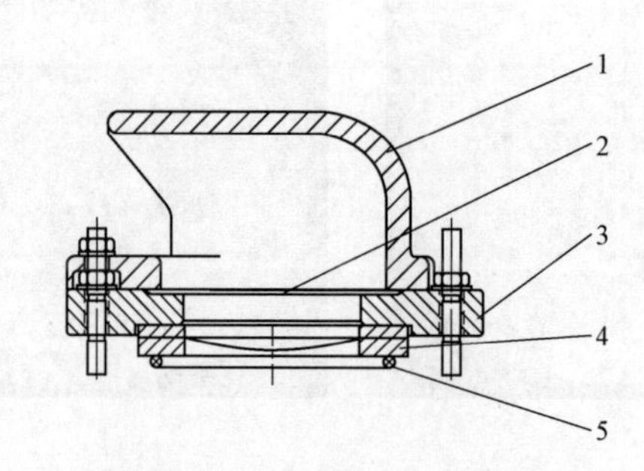

图 4－19　GIS 防护器结构图

1—导流罩；2—挡板；3—压板；4—爆破片；5—O 形圈

16. 吸附器

（1）每一个功能单元都配置吸附器。

（2）吸附器可以吸收气室内残留的水分。

（3）在断路器和隔离开关气室内，吸附器可以吸收因电弧作用而产生的分解物。其结构如图 4－20 所示。

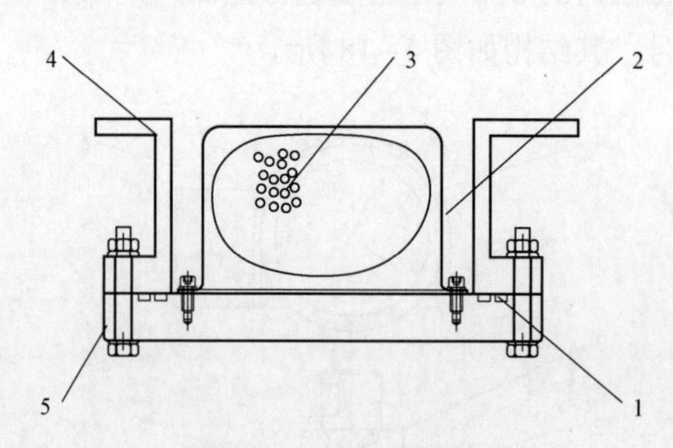

图 4－20　GIS 吸附器

1—O 形圈；2—罩；3—吸附剂；4—气室外壳；5—法兰

17. 加热及照明回路

加热及照明回路结构如图 4－21 所示。

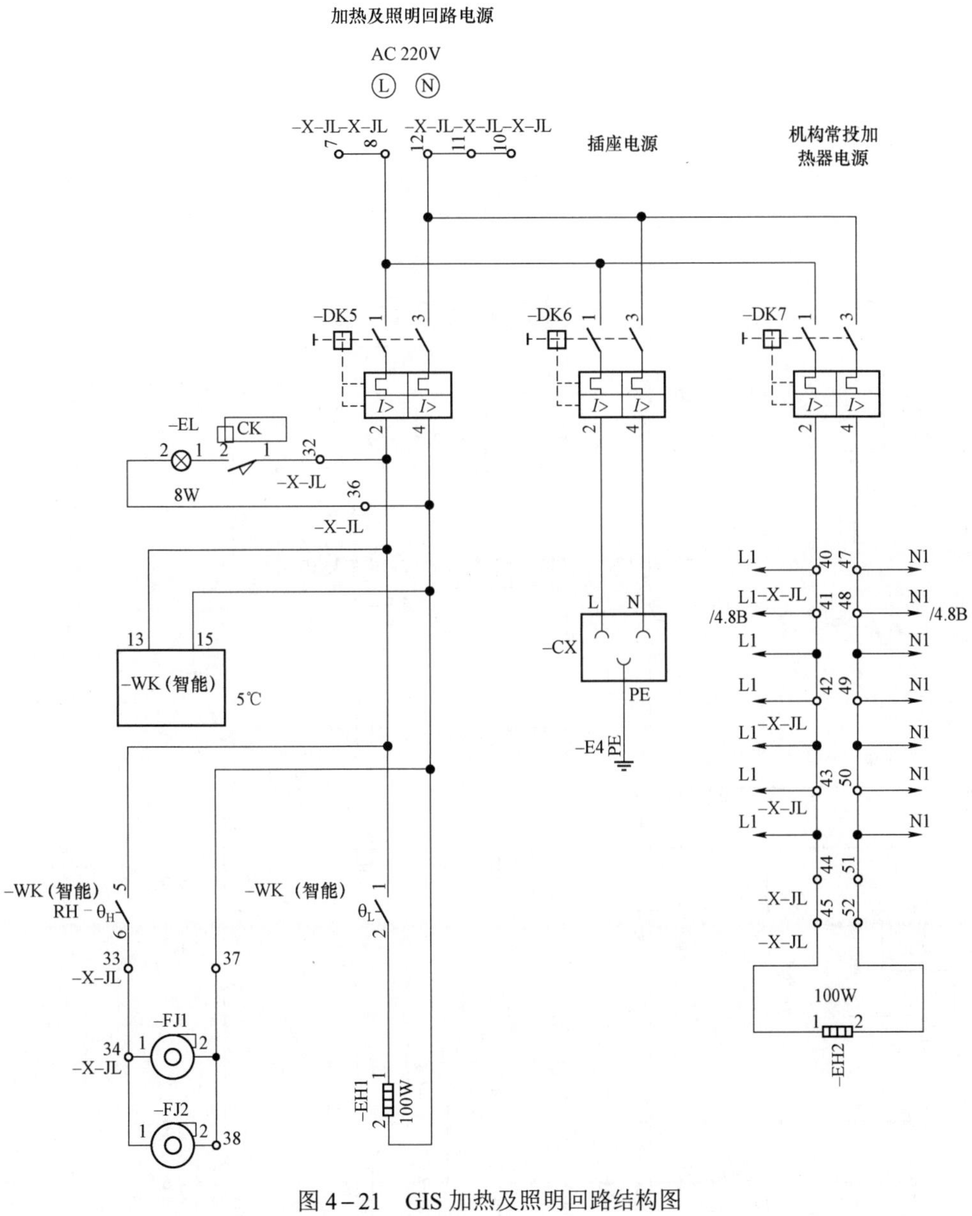

图 4-21　GIS 加热及照明回路结构图

18. DES 机构回路

DES 机构回路如图 4-22 所示。

19. FES 机构回路

FES 机构回路如图 4-23 所示。

20. 断路器机构回路

断路器机构回路如图 4-24 所示。

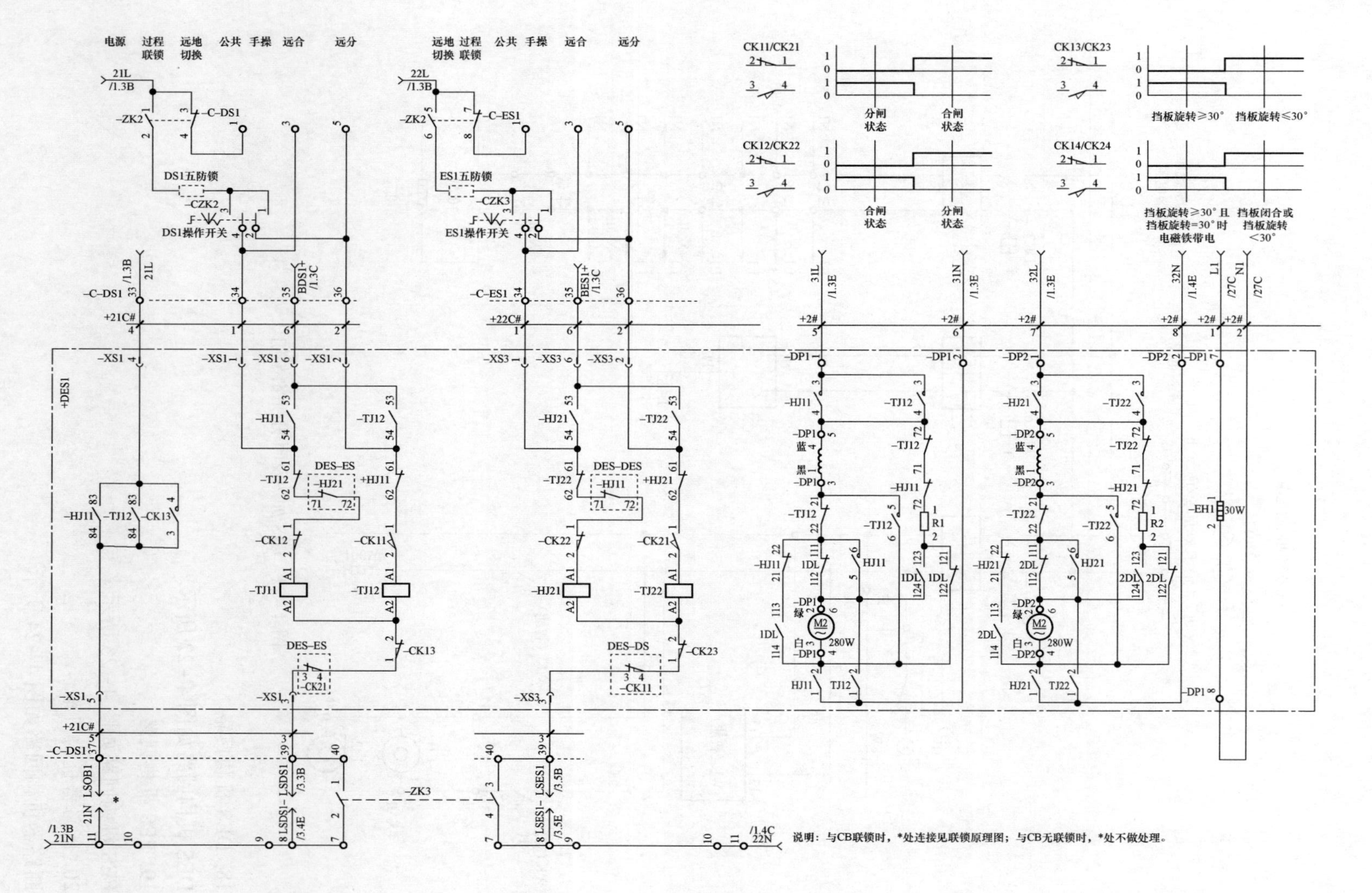

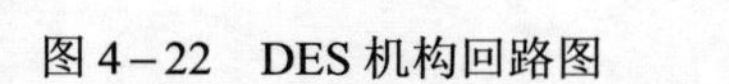
图 4-22 DES 机构回路图

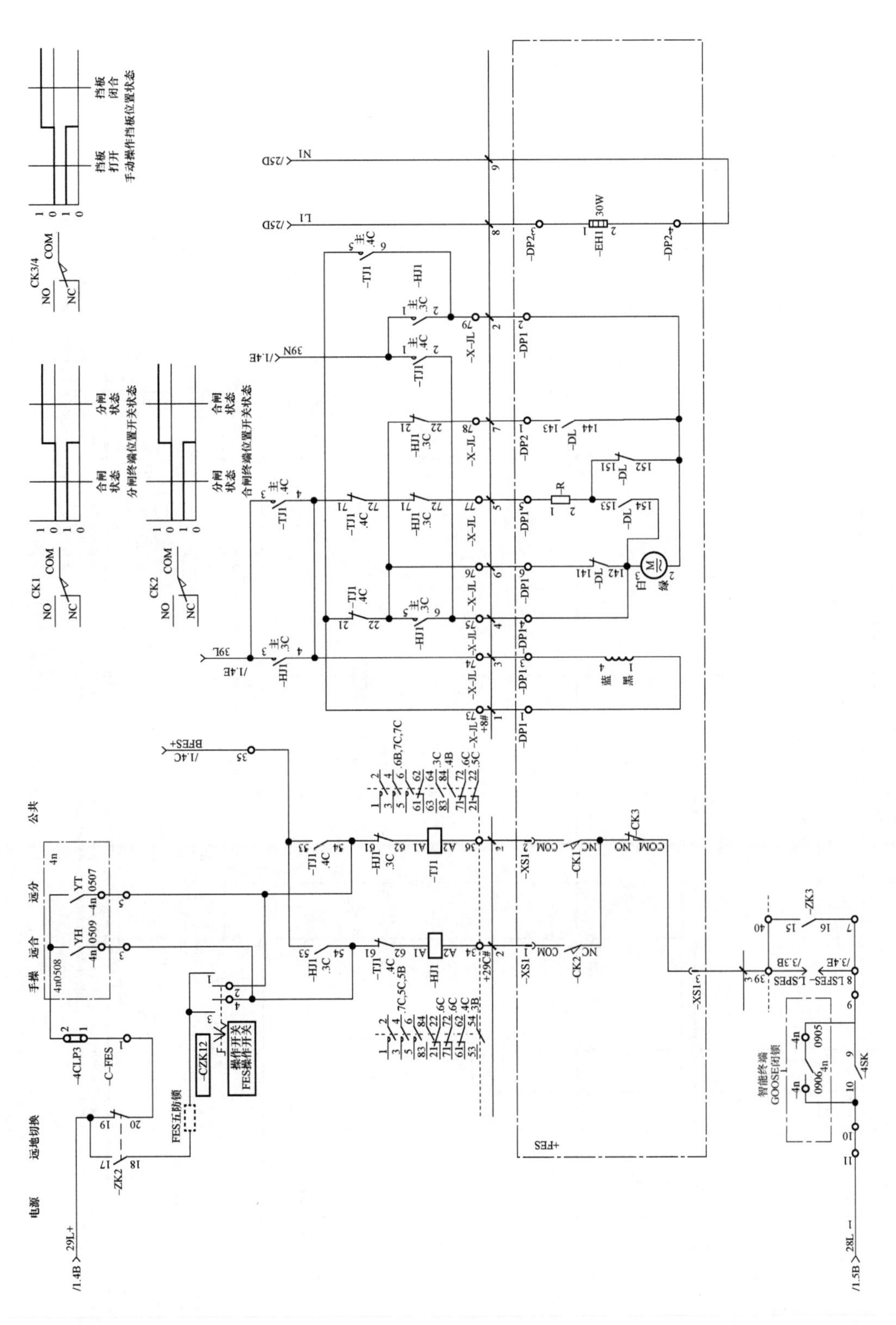

图 4-23　FES 机构回路图

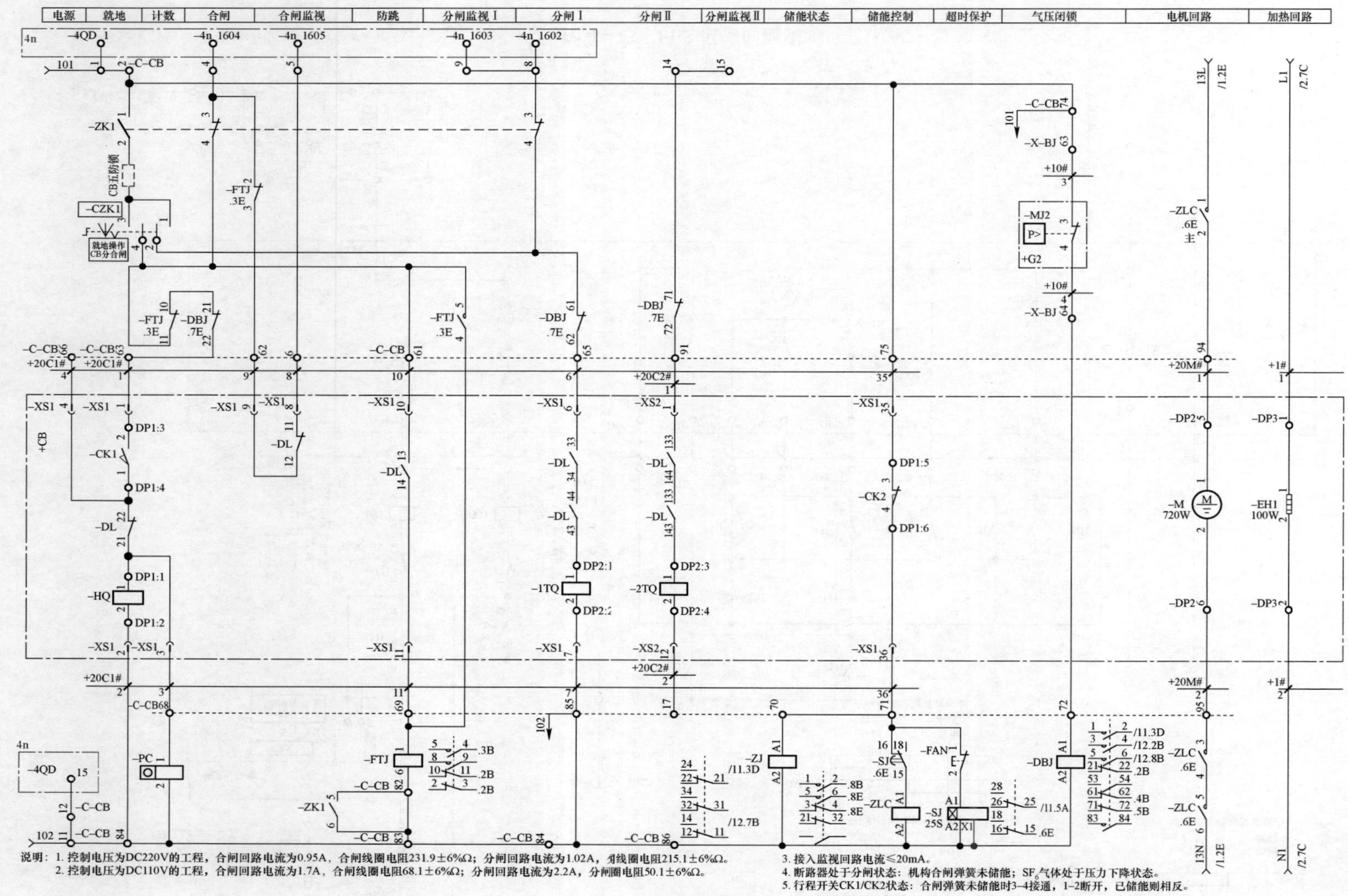

说明：1. 控制电压为DC220V的工程，合闸回路电流为0.95A，合闸线圈电阻231.9±6%Ω；分闸回路电流为1.02A，分线圈电阻215.1±6%Ω。
2. 控制电压为DC110V的工程，合闸回路电流为1.7A，合闸线圈电阻68.1±6%Ω；分闸回路电流为2.2A，分闸圈电阻50.1±6%Ω。
3. 接入监视回路电流≤20mA。
4. 断路器处于分闸状态：机构合闸弹簧未储能；SF_6气体处于压力下降状态。
5. 行程开关CK1/CK2状态：合闸弹簧未储能时3–4接通，1–2断开，已储能则相反。

图 4–24　断路器机构回路图

第二节　组合电器检修项目

一、组合电器专业巡视

1. 组合电器外观巡视

（1）外壳、支架等无锈蚀、松动、损坏，外壳漆膜无局部颜色加深或烧焦、起皮。

（2）外观清洁，标志清晰、完善。

（3）压力释放装置无异常，其释放出口无障碍物。

（4）接地端子无过热，接触完好。

（5）各类管道及阀门无损伤、锈蚀，阀门的开闭位置正确，管道的绝缘法兰与绝缘支架良好。

（6）盆式绝缘子外观良好，无龟裂、起皮，颜色标示正确。

（7）二次电缆护管无破损、锈蚀，内部无积水。

2. 断路器单元巡视

（1）SF_6气体密度值正常，无泄漏。

（2）无异常声响或气味，防松螺母无松动。

（3）分、合闸到位，指示正确。

（4）对于三相机械联动断路器检查相间连杆与拐臂所处位置无异常，连杆接头和连板无裂纹、锈蚀；对于分相操作断路器检查各相连杆与拐臂相对位置一致。

（5）拐臂箱无裂纹。

（6）机构内金属部分及二次元器件无腐蚀。

（7）机构箱密封良好，无进水受潮、无凝露，加热驱潮装置功能正常。

（8）对于液压、气动机构，分析后台打压频度及打压时长记录无异常。

（9）对于液压机构，机构内管道、阀门无渗漏油，液压压力指示正常，各功能微动开关触点与行程杆间隙调整无逻辑错误，液压油油位、油色正常。

（10）对于气动机构，气压压力指示正常，空压机油无乳化。

（11）对于弹簧机构，分、合闸脱扣器和动铁芯无锈蚀，机芯固定螺栓无松动，齿轮无破损，咬合深度不少于 1/3，挡圈无脱落；轴销无开裂、变形、锈蚀。

（12）加热装置功能正常，按要求投入。

（13）分合闸缓冲器完好，无渗漏油等情况发生。

（14）储能电动机无异常。

3. 隔离开关单元巡视

（1）SF_6气体密度值正常，无泄漏。

（2）无异常声响或气味。

（3）分、合闸到位，指示正确。

（4）传动连杆无变形、锈蚀，连接螺栓紧固。

（5）卡、销、螺栓等附件齐全，无锈蚀、变形、缺损。

（6）机构箱密封良好。

（7）机械限位螺钉无变位，无松动，符合厂家标准要求。

4. 接地开关单元巡视

（1）SF_6气体密度值正常，无泄漏。

（2）无异常声响或气味。

（3）分、合闸到位，指示正确。

（4）传动连杆无变形、锈蚀，连接螺栓紧固。

（5）卡、销、螺栓等附件齐全，无锈蚀、变形、缺损。

（6）机构箱密封情况良好。

（7）接地连接良好。

（8）机械限位螺钉无变位，无松动，符合厂家标准要求。

5. 电流互感器单元巡视

（1）SF_6气体密度值正常，无泄漏。

（2）无异常声响或气味。

（3）二次电缆接头盒密封良好。

6. 电压互感器单元巡视

（1）SF_6气体密度值正常，无泄漏。

（2）无异常声响或气味。

（3）二次电缆接头盒密封良好。

7. 避雷器单元巡视

（1）SF_6气体密度值正常，无泄漏。

（2）无异常声响或气味。

（3）放电计数器（在线监测装置）无锈蚀、破损，密封良好，内部无积水，固定螺栓（计数器接地端）紧固，无松动、锈蚀。

（4）泄漏电流不超过规定值的10%，三相泄漏电流无明显差异。

（5）计数器（在线监测装置）二次电缆封堵可靠，无破损，电缆保护管固定可靠，无锈蚀、开裂。

（6）避雷器与放电计数器（在线监测装置）连接线连接良好，截面积满足不同厂家的安装规定要求。

8. 母线单元巡视

（1）SF_6气体密度值正常，无泄漏。

（2）无异常声响或气味。

（3）波纹管外观无损伤、变形等异常情况。

（4）波纹管螺柱紧固，符合厂家技术要求。

（5）波纹管波纹尺寸符合厂家技术要求。

（6）波纹管伸缩长度裕量符合厂家技术要求。

（7）波纹管焊接处完好、无锈蚀。固定支撑检查无变形、裂纹，滑动支撑位移在合格范围内。

9. 进出线套管、电缆终端单元巡视

（1）SF_6气体密度值正常，无泄漏。

（2）无异常声响或气味。

（3）高压引线连接正常，设备线夹无裂纹、无过热。

（4）外绝缘无异常放电、无闪络痕迹。

（5）外绝缘无破损或裂纹，无异物附着，辅助伞裙无脱胶、破损。

（6）均压环无变形、倾斜、破损、锈蚀。

（7）充油部分无渗漏油。

（8）电缆终端与组合电器连接牢固，螺栓无松动。

（9）电缆终端屏蔽线连接良好。

10. 汇控柜巡视

（1）汇控柜外壳接地良好，柜内封堵良好。

（2）汇控柜密封良好，无进水受潮、无凝露，加热驱潮装置功能正常。

（3）汇控柜内干净整洁，无变形和锈蚀。

（4）钢化玻璃无裂纹、损伤。

（5）柜内二次元件安装牢固，元件无锈蚀，无烧伤过热痕迹。

（6）柜内二次线缆排列整齐美观，接线牢固无松动，备用线芯端部进行绝缘包封。

（7）智能终端装置运行正常，装置的闭锁告警功能和自诊断功能正常。

（8）空调运行正常，温度满足智能装置运行要求。

（9）断路器、隔离开关及接地开关位置指示正确，无异常信号。

（10）带电显示器安装牢固，指示正确。

11. 集中供气系统巡视

（1）空气压缩机油位正常，油位应在油窗 1/2 左右，油质无乳化。

（2）压缩机风扇转动灵活，储气罐及其压缩空气管道密封完好，传动皮带无开裂、松动等异常。

（3）高压储气罐压力指示正常。

（4）高压储气罐安全装置、阀门等清洁、完好。

（5）空压屏阀门开闭状态满足运行要求。

（6）气水分离器及自动排污装置外观完好，管道连接牢固，接线正确。

二、组合电器例行检修

（1）外绝缘清洁、无破损，胶合面防水胶完好，必要时重新涂覆。

（2）均压环无锈蚀、变形及裂纹等异常，安装牢固、平正。

（3）各气室 SF_6 气体密度正常，符合产品技术规定，各气室密度继电器动作值符合产品技术规定。

（4）轴、销、锁扣和机械传动部件正常，无变形、损坏。

（5）操动机构外观良好，螺栓紧固，无渗漏；机构内部无渗水、凝露现象。

（6）断路器、隔离开关、接地开关分合闸指示位置正确，分合闸指示器指针角度符合厂家技术要求。

（7）避雷器放电计数器（泄漏电流监视器）指示正确。

（8）二次接线无松动，分、合闸线圈电阻检测符合产品技术规定。

（9）储能电动机工作电流及储能时间检测结果应符合产品技术规定。储能电动机应能在 85%～110%的额定电压下可靠工作。

（10）辅助回路和控制回路电缆、接地线外观完好；电缆的绝缘电阻合格。

（11）防跳跃装置符合产品技术规定。

（12）联锁和闭锁装置功能正常，符合产品技术规定。

（13）并联合闸脱扣器在合闸装置额定电源电压的 85%～110%范围内，应可靠动作；并联分闸脱扣器在分闸装置额定电源电压的 65%～110%（直流）或 85%～110%（交流）范围内，应可靠动作；当电源电压低于额定电压的 30%时，脱扣器不应脱扣。

（14）对于液（气）压操动机构，还应进行下列各项检查，结果均应符合产品技术规定要求。

1）机构压力表、机构操作压力（气压、液压）整定值。

2）分闸、合闸及重合闸操作时的压力（气压、液压）下降值。

3）分闸和合闸位置分别进行液（气）压操动机构的泄漏试验。

4）液压机构及气动机构，进行防失压慢分试验和非全相合闸试验。

第三节 组合电器试验要求

一、主回路绝缘试验（应在完整间隔上进行）

（1）在现场耐压试验前进行老练试验。

（2）在 $1.1Um/\sqrt{3}$ 下进行局部放电检测，72.5～363kV 组合电器的交流耐压值应为出厂值的 100%，550kV 及以上电压等级组合电器的交流耐压值应不低于出厂值的 90%。

（3）有条件时还应进行冲击耐压试验，雷电冲击试验和操作冲击试验电压值为型式试验施加电压值的 80%，正负极性各 3 次。

（4）局部放电试验应随耐压试验一并进行。

二、气体密度继电器试验

（1）进行各触点（如闭锁触点、报警触点）动作值的校验。

（2）随组合电器本体一起，进行密封性试验。

三、辅助和控制回路绝缘试验

采用 2500V 绝缘电阻表测量，且绝缘电阻大于 10MΩ。

四、主回路电阻试验

（1）采用电流不小于 100A 的直流压降法。

（2）现场测试值不得超过控制值 Rn（Rn 是产品技术条件规定值）。

（3）应注意与出厂值的比较，不得超过出厂实测值的 120%。

（4）注意三相测试值的平衡度，如三相测量值存在明显差异，须查明原因。

（5）测试应涵盖所有电气连接。

五、气体密封性试验

组合电器静止 24h 后进行，采用检漏仪对各气室密封部位、管道接头等处进行检测时，检漏仪不应报警；每一个气室年漏气率不应大于 0.5%。

六、SF_6气体试验

（1）SF_6气体必须经 SF_6气体质量监督管理中心抽检合格，并出具检测报告后方可使用。

（2）SF_6气体注入设备前后必须进行湿度检测，且应对设备内气体进行 SF_6纯度检测，必要时进行 SF_6气体分解产物检测，结果符合标准要求。

（3）组合电器静止 24h 后进行 SF_6气体湿度（20℃的体积分数）试验，应符合下列规定：有灭弧分解物的气室，应不大于 150μL/L；无灭弧分解物的气室，应不大于 250μL/L。

七、机械特性试验

（1）机械特性测试结果符合其产品技术规定，测量开关的行程—时间特性曲线，应在规定的范围内。

（2）进行操动机构低电压试验，结果符合其产品技术规定。

第四节　组合电器验收要求

一、组合电器本体及外观验收

（1）基础平整无积水，牢固，水平、垂直误差符合要求，无损坏。

（2）安装牢固、外表清洁完整，支架及接地引线无锈蚀和损伤。

（3）瓷件完好清洁。

（4）均压环与本体连接良好，安装应牢固、平正，不得影响接线板的接线；安装在环境温度0℃及以下地区的均压环，宜在均压环最低处打排水孔。

（5）开关机构箱机构密封完好，加热驱潮装置运行正常。机构箱开合顺畅、箱内无异物。

（6）基础牢固，水平、垂直误差符合要求。

（7）横跨母线的爬梯，不得直接架于母线器身上。爬梯安装应牢固，两侧设置的围栏应符合相关要求。

（8）避雷器泄漏电流表安装高度最高不大于2m。

（9）落地母线间隔之间应根据实际情况设置巡视梯。在组合电器顶部布置的机构应加装检修平台。

（10）室内GIS站房屋顶部需预埋吊点或增设行吊。

（11）母线避雷器和电压互感器应设置独立的隔离开关或隔离断口。

（12）检查断路器分合闸指示器与绝缘拉杆相连的运动部件相对位置有无变化。

（13）电流互感器、电压互感器接线盒电缆进线口封堵严实，箱盖密封良好。

（14）标志检查。

1）隔断盆式绝缘子标示为红色，导通盆式绝缘子标示为绿色。

2）设备标志正确、规范。

3）主母线相序标志清楚。

（15）接地检查。

1）底座、构架和检修平台可靠接地，导通良好。

2）支架与主地网可靠接地，接地引下线连接牢固，无锈蚀、损伤、变形。

3）全封闭组合电器的外壳法兰片间应采用跨接线连接，并应保证良好通路，金属法兰的盆式绝缘子的跨接排要与该组合电器的型式报告样机结构一致。

4）接地无锈蚀，压接牢固，标志清楚，与地网可靠相连。

5）本体应多点接地，并确保相连壳体间的良好通路，避免壳体感应电压过高及异常发热威胁人身安全。非金属法兰的盆式绝缘子跨接排、相间汇流排的电气搭接面采用可靠防腐措施和防松措施。

6）接地排应直接连接到地网，电压互感器、避雷器、快速接地开关应采用专用接地线直接连接到地网，不应通过外壳和支架接地。

7）带电显示装置的外壳应直接接地。

8）检修平台的各段增加跨接排，连接可靠，导通良好。

（16）密度继电器及连接管路检查。

1）每一个独立气室应装设密度继电器，严禁出现串联连接；密度继电器应当与本体安装在同一运行环境温度下，各密封管路阀门位置正确。

2）密度继电器需满足不拆卸校验要求。位置便于检查巡视记录。

3）二次线必须牢靠，户外安装密度继电器必须有防雨罩，密度继电器防雨箱（罩）应能将表、控制电缆接线端子一起放入，防止指示表、控制电缆接线盒和充放气接口进水受潮。

4）220kV 及以上分箱结构断路器每相应安装独立的密度继电器。

5）所在气室名称与实际气室及后台信号对应且一致。

6）密度继电器的报警、闭锁定值应符合规定。备用间隔（只有母线侧隔离开关）及母线筒密度继电器的报警接入相邻间隔。

7）充气阀检查无气体泄漏，阀门自封良好，管路无划伤。

8）SF_6 气体压力均应符合产品说明书的要求值。

9）密度继电器的二次线护套管在最低处必须有漏水孔，防止雨水倒灌进入密度表的二次插头造成误发信号。

10）GIS 密度继电器应朝向巡视主道路，前方不应有遮挡物，满足机器人巡检要求。

11）阀门开启、关闭标志清晰。

12）需靠近巡视走道安装表计，表计前方不应有遮挡，其安装位置和朝向应充分考虑巡视的便利性和安全性。密度继电器表计安装高度不宜超过 2m（距离地面或检修平台底板）。

13）所有扩建预留间隔应加装密度继电器并可实现远程监视。

（17）伸缩节及波纹管检查。

1）检查调整螺栓间隙是否符合厂方规定，留有裕度。

2）检查伸缩节跨接接地排的安装配合满足伸缩节调整要求，接地排与法兰的固定部位应涂抹防水胶。

3）检查伸缩节温度补偿装置完好。应考虑安装时环境温度的影响，合理预留伸缩节调整量。

4）应对起调节作用的伸缩节进行明确标示。

（18）外瓷套或合成套外表检查。瓷套无磕碰损伤，一次端子接线牢固。金属法兰与瓷件胶装部位黏合应牢固，防水胶应完好。

（19）法兰盲孔检查。

1）盲孔必须打密封胶，确保盲孔不进水。

2）在法兰与安装板及装接地连片处，法兰和安装板之间的缝隙必须打密封胶。

（20）设备出厂铭牌齐全、参数正确。

（21）相序标志清晰正确。

（22）隔离、接地开关电动机构检查。

1）机构内的弹簧、轴、销、卡片、缓冲器等零部件完好。

2）机构的分、合闸指示应与实际相符。

3）传动齿轮应啮合准确，操作轻便灵活。

4）电动机操作回路应设置缺相保护器。

5）隔离开关控制电源和操作电源应独立分开。同一间隔内的多台隔离开关，必须分别设置独立的开断设备。

6）机构的电动操作与手动操作相互闭锁应可靠。电动操作前，应先进行多次手动分、合闸，机构动作应正常。

7）机构动作应平稳，无卡阻、冲击等异常情况。

8）机构限位装置应准确、可靠，到达规定分、合极限位置时，应可靠地切除电动机电源。

9）机构密封完好，加热驱潮装置运行正常。

10）做好电缆进机构箱的封堵措施，严防进水。

11）三工位隔离、接地开关，应确认实际分合位置，与操作逻辑、现场指示相对应。

12）机构应设置闭锁销，闭锁销处于“闭锁”位置机构既不能电动操作也不能手动操作，处于“解锁”位置时能正常操作。

13）应严格检查销轴、卡环及螺栓连接等连接部件的可靠性，防止其脱落导致传动失效。

14）相间连杆采用转动传动方式设计的三相机械联动隔离开关，应在三相同时安装分、合闸指示器。

（23）断路器液压机构检查。

1）机构内的轴、销、卡片完好，二次线连接紧固。

2）液压油应洁净无杂质，油位指示应正常，同批安装设备油位指示一致。

3）液压机构管路连接处应密封良好，管路不应和机构箱内其他元件相碰。

4）液压机构下方应无油迹，机构箱的内部应无液压油渗漏。

5）储能时间符合产品技术要求，额定压力下，液压机构的24h压力降应满足产品技术规定（安装单位提供报告）。

6）检查油泵启动停止、闭锁自动重合闸、闭锁分合闸、氮气泄漏报警、氮气预充压力、零起建压时间应和产品技术规定相符。

7）防失压慢分装置应可靠。

8）电触点压力表、安全阀应校验合格，泄压阀动作应可靠，关闭严密。

9）微动开关、接触器的动作应准确可靠，接触良好。

10）油泵打压计数器应正确动作。

11）安装完毕后应对液压系统及油泵进行排气（查安装记录）。

12）液压机构操作后液压下降值应符合产品技术要求。

13）机构打压时液压表指针不应剧烈抖动。

14）机构上储能位置指示器、分合闸位置指示器应便于观察巡视。

（24）连线引线及接地检查。

1）连接可靠且接触良好并满足通流要求。接地良好，接地连片有接地标志。

2）连接螺栓应采用 M16 螺栓固定。

（25）绝缘盆子带电检测部位检查，绝缘盆子为非金属封闭、金属屏蔽但有浇注口；可采用带金属法兰的盆式绝缘子，但应预留窗口，预留浇注口盖板宜采用非金属材质，以满足现场特高频带电检测要求。

二、汇控柜验收

1. 外观检查

（1）安装牢固、外表清洁完整，无锈蚀和损伤、接地可靠。

（2）基础牢固，水平、垂直误差符合要求。

（3）汇控柜柜门必须采取限位措施，开、关灵活，门锁完好。

（4）回路模拟线正确、无脱落。

（5）汇控柜门需加装跨接接地。

2. 封堵检查

底面及引出、引入线孔和吊装孔，封堵严密可靠。

3. 标志

（1）回路模拟线正确、无脱落。

（2）设备编号牌正确、规范。

（3）标志正确、清晰。

4. 二次接线端子

（1）二次引线连接紧固、可靠，内部清洁；电缆备用芯戴绝缘帽。

（2）应做好二次线缆的防护，避免由于绝缘电阻下降造成开关偷跳。

5. 加热、驱潮装置

运行正常、功能完备。

加热、驱潮装置应保证长期运行时不对箱内邻近设备、二次线缆造成热损伤，相距应大于 50mm，其二次电缆应选用阻燃电缆。

6. 位置及光字指示

断路器、隔离开关分合闸位置指示灯正常，光字牌指示正确且与后台指示一致。

7. 二次元件

（1）汇控柜内二次元件排列整齐、固定牢固。并贴有清晰的中文名称标志。

（2）柜内隔离开关空气开关标志清晰，并一对一控制相应隔离开关。

（3）断路器二次回路不应采用 RC 加速设计。

（4）各继电器位置正确，无异常信号。

（5）断路器安装后必须对其二次回路中的防跳继电器、非全相继电器进行传动，并保证在模拟手合于故障条件下断路器不会发生跳跃现象。

8. 照明

灯具符合现场安装条件，开、关应具备门控功能。

三、联锁检查验收

（1）带电显示装置与接地隔离开关的闭锁：带电显示装置自检正常，闭锁可靠。

（2）主设备间联锁检查。

1）满足“五防”闭锁要求。

2）汇控柜联锁、解锁功能正常。

四、其他验收

（1）监控信号回路：监控信号回路正确，传动良好。

（2）施工资料：变更设计的证明文件，安装技术记录、调整试验记录、竣工报告。

（3）厂家资料：使用说明书、技术说明书、出厂试验报告、合格证及安装图纸等技术文件。

（4）备品备件：按照技术协议书规定，核对备品备件、专用工具及测试仪器数量、规格是否符合要求。

（5）配电装置室检查：

1）组合电器室应装有通风装置，风机应设置在室内底部，并能正常开启。

2）GIS 配电装置室内应设置一定数量的氧量仪和 SF_6 浓度报警仪。

（6）排水孔检查。导线金具、均压环、电缆槽盒排水孔位置、孔径合理。

（7）槽盒检查。电缆槽盒封堵良好，各段的跨接排设备合理，接地良好。

第五节　组合电器缺陷典型设备案例

某型 GIS 设备断路器拒分：某变电站 110kV 母分开关不能分闸，经检查为机构合闸不到位导致无法分闸，逆时针敲击拉杆，使转动到合闸位置后手动分闸成功。其原因分析如图 4－25 所示。

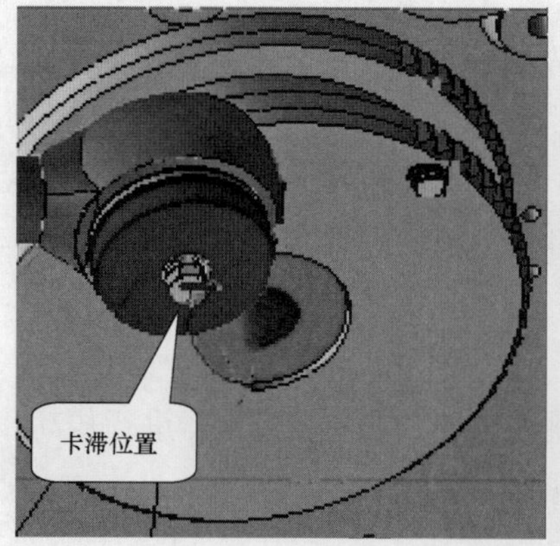

图 4－25　原因分析图

出现该故障的原因：① 合闸弹簧压缩量偏小，合闸力不足；② 机构合闸凸轮与拐臂间隙偏小，调整间隙至 1.5±0.2mm。现场分别调整了合闸弹簧压缩量及凸轮与拐臂间隙。机构输出杆伸长，凸轮和拐臂的间隙增大，反之间隙减小，间隙要求 1.5±0.2mm。经上述调整，并更换烧毁的分闸线圈后，机构分合闸正常，低电压试验合格。

隔 离 开 关 检 修

隔离开关（俗称刀闸）是高压开关电器中使用最多的一种电气设备，在电路中起隔离作用。它本身的工作原理及结构比较简单，但是由于使用量大，工作可靠性要求高，对变电站、电厂的设计、建立和安全运行的影响均较大。

第一节　隔离开关结构与工作原理

隔离开关的主要特点是无灭弧能力，只能在没有负荷电流的情况下分、合电路，其结构示意图如图 5-1 所示。

图 5-1　隔离开关结构示意图

一、水平断口隔离开关传动系统

水平断口隔离开关传动系统主要由垂直连杆、水平连杆及传动装配等组成。GW4 隔离开关操作由操动机构带动底座中部转动轴旋转 180°，通过水平连杆带动一侧支柱绝缘子

（安装于转动杠杆上）旋转 90°，并借交叉连杆使另一支柱绝缘子反向旋转 90°，于是两隔离开关便向一侧分开或闭合。另外两相（从动相）则通过三相连杆联动，同步于（主动相）分合。GW7 隔离开关操作由操动机构带动导电杆支柱绝缘子旋转，导电杆旋转一定角度后使导电杆与两侧静触头可靠接触，另外两相（从动相）则通过三相连杆联动，同步于（主动相）分合。

另外，部分隔离开关根据设计要求配备接地开关。接地开关操动机构分合时，借助传动轴及水平连杆使接地开关轴旋转一角度达到分合目的。由于接地开关转轴上有扇形板与紧固于瓷柱法兰上的弧形板组成连锁，故能确保主分—地合—主合的顺序动作。

二、垂直断口隔离开关传动系统

垂直断口隔离开关主要由 3 个单极组成，每极由底座、绝缘支柱、传动机构、操作绝缘子、导电臂和静触头组成。其中导电臂由上、下导电臂和活动关节 3 个部分组成。动作原理为（以合闸过程为例）：首先通过机构带动操作绝缘子旋转，操作绝缘子带动下导电臂上升，下导电臂通过活动关节带动上导电臂上升，导电臂举升后带动动触头动作，使动、静触头相接触完成合闸。弹性装置使动、静触头合闸后保持一定的夹紧压力。平衡弹簧用以抵消隔离开关重力所产生的合闸阻力，使操作轻便。

三、操动机构

隔离开关的分合由操动机构实现，通常配备手动操动机构或电动操动机构。手动操动机构以人力为操作动力，由凸轮、连杆等组成，操作方式多为水平操作。电动操动机构以电动机为操作动力，其与手动操动机构最大的区别在于它包含电气回路，同时电动操动机构具备手动操作功能。

电动操动机构主要由电动机、机械减速传动系统、电气控制系统和箱体等组成。由电动机驱动，通过齿轮、蜗杆蜗轮减速后将转矩传至输出轴。

机构设有远方/停止/就地切换开关，当机构调整或检修时拨到就地位置，可在机构前操作（此时远动电力已切断）。拨至远方位置时，机构分合按钮不起作用，只可远动。机构箱内装有加热器，可以驱散箱内潮气，防止电器元件受潮引起故障。

第二节　隔离开关检修项目

一、隔离开关专业巡视

1. 本体巡视

（1）隔离开关外观清洁无异物，“五防”装置完好无缺失。

（2）触头接触良好无过热、无变形，合、分闸位置正确，符合相关技术规范要求。

（3）引弧触头完好，无缺损、移位。

（4）导电臂及导电带无变形、开裂，无断片、断股，连接螺栓紧固。

（5）接线端子或导电基座无过热、变形、连接螺栓紧固。

（6）均压环无变形、倾斜、锈蚀，连接螺栓紧固。

（7）绝缘子外观及辅助伞裙无破损、开裂，无严重变形，外绝缘放电不超过第二伞裙，中部伞裙无放电现象。

（8）本体无异响及放电、闪络等异常现象。

（9）法兰连接螺栓紧固，胶装部位防水胶无破损、裂纹。

（10）防污闪涂料涂层完好，无龟裂、起层、缺损。

（11）传动部件无变形、锈蚀、开裂，连接螺栓紧固。

（12）连接卡、销、螺栓等附件齐全，无锈蚀、缺损，开口销打开角度符合技术要求。

（13）拐臂过死点位置正确，限位装置符合相关技术规范要求。

（14）机械闭锁盘、闭锁板、闭锁销无锈蚀、变形，闭锁间隙符合产品技术要求。

（15）底座部件无歪斜、无锈蚀，连接螺栓紧固。

（16）铜质软连接无散股、断股，外观无异常。

（17）隔离开关支柱绝缘子浇注法兰无锈蚀、裂纹等异常现象。

2. 操动机构巡视

（1）箱体无变形、锈蚀，封堵良好。

（2）箱体固定可靠、接地良好。

（3）箱内二次元器件外观完好。

（4）箱内加热驱潮装置功能正常。

3. 引线巡视

（1）引线弧垂满足运行要求。

（2）引线无散股、断股。

（3）引线两端线夹无变形、松动、裂纹、变色。

（4）引线连接螺栓无锈蚀、松动、缺失。

4. 基础构架巡视

（1）基础无破损、无沉降、无倾斜。

（2）构架无锈蚀、无变形，焊接部位无开裂、连接螺栓无松动。

（3）接地无锈蚀，连接紧固，标志清晰。

二、隔离开关例行检修

（1）隔离开关在合、分闸过程中无异响、无卡阻。

（2）检测隔离开关技术参数，符合相关技术要求。

（3）触头表面平整接触良好，镀层完好，合、分闸位置正确，合闸后过死点位置正确符合相关技术规范要求。

（4）触头压（拉）紧弹簧弹性良好，无锈蚀、断裂，引弧角无严重烧伤或断裂情况。

（5）导电臂及导电带无变形，导电带无断片、断股，镀层完好，连接螺栓紧固。

（6）动、静触头及导电连接部位应清理干净，并按厂家规定进行涂覆。

（7）接线端子或导电基座无过热、变形、裂纹，连接螺栓紧固。

（8）均压环无变形、歪斜、锈蚀，连接螺栓紧固。

（9）绝缘子无破损、放电痕迹，法兰螺栓无松动，黏合处防水胶无破损、裂纹。

（10）传动部件无变形、开裂、锈蚀及严重磨损，连接无松动。

（11）转动部分涂以适合本地气候条件的润滑脂。

（12）轴销、弹簧、螺栓等附件齐全，无锈蚀、缺损。

（13）垂直拉杆顶部应封口，未封口的应在垂直拉杆下部合适位置打排水孔。

（14）机械闭锁盘、闭锁板、闭锁销无锈蚀、变形，闭锁间隙符合相关技术规范。

（15）底座支撑及固定部件无变形、锈蚀，焊接处无裂纹。

（16）底座轴承转动灵活无卡滞、异响，连接螺栓紧固。

（17）设备线夹无裂纹、无发热。

（18）引线无烧伤、断股、散股。

（19）接地引下线无锈蚀，焊接处无开裂，连接螺栓紧固。

（20）操动机构箱体无变形，箱内无凝露、积水，驱潮装置工作正常，封堵良好。

（21）二次回路接线牢靠、接触良好，端子排无锈蚀。

（22）二次回路及元器件绝缘电阻符合相关技术标准要求。

（23）二次元器件无锈蚀、卡涩，辅助开关与传动杆连接可靠。

（24）电气及机械闭锁动作可靠。

（25）操动机构的分、合闸指示与本体实际分、合闸位置相一致。

（26）导电部位应进行回路电阻测试，数据应符合产品技术规定。

第三节　隔离开关试验要求

一、隔离开关试验要求

1. 校核动、静触头开距

在额定、最低（85%U_n）和最高（110%U_n）操作电压下进行 3 次空载合、分试验，并测量分合闸时间，检查闭锁装置的性能和分合位置指示的正确性。

2. 导电回路电阻值测量

（1）采用电流不小于 100A 的直流压降法。

（2）测试结果，不应大于出厂值的 1.2 倍。

（3）应对含接线端子的导电回路进行测量。

（4）有条件时测量触头夹紧压力。

3. 瓷套、复合绝缘子

（1）使用2500V绝缘电阻表测量，绝缘电阻不应低于1000MΩ。

（2）复合绝缘子应进行憎水性测试。

（3）交流耐压试验可随断路器设备一起进行。

4. 控制及辅助回路的工频耐压试验

隔离开关（接地开关）操动机构辅助和控制回路绝缘交接试验应采用2500V绝缘电阻表，绝缘电阻应大于10MΩ。

5. 测量绝缘电阻

整体绝缘电阻值测量，应参照制造厂规定。

6. 瓷柱探伤试验

（1）隔离开关、接地开关绝缘子应在设备安装完好并完成所有的连接后逐个进行超声波探伤检测。

（2）逐个进行绝缘子超声波探伤，探伤结果合格。

第四节　隔离开关验收要求

一、隔离开关验收要求

1. 外观检查

（1）操动机构、传动装置、辅助开关及闭锁装置应安装牢固、动作灵活可靠、位置指示正确，各元件功能标志正确，引线固定牢固，设备线夹应有排水孔。

（2）三相联动的隔离开关、接地开关触头接触时，同期数值应符合产品技术文件要求，最大值不得超过20mm。

（3）相间距离及分闸时触头打开角度和距离，应符合产品技术文件要求。

（4）触头接触应紧密良好，接触尺寸应符合产品技术文件要求。导电接触检查可用0.05mm×10mm的塞尺进行检查。对于线接触应塞不进去，对于面接触其塞入深度：在接触表面宽度为50mm及以下时不应超过4mm，在接触表面宽度为60mm及以上时不应超过6mm。

（5）隔离开关分合闸限位应正确。

（6）垂直连杆应无扭曲变形。

（7）螺栓紧固力矩应达到产品技术文件和相关标准要求。

（8）油漆完整、相色标志正确，设备应清洁。

（9）隔离开关、接地开关底座与垂直连杆、接地端子及操动机构箱应接地可靠，软连接导电带紧固良好，无断裂、损伤。

（10）220kV及以上具有分相操作功能的隔离开关，位置节点要分相上送，机构操作电源应分开、独立。

2. 安装资料

（1）订货技术协议或技术规范。

（2）出厂试验报告。

（3）使用说明书。

（4）交接试验报告。

（5）安装报告。

（6）施工图纸。

3. 支架及接地

（1）隔离开关及构架、机构箱安装应牢靠，连接部位螺栓压接牢固，满足力矩要求，平垫、弹簧垫齐全，螺栓外露长度符合要求，用于法兰连接紧固的螺栓，紧固后螺纹一般应露出螺母 2～3 圈，各螺栓、螺纹连接件应按要求涂胶并紧固划标志线。

（2）采用垫片安装（厂家调节垫片除外）调节隔离开关水平，支架或底架与基础的垫片不宜超过 3 片，总厚度不应大于 10mm，且各垫片间应焊接牢固。

（3）底座与支架、支架与主地网的连接应满足设计要求，接地应牢固可靠，紧固螺钉或螺栓的直径应不小于 12mm。

（4）接地引下线无锈蚀、损伤、变形；接地引下线应有专用的色标标志。

（5）一般铜质软连接的截面积不小于 $50mm^2$。

（6）隔离开关支架应有两点与主地网连接，接地引下线规格满足设计规范，连接牢固。

（7）架构底部的排水孔设置合理，满足要求。

4. 绝缘子

（1）清洁，无裂纹，无掉瓷，爬电比距符合污秽等级要求。

（2）金属法兰、连接螺栓无锈蚀、无表层脱落现象。

（3）金属法兰与瓷件的胶装部位涂以性能良好的防水密封胶，胶装后露砂高度 10～20mm 且不得小于 10mm。

（4）逐个进行绝缘子超声波探伤，探伤结果合格。

（5）有特殊要求不满足防污闪要求的，瓷质绝缘子喷涂防污闪涂层，应采用差色喷涂工艺，涂层厚度不小于 2mm，无破损、起皮、开裂等情况；增爬伞裙无塌陷变形，表面牢固。

5. 联锁装置

（1）隔离开关与其所配的接地开关间有可靠的机械闭锁和电气闭锁措施。

（2）具有电动操动机构的隔离开关与其配用的接地开关之间应有可靠的电气联锁。

（3）机构把手上应设置机械“五防”锁具的锁孔，锁具无锈蚀、变形现象。

（4）对于超 B 类接地开关，线路侧接地开关、接地开关辅助灭弧装置、接地侧接地开关，三者之间电气互锁正常。

（5）操动机构电动和手动操作转换时，应有相应的闭锁。

6. 接触部位检查

（1）触头表面镀银层完整，无损伤，导电回路主触头镀银层厚度应不小于 20μm，硬度不小于 120HV；固定接触面均匀涂抹电力复合脂，接触良好。

（2）带有引弧装置的应动作可靠，不会影响隔离开关的正常分合。

7. 辅助开关

辅助开关动作灵活可靠，位置正确，信号上传正确。

8. 隔离开关安装要求

（1）隔离开关、接地开关导电管应合理设置排水孔，确保在分、合闸位置内部均不积水。垂直传动连杆应有防止积水的措施，水平传动连杆端部应密封。

（2）传动连杆应采用装配式结构，不应在施工现场进行切焊配装。连杆应选用满足强度和刚度要求的热镀锌无缝钢管，无扭曲、变形、开裂。

（3）检查传动摩擦部位磨损情况，选取补充适合当地条件的润滑脂。

（4）单柱垂直伸缩式在合闸位置时，驱动拐臂应过死点。

（5）定位螺钉应按产品的技术要求进行调整，并加以固定。

（6）均压环无变形，安装方向正确，与本体连接良好，安装应牢固、平正，不得影响接线板的接线；安装在环境温度 0℃及以下地区或 500kV 以上的均压环，应在均压环最低处打排水孔，排水孔位置、孔径应合理。

（7）检查破冰装置应完好。

（8）设备出厂铭牌齐全、运行编号、相序标志清晰可识别。

9. 机构箱检查

（1）机构箱密封良好，无变形、水迹、异物，密封条良好，门把手完好。

（2）二次接线布置整齐，无松动、损坏，二次电缆绝缘层无损坏现象，二次接线排列整齐，接头牢固、无松动，编号清楚。

（3）箱内端子排、继电器、辅助开关等无锈蚀。

（4）由隔离开关本体机构箱至就地端子箱之间的二次电缆的屏蔽层应在就地端子箱处可靠连接至等电位接地网的铜排上。

（5）操作电动机“电动/手动”切换把手外观无异常，“远方/就地”“合闸/分闸”把手外观无异常，操作功能正常，手动、电动操作正常。

（6）机构箱内加热驱潮装置、照明装置工作正常。加热驱潮装置能按照设定温度自动投退。

10. 一次引线

（1）引线无散股、扭曲、断股现象。引线对地和相间符合电气安全距离要求，引线松紧适当，无明显过松过紧现象，导线的弧垂须满足设计规范。

（2）压接式铝设备线夹，朝上 30°～90°安装时，应设置排水孔。

（3）设备线夹压接应采用热镀锌螺栓，采用双螺母或蝶形垫片等防松措施。

（4）设备线夹与压线板是不同材质时，不应使用对接式铜铝过渡线夹。

11. 加热、驱潮装置

（1）机构箱中应装有加热驱潮装置，并根据温度、湿度自动控制，必要时也能进行手动投切，其设定值满足安装地点环境要求。加热器应接成三相平衡的负荷，且与电动机电源要分开。

（2）寒冷地域装设的加热带能正常工作。

（3）加热器、驱潮装置及控制元件的绝缘应良好，加热器与各元件、电缆及电线的距离应大于 50mm。

12. 照明装置

机构箱、汇控柜应装设照明装置，且工作正常。

第五节　隔离开关缺陷典型设备案例

一、某变电站隔离开关合闸不到位

某变电站倒母操作时发现副母闸刀合闸不到位，立即开始现场检查（见图 5-2）。

图 5-2　现场检查动静触头未夹紧

从缺陷处理时观察的情况分析，造成此缺陷主要原因为连杆尼龙球头老化变形，连杆弹簧卡死，导致机械部件活动距离变大。隔离开关闸刀更换后部件比较如图 5-3 所示，原因分析如图 5-4 所示。

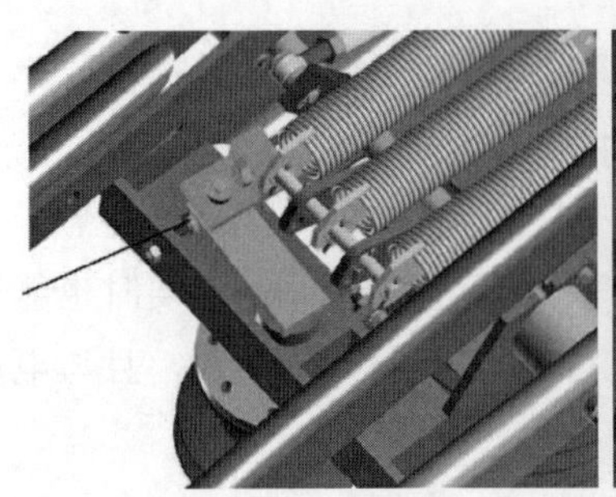

图 5-3　闸刀更换后部件比较

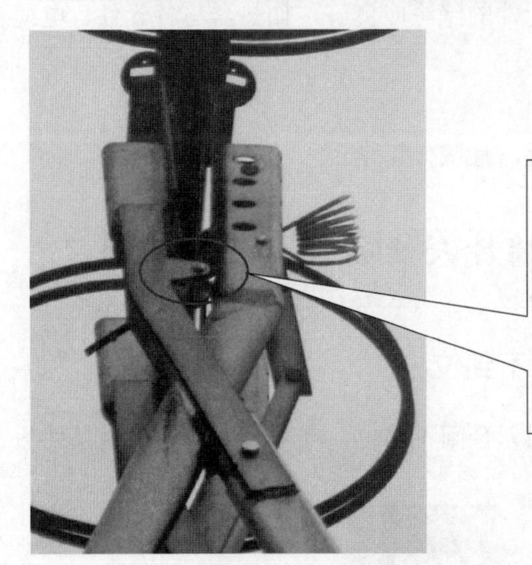

图 5-4　原因分析

处理建议：

（1）将尼龙球头更换为铜制球头。

（2）更换锈蚀弹簧，同时对传动部位进行润滑处理。

二、某变电站隔离开关连杆断裂

某变电站隔离开关主连杆（与机构传动轴相连）发生断裂，连杆断裂示意图如图 5-5 所示。

通过对其动、静触头近距离观察及拆开防雨罩后发现，动静触头及内部传动辅件积灰非常严重，且触指弹簧存在不同程度锈蚀（其中以 A 相开关侧静触头最为严重，见图 5-6）。触指弹簧锈蚀会使其弹性形变能力变弱，加上静触头传动辅件积灰造成的摩擦阻力，使动触头合闸进入静触头过程中需要更大的转动力矩克服转动阻力（见图 5-7）。

处理建议：

（1）该类型隔离开关经过一段时间运行，普遍存在静触头转动部分卡涩的情况。应结合检修对静触头旋转部位进行松动润滑处理。

（2）此类型隔离开关水平传动轴存在明显设计缺陷，建议进行改造。

图 5-5　连杆断裂示意图

图 5-6　触头内积灰严重

图 5-7　转动卡涩示意图

三、某变电站隔离开关过热

某变电站1号主变压器35kV主变压器隔离开关A、C相软连接部分出现过热，从红外热图（见图5-8）中可知A相88.8℃，C相41.3℃，超出正常温度范围。

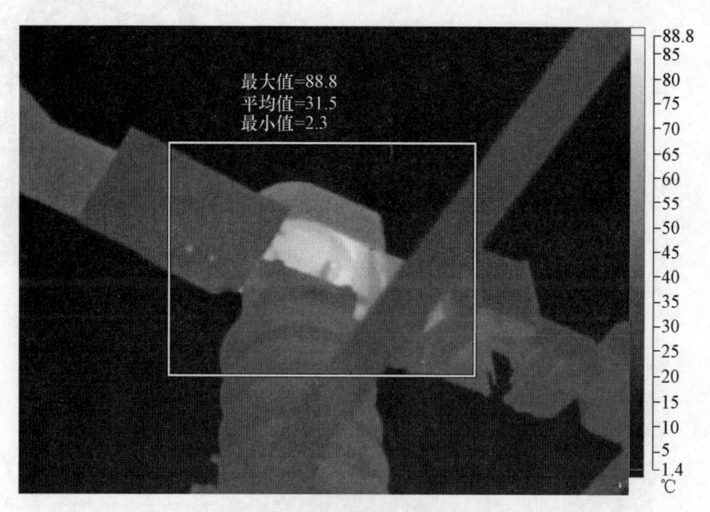

图5-8　现场红外测温图

对此隔离开关进行更换，原隔离开关解体后打开发现接触面水迹明显，有较多的白色粉末同时软连接表面布满铜锈，导致接触面直阻大大增加。铜制软连接的接触面采用搪锡工艺后直接与铝制导电座相连，违反GBJ 147—90《电器装置安装工程施工及验收规范》，铜与铝的搭接面在室外应用铜铝过渡片，铜端应搪锡，否则将引起电化学反应，腐蚀导体造成直阻增加。

高压开关柜检修

本章节以变电设备检修工所需掌握的开关柜类设备检修专业知识要点、技能要点、典型案例3个层次内容进行解析，通过结构介绍，熟悉开关柜的结构及工作原理；掌握开关柜类设备的检修。

第一节　高压开关柜结构工作原理

开关柜的主要作用是在电力系统进行发电、输电、配电和电能转换的过程中，进行分合、控制和保护用电设备。按照系统一次接线设计方案和功能的需要，将开关电器与其他附加的元器件和测量仪表、继电保护等组成各种不同结构的户内设备或控制设备，一般统称为开关柜。开关柜是成套配电装置的一种，它是制造厂生产的以断路器为主的成套电气设备。

按照电压等级分类，通常将交流1kV及以下的开关柜称为低压开关柜，交流1kV以上的开关柜称为高压开关柜，有时也将高压开关柜电压为交流35kV及以下的称为中压开关柜。依据断路器安装方式，柜体结构又分为金属封闭式、一般固定式及特殊环境使用型。

一、开关柜的基本结构构成

根据柜内主设备的功能，开关柜柜体被隔板分成断路器室、母线室、电缆室和二次仪表室4个单独的隔室。

二、防止误操作的联锁防护及其他保护功能

1. 防止误操作的联锁功能

开关柜具备安全可靠的机械或电气联锁装置，从根本上防止出现危险和可能引起严重后果的误操作，有效保护操作人员安全和防止开关柜设备损坏。

2. 高压带电显示装置功能

开关柜中，经常使用高压带电显示装置。一方面运维人员通过观察高压带电显示装置指示灯可了解哪一段主回路在带电运行，另外高压带电显示装置可与接地开关、下柜门、

后柜门等形成可靠的电气联锁。

3. 泄压装置功能

开关柜根据隔室分布，一般在柜顶设置泄压装置，各隔室泄压装置分开布置，当某一隔室发生故障时，顶部装置的泄压金属板能自动打开，释放压力和排出气体，确保运维人员和开关柜的安全。

4. 防止凝露和腐蚀功能

开关柜在重要仓室设置防凝露、防腐蚀装置，一般采用温度湿度采样控制加热器方式实现，防止由于高湿度或温度变化较大的气候环境产生凝露带来运行危险。

三、KYN28A－12Z 型室内金属铠装式开关设备

本节以 KYN28A－12Z 型室内金属铠装式开关设备为例，该型号设备主要用于发电厂、工矿企事业配电及电力系统的二次变电站的受电、送电及大型电动机的启动等，实行控制、保护、实时监控和测量之用。有完善的“五防”功能，配用 VS1 真空断路器、VD4 真空断路器、VEP 真空断路器，目前使用量很大。

四、KYN28A－12Z 型开关设备一次结构解析

KYN28A－12Z 型开关柜结构如图 6－1 所示。外壳防护等级为 IP4×，各小室间和断路器室门打开时的防护等级为 IP2×。为保证良好接地，柜体外壳和各隔板均采用敷铝锌钢板弯折后拴接而成或采用优质防锈处理的冷轧钢板制成，板厚不小于 2mm。

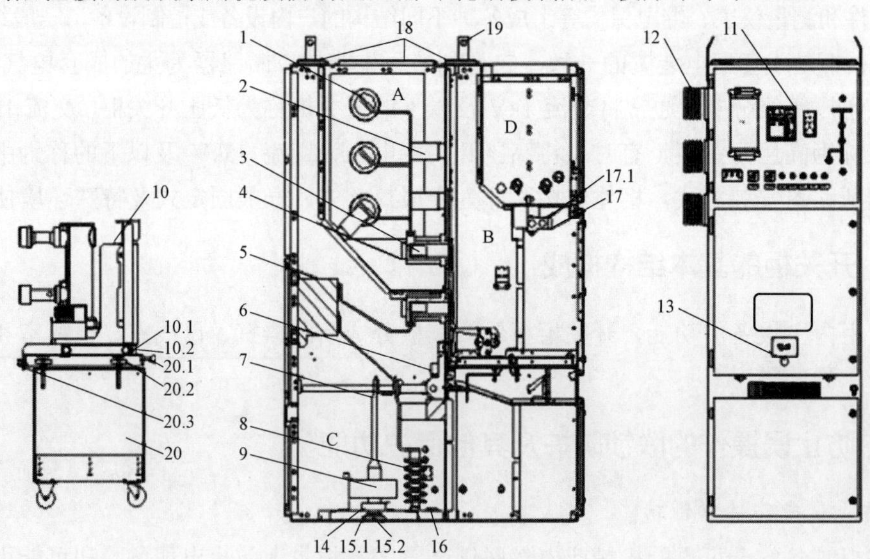

图 6－1　开关柜结构图

A—母线室；B—断路器室；C—电缆室；D—二次仪表室

1—母线；2—绝缘子；3—静触头；4—触头盒；5—电流互感器；6—接地开关；7—电缆终端；8—避雷器；9—零序电流互感器；10—断路器手车；10.1—滑动把手；10.2—锁键（连到滑动把手）；11—控制和保护单元；12—穿墙套管；13—丝杆机构操作孔；14—电缆夹；15.1—电缆密封圈；15.2—连接板；16—接地排；17—二次插头；17.1—联锁杆；18—泄压装置；19—起吊耳；20—转运车；20.1—操作杆；20.2—操作把手；20.3—定位孔

1. 母线室

母线室布置在开关柜的背面上部，作安装布置三相交流母线及通过支母线实现与静触头连接之用。柜与柜拼接安装时，主母线通过穿柜套管相互贯穿连接，支母线分路如图 6－2 所示。

2. 断路器室

在断路器室内两侧底部安装了特定的导轨，供断路器手车在柜内移动。断路器手车能在工作位置、试验位置之间移动。隔离静触头的活门挡板安装在断路器室的后壁上。手车从试验位置移动到工作位置过程中，通过活门传动机构实现活门挡板自动打开。反方向移动时，活门自动闭合直到手车退至一定位置完全覆盖住静触头盒，形成了有效隔离。上、下活门一般不联动，在检修时，可锁定带电侧的活门，保障了运维、检修人员不触及带电体（见图 6－3）。

图 6－2　KYN28A－12Z 开关柜支母线分路示意图

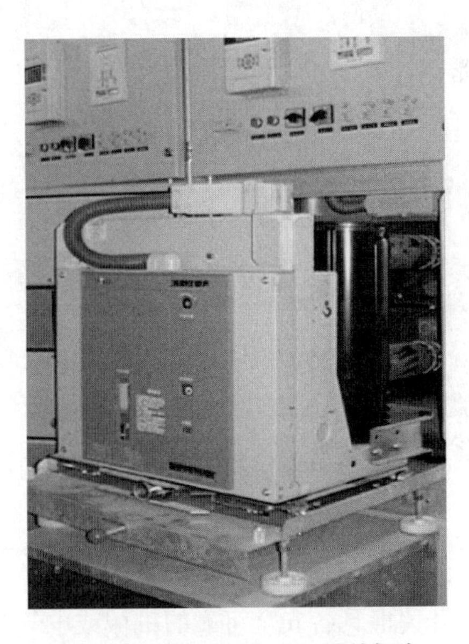

图 6－3　KYN28A－12Z 开关柜内断路器手车结构示意图

3. 电缆室

电缆室位于开关柜后下部，一般安装有电流互感器、接地开关、避雷器等设备（见图 6－4）。中置式的开关柜电缆室，空间较大还可安装线路电压互感器。当电缆室门打开后，有足够的空间供施工人员进入柜内安装电缆（一般要求能实现双拼，即每相 2 根）。也可将手车和手车下方可抽出式水平隔板移出后从正面进入柜内安装和维护。盖在电缆入口处的底板可采用非导磁的不锈钢板，是开缝、可拆卸的，确保施工方便。底板中穿越一、二次电缆的变径密封圈开孔应与所装电缆相匹配，为防小动物进入，施工后须采用防火泥、环氧树脂将开关柜进行密封。电缆室后柜门观察窗应能清晰观察接地开关状态，观察窗可采用透红外窗口，便于对电缆头及导体搭接部位进行测温。

4. 二次仪表室

二次仪表室的面板上，安装有继电保护装置、操作把手、保护出口压板、仪表、带电显示装置、状态指示灯（或状态显示器）等；室内安装有端子排、微机保护控制回路直流电源开关、保护工作直流电源、储能电动机工作电源开关（直流或交流）、照明及特殊要求的二次设备，如图6－5所示。延伸联络的控制线路敷设在足够空间的线槽内，并配有金属盖板，将二次接线与高压室隔离。左侧线槽是为外部引入线的引进和引出预留的，开关柜内部的二次接线敷设在右侧。在二次仪表室的顶板上有小母线槽，顶盖板可翻转，便于小母线安装。

图6－4 KYN28A－12Z开关柜电缆室结构示意图

图6－5 KYN28A－12Z开关柜电二次仪表室结构示意图

5. 防止误操作的联锁功能

开关柜具备安全可靠的机械或电气联锁装置，从根本上防止出现人身危险和可能引起严重后果的误操作，因此有效地保护了操作人员和开关柜，联锁装置的功能如下。

（1）断路器和接地开关在分闸位置时，手车能从试验/隔离位置移动到运行位置。在断路器分闸状态下，手车也能反向移动，手车移动到试验/隔离位置时，接地开关才能进行合闸操作。

（2）手车完全处于试验或运行位置时，断路器才能进行合闸操作（机械和电气联锁），而且在断路器合闸后，手车无法移动。

（3）手车在试验或运行位置而没有控制电压时，断路器不能合闸，仅能手动分闸。

（4）手车在运行位置时，二次插头被锁定，不能拔出。

（5）接地开关分闸时，下门及后门都无法打开。同时下门及后门未关闭时，接地开关不能拉开。

（6）接地开关关合时，手车不能从试验/隔离位置移向运行位置。

（7）可在手车和接地开关操动机构上安装附加联锁装置，如闭锁电磁铁等，用于提高可靠性。

6. 高压带电显示装置功能

开关柜中，经常使用高压带电显示装置。该装置由高压传感器和显示器 2 个单元组成，经外接导线连接为一体。当主回路带有高压电时，它经过电容分压原理输出低压电压信号，点燃氖灯，以灯光信号发出提示。也可以用输出的低压电信号去控制电磁锁动作，构成强制性闭锁。带电显示的感应元件多安装在传感器绝缘子或支持绝缘子当中，支持绝缘子有一定强度可起到支撑作用。运维人员观察指示灯就可了解哪一段主回路在带电运行。

7. 泄压装置功能

在断路器室、母线室、电缆室的上方设有泄压装置，泄压装置一边由非金属螺栓（尼龙）固定，在高温、高压力作用下该螺栓及时熔化，确保压力释放。当断路器、母线或者电缆等元件发生内部故障电弧时，开关柜内部压力升高。由于前门观察窗采用防爆钢化玻璃结构，门上密封圈、铰链及螺栓可靠固定，此时顶部装置的泄压金属板自动打开，释放压力和排出气体，确保了操作人员和开关柜的安全。

8. 防止凝露和腐蚀功能

为了防止由于高湿度或温度变化较大的气候环境产生凝露带来运行危险，因此在断路器室和电缆室内分别装设加热器。加热器采用常投和自动投切方式，结构上使用小功率电阻加热，布置方式在开关柜内多点布置，并与二次回路保持足够的安全距离，防止加热器加对二次回路造成影响。断路器和电缆室采用通气板结构，加热器与温湿度控制器分散布置。

五、KYN28A－12Z 型开关设备二次结构解析

开关柜二次回路是在开关柜中由互感器的二次绕组、测量监视仪器、继电保护装置、断路器操动机构等通过控制电缆连成的电路。用以控制、保护、调节、测量和监视一次回路中各参数和各元件的工作状况。通过对开关柜一次回路的监测来反映一次回路的工作状态及各种电力测量数据，并控制一次系统的运行。当一次回路发生故障时，二次回路的继电保护装置迅速动作，将故障部分隔离，并发出信号，保证一次设备安全、可靠、经济、合理的运行。

1. 开关柜二次回路主要有以下几种

（1）开关柜控制信号回路（见图 6－6），包括用于对配电装置中断路器进行分合闸操作的按钮等电器，断路器的位置信号灯、主控制室中用于反映电气设备状态的中央信号装置等。

（2）开关柜储能回路，实现断路器机构弹簧储能，由储能电源、弹簧接点、储能电动机组成。

（3）闭锁回路，包括合闸闭锁回路、开关柜后门闭锁回路、电容器开关网门闭锁手车等。

（4）电流电压回路，主要由电压表、电流表、功率表和电能表等构成，用来监视、测量电路的电压、电流、功率、电能。

（5）凝露和带电显示装置控制回路，由温湿度控制器、加热器组成。

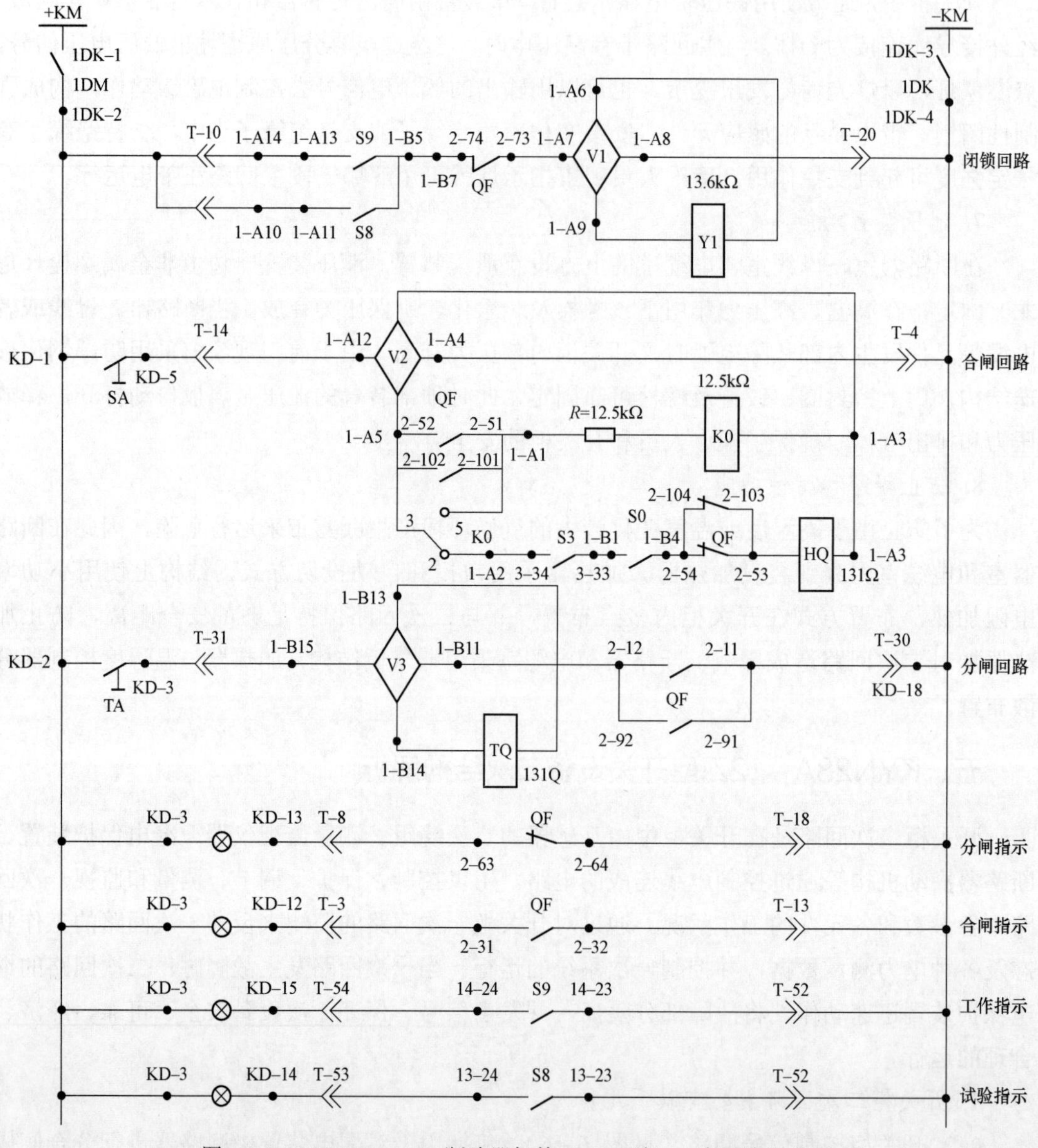

图 6-6　KYN28A-12Z 断路器机构（VS1 型）二次回路原理图

2. 开关柜的控制回路的要求

（1）开关柜操动机构中的合、跳闸线圈是按短时通电设计的，故在合、跳闸完成后应自动解除命令脉冲，切断合、跳回路，以防合、跳线圈长时通电而烧坏。

（2）无论开关柜是否带有机械闭锁，都应具有防止多次合、跳闸的电气防跳措施。

（3）开关柜应既可以用控制开关进行手动跳闸与合闸，又可以由继电保护和自动装置自动跳闸与合闸。

（4）开关柜的控制回路应有短路保护与过负荷保护，同时还应具有监视控制回路完好性的措施。

（5）应有反映开关柜状态的位置信号和自动合、跳闸的信号。

（6）对于采用弹簧操动机构的开关柜，应有弹簧是否拉紧到位的监视回路和闭锁回路。

第二节　高压开关柜检修项目

一、开关柜的检修分类

1. 开关柜的检修专业巡视要点

（1）手车式。

1）开关柜巡视：柜体漆面无变色、鼓包、脱落；外部螺栓、销钉无松动、脱落；观察窗玻璃无裂纹、破碎；柜门无变形，柜体密封良好，无明显过热；防爆通道无异常；运行中的开关柜周围无异响、无焦臭味；各功能隔室照明正常；避雷器放电计数器泄漏电流指示正确。

2）断路器室巡视：断路器无异响、无焦臭味；断路器分、合闸到位，指示正确，已储能指示正确。

3）电缆室巡视：电缆室周围应无异味、异响；电缆终端头绝缘表面无氧化、凝露；接线板无位移、过热、明显弯曲，固定螺栓螺母无松动；电缆相位标志清晰，电缆屏蔽层接地线固定牢固、接触良好，且屏蔽接地引出线应在开关柜封堵面上部，电缆孔洞封堵良好；零序电流互感器应固定牢固，对接式零序电流互感器上的 K1、K2 的连接压片无松动；电缆终端不同相之间不应交叉接触；互感器、避雷器绝缘表面应无过热、凝露；分支接线绝缘包封良好；接地开关位置正常。

4）仪表室巡视：显示装置显示正常，自检功能正常；断路器分合闸指示灯显示正常，且与断路器分合闸状态相符；手车断路器、接地开关位置指示显示正常，与实际运行位置相符；加热驱潮装置自动温湿度控制器工作正常。

（2）固定式。

1）开关柜巡视：柜体漆面无变色、鼓包、脱落；外部螺栓、销钉无松动、脱落；观察窗玻璃无裂纹、破碎；柜门无变形，柜体密封良好，无明显过热；防爆通道无异常；运行中的开关柜周围无异响、无焦臭味；各功能隔室照明正常；避雷器放电计数器泄漏电流指示正确。

2）断路器室巡视：断路器无异响、无焦臭味；断路器分、合闸到位，指示正确。已储能指示正确。

3）母线室巡视：母线支持绝缘子及穿柜套管表面清洁，无损伤、爬电痕迹；母线相序及运行编号标志清晰可识别；母线连接螺栓无松动、脱落、过热；隔离开关绝缘子表面清洁，无损伤、爬电痕迹；隔离开关触头清洁，无烧伤痕迹。

4）电缆室巡视：电缆室周围应无异味、异响；电缆终端头绝缘表面无氧化、凝露；接线板无位移、过热、明显弯曲；固定螺栓螺母无松动；电缆相位标记清晰，电缆屏蔽层接地线固定牢固、接触良好，且屏蔽接地引出线应在开关柜封堵面上部，电缆孔洞封堵良好；零序电流互感器支架应固定牢固，对接式零序电流互感器上的连接压片无松动；电缆终端不同相之间不应交叉接触；互感器、避雷器绝缘表面应无过热、凝露；分支接线绝缘包封良好；接地开关位置正确。

5）仪表室巡视：显示装置显示正常，自检功能正常；断路器分合闸指示灯显示正常，且与断路器分合闸状态相符；若加热驱潮装置采用自动温湿度控制器投切，自动温湿度控制器应工作正常。

（3）充气式。

1）开关柜巡视：柜体漆面无变色、鼓包、锈蚀；密封面胶体无脱胶、变色；防爆膜无锈蚀、鼓包；断路器、隔离开关分、合闸到位，指示正确。断路器已储能指示正确；SF_6密度继电器指示压力正常。

2）仪表室巡视：显示装置显示正常，自检功能正常；断路器分合闸指示灯显示正常，且与断路器分合闸状态相符；加热驱潮装置自动温湿度控制器应工作正常。

3）母线室巡视：密封面胶体无脱胶、变色；SF_6密度继电器指示压力正常；防爆膜无锈蚀、鼓包。

4）电缆室巡视：电缆室周围应无异味、异响；插拔头绝缘表面无凝露、过热；插拔座固定螺栓无松动、放电痕迹。

2. 开关柜查找故障的一般方法

（1）问——问问运维人员缺陷的现象、曾经出现过的类似缺陷、处理的经过。

（2）看——观察故障的现象。

（3）闻——闻闻是否有绝缘破坏烧焦的异味。

（4）听——听听是否有异常的声音。

（5）摸——摸摸是否有异常发热的情况。

（6）拽——检查端子排二次接线是否松动。

查找开关柜故障时应遵循以下原则。

（1）不轻易出手，应先仔细观察现象再出手。

（2）先动口再动手。

（3）先外部后内部。

（4）先机械后电气。

（5）先静态后动态。

（6）先普遍后特殊。

3. 开关柜故障处理注意事项

（1）对开关柜进行故障处理时，要尽量避免带电检查，部分工作可带电检查时应做好必要的防范措施。

（2）必须正确地判断故障位置后才能进行处理，不可盲目地乱拆乱动。

（3）不允许将真空断路器当作踏脚平台，也不允许把东西放在真空断路器上面。

（4）不要用湿手、脏手触摸真空断路器。

（5）更换故障部件时应先做好标记，防止更换位置和接线错误。

（6）使用表计和仪器检查时，要注意检查开关的状态。

（7）故障处理工作结束后，一定要查清有无遗漏的工具和器材。

二、常见开关柜内设备缺陷及处理

（一）断路器拒合故障检修

断路器拒合是指断路器在继电保护及安全自动装置动作或在操作过程中合闸操作指令发出后，断路器未合闸。对于此类故障，运维人员一般报：“某开关保护动作开关跳闸、重合闸动作，开关未能合闸”；“某开关无法遥控合闸”等缺陷。

1. 断路器拒合的可能原因

（1）合闸回路无电压。

（2）合闸回路桥整流器烧毁。

（3）合闸线圈断线、短路。

（4）合闸铁芯卡涩。

（5）合闸回路储能微动开关接点接触不良或切换不到位。

（6）合闸闭锁线圈接点接触不良或铁芯卡涩。

（7）断路器辅助开关接点接触不良或切换不到位。

（8）闭锁回路故障。

（9）储能系统故障。

（10）断路器小车未操作到位，机构闭锁未解除。

（11）合闸缓冲间隙过小，造成未合到位就分闸。

2. 断路器拒合的原因分析步骤

当运行断路器发生拒合时，应先将断路器改为冷备用，然后再检查断路器手动合闸是否也拒合（若改为开关检修，手动合闸时需解除合闸闭锁线圈的机械闭锁），若手动拒合，可根据以下现象进一步判断故障原因。

（1）若闭锁线圈不吸合，拒合的可能原因有闭锁线圈断路或短路，闭锁回路整流桥断路，辅助开关损坏等。

（2）若控制电源开关一合闸就跳闸，拒合的可能原因为闭锁回路整流桥击穿。

（3）若合闸脱扣装置不动作，拒合的可能原因有小车未操作到位，机械闭锁未解除。

（4）扣接量太小。

若手动合闸完好，可根据以下现象进一步判断故障原因。

（1）若断路器具备合闸条件（已储能、闭锁完好），转换开关合闸时，断路器无反应，拒合的可能原因有辅助开关损坏、合闸线圈断路、合闸回路辅助开关损坏、合闸回路整流桥断路、储能微动开关未切换、合闸回路二次接线松动、合闸铁芯卡涩等。

（2）若断路器具备合闸条件（已储能、闭锁完好），转换开关合闸时，控制电源空气开关跳闸，拒合的可能原因有合闸线圈短路、合闸回路整流桥击穿、二次回路存在短路。

3. 断路器拒合的处理方法及注意事项

对于投运年限已久的断路器，除了电气故障原因外，机构卡涩也是一个重要原因。在日常检修工作中，要重视机构的润滑维护工作。在处理拒合故障，要做好安全措施，防止储能机构弹簧伤人。

（二）断路器拒分故障检修

断路器拒分是指断路器在继电保护及安全自动装置动作或在操作过程中分闸操作指令发出后，断路器未分闸。运行中的断路器的拒分对电网安全运行威胁很大，一旦某台断路器或某条线路发生故障，断路器拒分，将会造成上一级断路器跳闸，俗称“越级跳闸”，有时甚至会造成系统解列，扩大事故范围。

1. 断路器拒分故障的可能原因

（1）分闸回路无电压。

（2）分闸回路桥整流器烧毁。

（3）分闸线圈断线、匝间短路、断路。

（4）辅助触点接触不良或切换不到位。

（5）机构卡涩。

2. 断路器拒分故障原因分析处理技巧

运行断路器发生拒分故障可能有机械原因或电气原因。

机械原因可能有脱扣弯板变形或者脱扣弯板与分闸电磁铁铁芯间距离过大，此时需要更换脱扣弯板或者调整脱扣弯板与分闸电磁铁铁芯间距离。若手动分闸正常，那么剩下的电气原因呈现多样化，可根据以现象进一步判断。

（1）若断路器在合闸位置，转换开关分闸时，断路器无反应，拒分的可能原因有分闸线圈断路、分闸回路整流桥断路、分闸回路辅助开关损坏等。

（2）若断路器在合闸位置，转换开关分闸时，控制电源空气开关跳闸，拒分的可能原因有分闸线圈短路、分闸回路整流桥击穿等。

3. 断路器拒分故障的处理方法及注意事项

检查控制电源确有电压，断路器若仍出现遥控拒分，可借助远程控制的紧急分闸辅助装置尝试机械分闸，远程控制可以确保人身安全，紧急分闸辅助装置操作分闸操作按钮的力度要事先调试好。若紧急分闸辅助装置无效果，则须临时停母线进行处理。为了人身安全，应避免母线带电手动分闸操作。

（三）弹簧储能故障检修

弹簧储能故障告警时运维人员经常上报的缺陷如下：①“开关弹簧未储能”“开关控制回路断线”光字牌亮，现场电动机空转，现已临时拉开储能空气开关；② 开关弹簧储能空气开关跳闸无法合闸，后台发“弹簧未储能”“保护装置异常”“控制回路断线”光字等。

1. 弹簧储能故障的可能原因

（1）电气原因：① 储能回路无电压或者储能空气开关损坏；② 桥整流器烧毁；③ 储能辅助开关触点接触不良或切换不到位；④ 储能电动机断线、短路；⑤ 航空插头内储能回路相关的插针接触不良。

（2）机械原因：① 储能齿轮箱损坏；② 储能单向轴承磨损或损坏；③ 储能电动机固定螺栓松动或者断裂。

2. 弹簧储能故障现象原因分析技巧

弹簧储能故障一般表现在弹簧不能正常储能到对应位置。此外，开关柜中的储能电动机是超负荷短时工作模式，它的启动电流比较大，若储能微动开关触点合金熔点低，在多次通断操作后触点可能会烧熔黏在一起，这将导致储能结束后储能电动机无法停止而烧毁。弹簧储能故障原因很多，下列部分故障现象及原因。

（1）电动不能储能，手动可以储能。故障现象：储能电源开关一合上就跳闸；储能电源开关合上后，储能电动机不动作；储能电动机空转，手动储能正常。

可能原因：储能回路整流桥击穿；储能电动机短路；储能回路整流桥断路；储能电动机断路；储能回路微动开关损坏；小链轮内单相轴承失效。

（2）电动可以储能，手动不能储能。故障现象：电动储能正常，手动储能失效。

可能原因：蜗轮内单相轴承失效。

（3）储能完成后，电动机不停转。故障现象：储能完成后，电动机不停转。

可能原因：微动开关切换不到位。

3. 弹簧未储能告警缺陷的处理方法及注意事项

观察开关机构内的储能机械指示是已储能还是未储能状态，若实际已储能状态，则该故障很可能是储能微动开关的信号问题，若实际未储能状态，则需从手动储能故障、电动储能故障两方面进一步分析处理未储能问题。依据现场统计数据，弹簧未储能故障一般原因有储能电动机、储能微动开关、断路器储能弹簧、储能空气开关等缺陷，缺陷处理也相应集中在上述元件。

（1）储能电动机更换的安全注意事项及关键工艺质量控制。储能电动机更换的安全注意事项：断开与断路器相关的各类电源并确认无电压；拆下的控制回路及电源线头所作标记正确、清晰、牢固，防潮措施可靠；工作前，操动机构应充分释放所储能量。

储能电动机更换的关键工艺质量控制：选用新储能电动机与旧储能电动机型号一致；新电动机固定应牢固，电动机电源相序接线正确；直流电动机换向器状态良好，工作正常；电动机绝缘电阻符合相关技术标准要求；电动机更换后进行储能试验，储能正常。

（2）储能微动开关更换的安全注意事项及关键工艺质量控制。安全注意事项：拆下的控制回路及电源线头所作标记正确、清晰、牢固，防潮措施可靠。

关键工艺质量控制：拆除时记录二次接线标号，拆除的二次接线用绝缘胶带包好，防止二次接线短路；与旧开关参数一致，开关额定电流及动作值满足要求，并注意级差配合；安装按旧标号接线，接线牢固可靠；测试动作正常。

（3）断路器储能弹簧更换的安全注意事项及关键工艺质量控制。安全注意事项：断开与断路器相关的各类电源并确认无电压；工作前，操动机构应充分释放所储能量。

关键工艺质量控制：新弹簧表面无锈蚀；弹簧符合厂家规定；手动分合闸断路器，机构动作正常；弹簧更换后，机械特性试验数据符合规程要求。

（四）开关柜异响检修

1. 开关柜异响的种类

开关柜异响一般有：① 放电产生的“噼啪”声、“吱吱”声；② 机械振动产生的“嗡嗡”声或异常敲击声；③ 其他与正常运行声音不同的噪声。

2. 开关柜异响的可能原因

开关柜异响一般有绝缘件受潮放电、开关柜内穿柜套管屏蔽环未固定好等原因。此外，开关柜进线桥架异响也可能为螺栓松动，开关柜电缆室异响可能为绝缘隔板脱落。

3. 开关柜异响的处理方法

开关柜异响要分清是放电声还是振动的声音，可先通过超声波或者暂态地电压法进行跟踪测量，当数据超标时予以停电处理。

（1）在保证安全的情况下，检查确认异常声响设备及部位，判断声音性质。

（2）对于放电造成的异常声响，应联系检修人员确认放电对设备的危害，跟踪放电发展情况，必要时，申请值班调控人员将设备退出运行，联系检修人员处理。

（3）对于机械振动造成的异常声响，应汇报值班调控人员，并联系检修人员处理。

（4）无法直接查明异常声响的部位、原因时，可结合开关柜运行负荷、温度及附近有无异常声源进行分析判断，并可采用红外测温、地电压检测等带电检测技术进行辅助判断。

（5）无法判断异常声响部位、设备及原因时，应联系检修人员检查处理。

（五）开关柜绝缘件检修

1. 开关柜绝缘的相关规定

（1）《国家电网公司十八项电网重大反事故措施（修订版）》（国家电网生〔2012〕352 号）12.3.1.1 规定，“空气绝缘净距离：不小于 125mm（对 12kV）；不小于 300mm（对 40.5kV）”。目前厂家采用的绝缘材料普遍性能不良且行业缺乏检测手段，绝缘隔板极易受潮丧失绝缘，热缩护套长期运行后易开裂、脱落，开关柜长期运行后绝缘性能下降，造成开关柜故障频发，严重影响电网安全运行。

由于目前运行开关柜采用的绝缘隔板、热缩绝缘护套等绝缘材料阻燃性能不良，导致开关柜内部绝缘故障时起火燃烧，甚至造成火烧连营的严重后果。开关柜内用以加强绝缘的大量绝缘材料，在开关柜发生绝缘故障时极易扩大事故范围。开关柜内严禁使用绝缘隔板加强绝缘。如果采用固封式加强绝缘措施，也必须满足上述空气绝缘净距离要求。如不满足上述空气绝缘净距离要求，可选用充气柜。

（2）DL/T 593—2016《高压开关设备和控制设备标准的共用技术要求》规定，高压开关柜外绝缘应满足以下条件：最小标称爬电比距：不小于 $\sqrt{3}\times18$mm/kV（对瓷质绝缘）；不小于 $\sqrt{3}\times20$mm/kV（对有机绝缘）。

（3）《国家电网公司十八项电网重大反事故措施（修订版）》（国家电网生〔2012〕352号）和 Q/GDW 13088.1—2018《12kV～40.5kV 高压开关柜采购标准第 1 部分：通用技术规范》规定，开关柜中所有绝缘件装配前均应进行局部放电检测，单个绝缘件局部放电量不大于 3pC。

2. 开关柜绝缘击穿的现象

（1）单相绝缘击穿，监控系统发出接地报警信号，接地相电压降低（最低降低到零），非接地相电压升高（最高升高到线电压），线电压不变。运行开关柜内部可能有放电异响。

（2）两相以上绝缘击穿，监控系统发出相应保护动作信号，相应保护装置发出跳闸信号，给故障设备供电的断路器跳闸。

3. 开关柜绝缘件缺陷的处理方法及注意事项

（1）开关柜绝缘击穿的应急处理。

1）检查、处理开关柜单相绝缘击穿故障时，应穿绝缘靴，接触开关柜外壳时应戴绝缘手套。未穿绝缘靴的情况下，不得靠近故障点 4m 以内。

2）单相绝缘击穿的开关柜不得用隔离开关隔离，应采用断路器断开电源，然后再隔离故障点。

3）两相以上绝缘击穿的开关柜，应检查保护动作、开关跳闸情况，隔离故障点后优先恢复正常设备供电。

4）绝缘击穿故障点隔离并做好安全措施后，应检查开关柜外壳、内部其他元件有无变形、破损等异常现象。

5）隔离故障点后，应及时联系检修人员处理，并汇报值班调控人员。

（2）开关柜绝缘件更换的安全注意事项。

1）断开与绝缘件相关的各类电源并确认无电压。

2）绝缘件拆除、搬运时，有防脱落措施。

3）更换敞开式开关柜母线绝缘子时，尤其是在单母线分段处工作时，对于未设置永久性隔离挡板的，现场采用临时的隔离措施，并设专人进行监护。

（3）开关柜绝缘件更换的关键工艺质量控制。

1）绝缘件无脏污、裂纹、破损。绝缘件使用阻燃型材料，并经试验合格。

2）新绝缘件的基础安装尺寸与旧基础安装尺寸相符。

3）触头盒、穿柜套管的等电位线连接良好，触头盒固定牢固可靠，触头盒内一次导体应进行倒角处理；35kV 穿柜套管、触头盒应带有内外屏蔽结构（内部浇注屏蔽网）均匀电场，不得采用无屏蔽或内壁涂半导体漆屏蔽产品。屏蔽引出线应使用复合绝缘外套包封。

4）用于大电流回路（主变压器总路、分段、母线）的穿墙套管底板，应采用非导磁材质，并加设防涡流槽。

第三节　高压开关柜试验要求

开关柜内一次设备包括断路器、电流互感器、电压互感器、氧化锌避雷器、接地开关、穿柜套管及高压电缆等。为保证设备在运行过程中可承受运行电压及各种原因引起的各种过电压，需要设备具有良好的绝缘性能，同时，对于电压互感器、电流互感器等设备，还需要装置具有足够的精度，以满足保护与计量的需要，这就需要对设备进行各类检测，以保证其状态能够满足系统内可靠稳定的运行。

现场对开关柜内设备进行的各类检测主要包括交接试验、例行试验、诊断性试验，而例行试验又包括停电例行试验和带电检测。随着传感技术及数据传输技术的发展，现阶段，在线监测技术也在开关柜的检测中得到越来越多的应用，通过各类检测获取开关柜内设备的状态量对设备状态进行评估，从而提出针对各设备的检修策略。

1. 交接试验

新的电气设备在现场安装调试期间所进行的检查和试验。

2. 例行试验

为获取设备状态量、评估设备状态，及时发现事故隐患，定期进行的各种带电检测和停电试验。需要设备退出运行才能进行的例行试验称为停电例行试验。

3. 诊断性试验

巡检、在线监测、例行试验等发现设备状态不良，或经受了不良工况，或受家族缺陷警示，或连续运行了较长时间，为进一步评估设备状态进行的试验。

例行试验通常按周期进行，诊断性试验只在诊断设备状态时根据情况有选择地进行。例行试验的检测周期按照 Q/GDW 1168—2013《输变电设备状态检修试验规程》的规定执行。

4. 带电检测

一般采用便携式检测设备，在运行状态下，对设备状态量进行现场检测，其检测方式为带电短时间内检测，有别于长期连续的在线监测。

5. 在线监测

在不停电情况下，对电力设备状况进行连续或周期性的自动监视检测。

6. 出厂值

由设备（材料）供应商出具的出厂试验报告中所给出的试验测量值。

7. 初值

指能够代表状态量原始值的试验值。初值可以是出厂值、交接试验值、早期试验值、设备核心部件或主体进行解体性检修之后的首次试验值等。初值差定义为：（当前测量值 – 初值）/初值 × 100%。

8. 注意值

状态量达到该数值时，设备可能存在或可能发展为缺陷。

9. 警示值

状态量达到该数值时，设备已存在缺陷并有可能发展为故障。

10. 注意值处置原则

有注意值要求的状态量，若当前试验值超过注意值或接近注意值的趋势明显，对于正在运行的设备，应加强跟踪监测；对于停电设备，如怀疑属于严重缺陷，不宜投入运行。

11. 警示值处置原则

有警示值要求的状态量，若当前试验值超过警示值或接近警示值的趋势明显，对于运行设备应尽快安排停电试验；对于停电设备，消除此隐患之前，一般不应投入运行。

第四节　高压开关柜验收要求

开关柜验收管理坚持“安全第一，精益管理，标准作业，零缺投运”的原则。

安全第一指变电验收工作应始终把安全放在首位，严格遵守国家及公司各项安全法律和规定，严格执行 Q/GDW 11957.1—2020《国家电网公司电力安全工作规程》，认真开展危险点分析和预控，严防电网、人身和设备事故。

精益管理指变电验收工作坚持精益求精的态度，以精益化评价为抓手，深入工作现场、深入设备内部、深入管理细节，不断发现问题，不断改进，不断提升，争创世界一流管理水平。

标准作业指变电验收工作应严格执行现场验收标准化作业，细化工作步骤，量化关键工艺，工作前严格审核，工作中逐项执行，工作后责任追溯，确保作业质量。

零缺投运指各级变电运检人员应把零缺投运作为验收阶段工作目标，坚持原则、严谨细致，严把可研初设审查、厂内验收、到货验收、隐蔽工程验收、中间验收、竣工（预）验收、启动验收各道关口，保障设备投运后长期安全稳定运行。

施工现场开关柜验收包括到货验收、隐蔽工程验收、中间验收、竣工（预）验收、启动验收等 5 个关键环节。

一、到货验收

（1）高压开关柜到货后，项目管理部门应组织制造厂、运输部门、施工单位、运维检修人员共同进行到货验收。

（2）到货验收应进行货物清点、运输情况检查、包装及外观检查。

（3）到货验收工作按到货验收标准要求执行。

验收发现质量问题时，验收人员应及时告知物资部门、生产厂家，提出整改意见，填写记录，报送管理部门。

二、隐蔽工程验收

（1）项目管理单位应在高压开关柜到货前将安装方案、工作计划提交管理单位，组织审核，并安排相关专业人员进行阶段性验收。

（2）高压开关柜安装方案由相关部门进行审查。

（3）高压开关柜安装应具备安装使用说明书、出厂试验报告及合格证件等资料，并制定施工安全技术措施。

（4）高压开关柜隐蔽工程验收包括开关柜绝缘件安装、并柜、开关柜主母线连接等验收项目。

（5）高压开关柜主母线连接验收工作按隐蔽工程验收标准要求执行。

验收发现质量问题时，验收人员应及时告知项目管理部门、施工单位，提出整改意见，填写记录，报送管理部门。

三、中间验收

（1）开关柜中间验收项目包括高压开关柜外观、动作、信号的检查核对。

（2）中间验收工作按开关柜中间验收标准要求执行。

验收发现质量问题时，验收人员应以反馈单的形式及时告知建设管理单位、施工单位，提出整改意见。并填写记录，报送管理部门。

四、竣工（预）验收

（1）竣工（预）验收应核查高压开关柜交接试验报告，对交流耐压试验等进行现场见证。

（2）竣工（预）验收应检查、核对高压开关柜相关的文件资料是否齐全，是否符合验收规范、技术合同等要求。

（3）交接试验验收要保证所有试验项目齐全、合格，并与出厂试验数值无明显差异。

（4）针对不同电压等级的高压开关柜，应按照不同的交接试验项目、标准检查安装记录、试验报告。

（5）电压等级不同的高压开关柜，应根据不同的结构执行选用相应的验收标准。

（6）竣工（预）验收工作按开关柜交接试验验收标准、资料及文件验收标准执行。

验收发现质量问题时，验收人员应以记录单的形式及时告知项目管理部门、施工单位，提出整改意见，并填写记录，报送管理部门。

五、启动验收

（1）竣工（预）验收组在高压开关柜启动投运验收前应提交竣工（预）验收报告。

（2）高压开关柜启动投运验收内容包括投运后高压开关柜外观检查，仪器仪表指示是否正确，有无异常响动等。

（3）启动投运验收时应按照启动（竣工）验收标准要求执行。

验收发现质量问题时，验收人员应及时通知项目管理部门、施工单位，提出整改意见，报告管理部门。

第五节　高压开关柜典型缺陷案例

1. 某变电站开关柜烧损事故

某变电站 10kV 线路 C 相接地拉路。随后出现巨三 694 线开关遥信变位，巨三 694 线辅助电源故障，巨三 694 线通信中断，18:21:02—18:21:54 多个间隔开关陆续通信中断，18:32:35 1 号主变压器后备保护动作跳开 1 号主变压器 10kV 开关。按照开关柜紧急故障处理流程，运维检修人员迅速赶赴现场，开关柜室应有排风机，开启室外的排风机控制空气开关对开关柜室进行强排风。用灭火器灭火并检查保护动作及断路器跳闸情况，隔离故障设备，做好必要的安全措施后，检查开关柜及内部设备损坏情况，发现巨三 694 线开关柜的断路器室、继电保护室烧毁严重，临近的 10kV 母分开关柜的继电保护室也烧毁严重，现场故障照片如图 6－7 所示。

图 6－7　开关柜烧毁照片

运维人员将保护跳闸和设备损坏情况汇报值班调控人员并填写许可事故应急抢修单。检修人员打开巨三 694 线开关柜母线室的后封板，发现母线排绝缘全部损坏，柜间的穿墙套管全部烧毁，现场故障照片如图 6－8 所示。

检修人员陆续完成受损穿墙套管更换、10kV 受损母线排清洗、10kV Ⅰ段母线高架桥开封板清扫并完成 10kV Ⅰ段母线绝缘电阻测量。10kV Ⅰ段母线耐压试验合格，为了防止母线桥在复役过程中遇到问题，检修人员又将 10kV Ⅰ段母线的 12 组开关柜逐个进行耐压和回路电阻测试，随后进行 10kV Ⅰ段母线复役操作。为了检验复役后开关柜运行情况，又安排检修人员进行开关柜局部放电测试。

图 6–8　开关柜母线室和真空灭弧室烧毁照片

2. 分析

（1）该事故的原因为巨三 694 线开关的 A 相真空灭弧室真空度下降。须督促厂家进一步加强产品质量，降低真空灭弧室真空度下降的概率。

（2）按照开关柜的检修检测周期进行相关试验，对于历史缺陷较多的开关柜缩短检修检测周期。

（3）采用新技术测量真空灭弧室的真空度。

（4）该开关柜着火紧急故障，运维检修人员都能按照紧急流程进行处理，在较短的时间内恢复送电。

互感器检修

第一节　电流互感器

在发电、变电、输电、配电和用电的线路中电流大小悬殊，从几安到几万安都有。为便于测量、保护和控制需要转换为比较统一的电流，另外线路上的电压一般都比较高，如直接测量是非常危险的。电流互感器就起到电流变换和电气隔离作用，电流互感器（Current Transformer）的作用是可以把数值较大的一次电流通过一定的变比转换为数值较小的二次电流，用来进行保护、测量等用途。其外形结构如图 7－1 所示。

（一）电流互感器结构与工作原理

电流互感器与变压器类似，也是根据电磁感应原理工作，变压器变换的是电压而电流互感器变换的是电流。电流互感器接被测电流的绕组（匝数为 N_1），称为一次绕组（或原边绕组、初级绕组）；接测量仪表的绕组（匝数为 N_2），称为二次绕组（或副边绕组、次级绕组）。

电流互感器一次绕组电流 I_1 与二次绕组 I_2 的电流比，叫实际电流比 K。电流互感器在额定电流下工作时的电流比叫电流互感器额定电流比，用 K_n 表示。

计算公式为 $K_n=I_{1n}/I_{2n}$，原理如图 7－2 所示。

图 7－1　电流互感器外形结构图

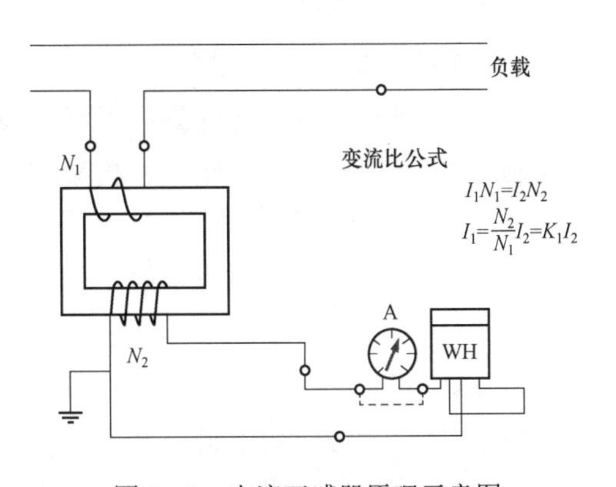

图 7－2　电流互感器原理示意图

电流互感器是根据电磁感应原理制成的一种用于将电网大电流的信息转换成小电流信息，提供给二次侧的计量、测量仪表及继电保护、自动装置等，是一次系统与二次系统的联络元件。

当电流互感器一次侧接在被测线路中，由于二次负载是低阻抗，所以相当于一台短路运行的变压器。电流变比相当于匝数或电势的反比，因此当二次开路时，将产生很高的电压，危及人身和设备安全。严禁电流互感器运行中二次开路。

（二）电流互感器分类

1. 按安装位置分类

（1）室内式：即只能安装于室内的电流互感器，其额定电压多不高于35kV。

（2）户外式：即可以在户外安装使用的电流互感器，其额定电压多在35kV以上。

2. 按绝缘介质分类

（1）油浸式：即油浸式互感器，实际上是产品内部油和纸的复合绝缘，电压可达500～1100kV。

（2）浇注式：用环氧树脂或其他树脂为主的混合浇注成型的电流互感器，多在小于35kV采用，国外有用特殊橡胶浇注的电流互感器。

（3）气体绝缘：即产品内部有特殊气体，如六氟化硫（SF_6）气体作为绝缘的互感器，多用于超高压产品

（4）干式绝缘：采用聚四氟乙烯绝缘，可做到110kV。

3. 按用途分类

（1）测量用：测量电力线路中的电流、电能（与电压互感器配合）。

（2）保护用：把很大的故障电流传给保护装置，保护装置将信号传输给断路器，断路器动作使电网断电。

第二节　电流互感器检修项目

（一）专业巡视要点

1. 油浸式电流互感器巡视

（1）设备外观完好、无渗漏；外绝缘表面清洁、无裂纹及放电现象。

（2）金属部位无锈蚀，底座、构架牢固，无倾斜变形，设备外涂漆层清洁、无大面积掉漆。

（3）一、二次、末屏引线接触良好，接头无过热，各连接引线无发热、变色，本体温度无异常，一次导电杆及端子无变形、无裂痕。

（4）油位正常。

（5）本体二次接线盒密封良好，无锈蚀。无异常声响、异常振动和异常气味。

（6）接地点连接可靠。

（7）一次接线板支撑绝缘子无异常。

（8）一次接线板过电压保护器表面清洁、无裂纹。

2. 干式电流互感器巡视

（1）设备外观完好；外绝缘表面清洁，无裂纹、漏胶及放电现象。

（2）金属部位无锈蚀，底座、构架牢固，无倾斜变形。

（3）设备外涂漆层清洁、无大面积掉漆。

（4）一、二次引线接触良好，接头无过热，各连接引线无过热迹象，本体温度无异常。

（5）本体二次接线盒密封良好，无锈蚀。无异常声响、异常振动和异常气味。

（6）接地点连接可靠。

3. SF_6电流互感器巡视

（1）设备外观完好；外绝缘表面清洁，无裂纹及放电现象。

（2）金属部位无锈蚀，底座、构架牢固，无倾斜变形。

（3）设备外涂漆层清洁、无大面积掉漆。

（4）一、二次引线接触良好，接头无过热，各连接引线无发热迹象，本体温度无异常。

（5）检查密度继电器（压力表）指示在正常规定范围，无漏气现象。

（6）本体二次接线盒密封良好，无锈蚀。

（7）无异常声响、异常振动和异常气味。

（8）接地点连接可靠。

（二）电流互感器及各附件的检修与维护

1. 金属膨胀器检修

金属膨胀器的主体实际上是一个弹性元件，当互感器内变压器油的体积因温度变化而发生变化时，膨胀器主体容积发生相应的变化，起到体积补偿作用。保证互感器内油不与空气接触，没有空气间隙、密封好，减少变压器油老化。只要膨胀器选择正确，在规定的量度变化范围内可以保持互感器内部压力基本不变，减少互感器事故的发生。检查时主要观察膨胀器的密封是否良好，是否有漏气、漏油现象的发生，是否有破损、锈蚀等现象，检查时注意将气阀内的气体排出，检查膨胀器能否正常工作。

检修工艺与工艺标准如下：

（1）膨胀器密封可靠，无渗漏油，无永久性变形。

（2）放气阀内无残存气体。

（3）油位指示或油温压力指示机构灵活，指示正确，油位与环境温度相符。

（4）波纹式膨胀器不得锈蚀卡死，保证膨胀器内压力异常增长时能顶起上盖。

（5）漆膜完好。

2. 串、并联连接片检修

（1）串、并联连接片连接应可靠。

（2）无发热、过热痕迹。

3. 检查电流互感器储油柜的等电位连接

（1）等电位连接片应该可靠连接。

（2）储油柜无电位悬浮。

4. 电流互感器一次连接片检查

电流互感器的一次连接片用于连接一次接头与金属膨胀器的管母，应注意一次接头与管母连接不得碰到金属膨胀器外壳。

检修工艺与工艺标准如下。

（1）一次连接片无过热现象。

（2）一次连接接头无渗漏油。

5. 瓷套检查

变压器套管是变压器箱外的主要绝缘装置，变压器绕组的引出线必须穿过绝缘套管，使引出线之间及引出线与变压器外壳之间绝缘，同时起固定引出线的作用。通过检查瓷套的外表面，可以发现瓷套的绝缘缺陷，在检查时还应注意各个连接部位的连接情况，避免发生连接不良造成过热现象，还需检查螺栓的紧固程度，以及受力是否均匀。

检修工艺与工艺标准如下：

（1）电流互感器瓷套无裂纹、损坏，瓷裙清洁，无渗漏油。瓷套外表应修补完好，一个伞裙修补的破损面积不得超过规定。

（2）一次搭头接线板、膨胀器外罩无变形，金属外壳无锈蚀。

（3）在污秽地区若爬距不够，可在清扫后涂覆防污闪涂料或加装硅橡胶增爬裙。

（4）检查防污涂层的憎水性，若失效应擦净重新涂覆，增爬裙失效应更换。

6. 小瓷套的检查

电流互感器小瓷套的一次端子一般安装在母线侧，考虑到大瓷套对地闪络放电，引起的单相接地故障不致成为母线侧故障，当母线侧有小瓷套时，故障会移到线路侧，检查时还需注意螺栓的紧固程度及受力的均匀。

检修工艺与工艺标准如下：

（1）密封可靠。

（2）无渗漏油，瓷件完好无损。

（3）小瓷套表面清洁无脏物。

（4）导杆螺母紧固不松动。

7. 检查二次接线板

二次接线其实就是控制线，一次接线就是主电路，二次接线的作用是控制主电路的工作状态，比如接通、断开、延时等。用来控制、检测、保护、计量电气正常运行的低压回路称为电气二次接线，二次接线板用于连接二次接线，检查时应注意有无放电痕迹。

检修工艺与工艺标准如下：

（1）二次导电杆处无渗漏油。

（2）接线标志牌完整，字迹清晰。

（3）二次接线板清洁，无受潮、无放电烧伤痕迹，接线柱的紧固件齐全并拧紧。

8. 放油阀的检查

（1）无渗漏油。

（2）满足密封取油样的要求。

9. 检查铭牌与各端子标志牌

铭牌与端子标志牌应该齐全无缺；牌面干净清洁，字迹清晰。

10. 检查接地端子检修工艺与工艺标准

接地可靠，接地线完好。

11. 检查现场安全措施、设备状态恢复

现场安全措施与工作票所载相符、恢复到工作许可时状态。

12. 作业组自验收

按验收规范验收，对每道工序从头至尾自验收一遍，严把质量关。

（三）电流互感器试验要求

电流互感器试验项目可分为绝缘试验和特性试验 2 类。

1. 绝缘试验

绝缘试验有绝缘电阻和吸收比试验、测量介质损耗因数、泄漏电流试验、工频耐压和感应耐压试验，对 220kV 及以上电流互感器应做局部放电试验。新变压器或大修后的变压器在正式投运前要进行空载合闸冲击试验。

2. 特性试验

特性试验有变比、直流电阻试验。

（四）电流互感器验收要求

1. 本体外观验收

（1）渗漏油（油浸式）。瓷套、底座、阀门和法兰等部位无渗漏油现象。

（2）油位（油浸式）。金属膨胀器视窗位置指示清晰，无渗漏，油位在规定范围内；不宜过高或过低，绝缘油无变色。

（3）密度继电器（气体绝缘）。

1）压力正常，标志明显、清晰。

2）校验合格，报警值（接点）正常。

3）密度继电器应设有防雨罩。

4）密度继电器满足不拆卸校验要求，表计朝向巡视通道。

（4）外观检查。

1）无明显污渍、无锈迹，油漆无剥落、无褪色，并达到防污要求。

2）复合绝缘干式电流互感器表面无损伤、无裂纹，油漆完整。

3）电流互感器膨胀器保护罩顶部应为防积水凸面设计，能够有效防止雨水聚集。

（5）瓷套或硅橡胶套管。

1）瓷套不存在缺损、脱釉、落沙，法兰胶装部位涂有合格防水胶。

2）硅胶、橡胶套管不存在龟裂、起泡和脱落。

（6）标志。

相色标志正确，零电位进行标志。

（7）均压环。均压环安装平正、牢固，且方向正确，安装在环境温度 0℃及以下地区的均压环，宜在均压环最低处打排水孔。

（8）金属膨胀固定装置（油浸式）。金属膨胀器固定装置已拆除。

（9）SF_6逆止阀（气体绝缘）。无泄漏、本体额定气压值指示无异常。

（10）防爆膜（气体绝缘）。防爆膜完好，防雨罩无破损。

（11）接地。

1）应保证有 2 根与主接地网不同地点连接的接地引下线。

2）电容型绝缘的电流互感器，其一次绕组末屏的引出端子、铁芯引出接地端子应接地牢固可靠。

3）互感器的外壳接地牢固可靠，二次接线穿管端部应封堵良好，上端与设备的底座和金属外壳良好焊接，下端就近与主接地网良好焊接。

（12）整体。三相并列安装的互感器中心线应在同一直线上，同一互感器的极性方向应与设计图纸相符，基础螺栓应紧固。

第三节　电流互感器典型缺陷案例

红外热成像检测发现母联电流互感器末屏接触不良：2011 年在对 220kV××变电站一次设备进行红外测温巡查时，发现 220kV 母联电流互感器末屏位置发热严重，后经检查确认为电流互感器末屏锈蚀导致接触不良。

检测图谱如图 7－3 所示。

由于设备运行年限较长，设备腐蚀情况较严重，发热位置如图 7－4 所示。停电检查，确认为末屏端子箱内的接地连接处由于锈蚀严重，存在接触不良的状况，使得该处过热。

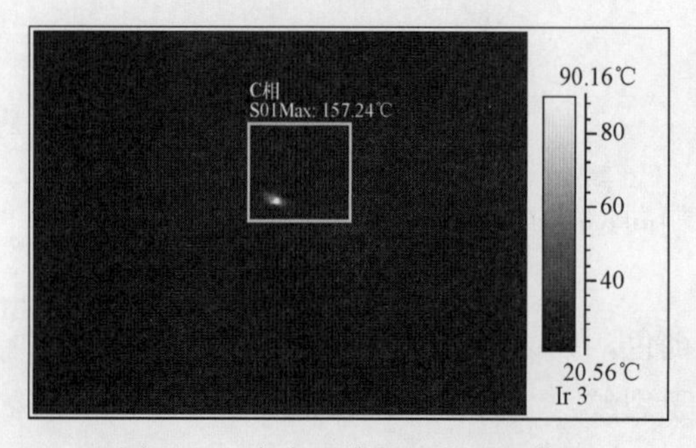

图 7－3　电流互感器红外测温谱图

图 7－4　发热位置可见光图

末屏接地不良可能导致末屏处产生悬浮电位引起放电，使得绝缘损坏。通过红外测温发现并及时更换，有效预防了一起恶性设备事故的发生。同时经分析发现，该型号电流互感器的末屏接地均位于电流互感器二次端子板的底板处，当二次端子板的底板锈蚀时极易引起电流互感器末屏接地不良甚至开路。因此，对此类电流互感器特别是运行年限较长的批次，要加强对末屏的带电监测，以防设备事故的发生。

红外测温可以有效地发现设备整体或者局部的发热故障，同时也可有效地定位设备内部的发热点，通过对致热类型及发热的位置进行分析，可以基本分析出设备的故障类型。对于老旧设备，特别是锈蚀较为严重的设备，要尤其加强对导电回路及接地回路处的红外测温监测。

第四节　电 压 互 感 器

电压互感器（Potential Transformer，Voltage transformer）和变压器类似，是用来变换线路上的电压的仪器。但是变压器变换电压的目的是为了输送电能，因此容量很大，一般都是以千伏安或兆伏安为计算单位；而电压互感器变换电压的目的，主要是给测量仪表和继电保护装置供电，用来测量线路的电压、功率和电能，或者用来在线路发生故障时保护线路中的贵重设备、电动机和变压器，因此电压互感器的容量很小，一般都只有几伏安、几十伏安，最大也不超过 1kVA。其外形如图 7－5 所示。

图 7－5　电压互感器外形图

第五节　电压互感器结构与原理

（一）电压互感器原理结构

电压互感器的基本结构和变压器很相似，它也有 2 个绕组，一个叫一次绕组，一个叫二次绕组。2 个绕组都装在或绕在铁芯上。两个绕组之间，及绕组与铁芯之间都有绝缘，使两个绕组之间及绕组与铁芯之间都有电气隔离。电压互感器在运行时，一次绕组 N_1 并联接在线路上，二次绕组 N_2 并联接仪表或继电器。因此在测量高压线路上的电压时，尽管一次电压很高，但二次电压却是低压的，可以确保操作人员和仪表的安全。

电压互感器是一种用作变换电压的特种变压器，电压互感器的一次并联接在电力系统的线路上，把一次高电压变换成较低的二次电压 100V 或 $100/\sqrt{3}$ V。在正常情况下，其二次电压实际上与一次电压成正比，它们之间的相位差接近于零，其原理如图 7－6 所示。

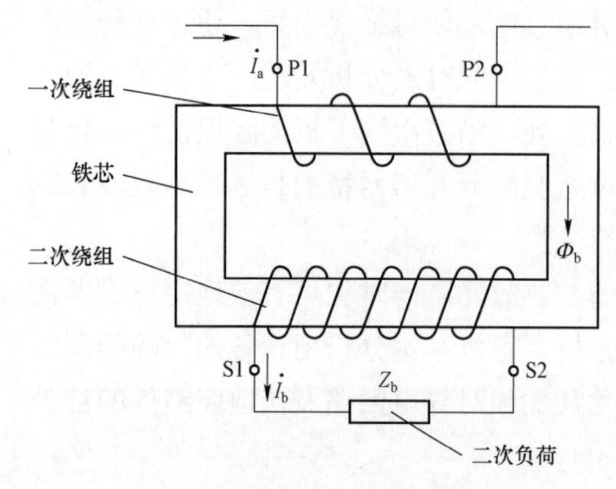

图 7-6　电压互感器原理图

（二）电压互感器检修项目

1. 专业巡视要点

（1）油浸式电压互感器巡视。

1）设备外观完好、无渗漏；外绝缘表面清洁，无裂纹及放电现象。

2）金属部位无锈蚀，底座、构架牢固，无倾斜变形。

3）一、二次引线连接正常，各连接接头无过热迹象，本体温度无异常。

4）本体油位正常。

5）端子箱密封良好，二次回路主熔断器或自动开关完好。

6）电容式电压互感器二次电压（包括开口三角形电压）无异常波动。

7）无异常声响、振动和气味。

8）接地点连接可靠。

9）上、下节电容单元连接线完好，无松动。

10）外装式一次消谐装置外观良好，安装牢固。

（2）干式电压互感器巡视。

1）设备外观完好，外绝缘表面清洁，无裂纹及放电现象。

2）金属部位无锈蚀，底座、构架牢固，无倾斜变形。

3）一、二次引线连接正常，各连接接头无过热迹象，本体温度无异常。

4）二次回路主熔断器或自动开关完好。

5）无异常声响、振动和气味。

6）接地点连接可靠。

7）一次消谐装置外观完好，连接紧固，接地完好。

8）电子式电压互感器电压采集单元接触良好，二次输出电压正常。

9）外装式一次消谐装置外观良好，安装牢固。

（3）SF_6 电压互感器巡视。

1）设备外观完好，外绝缘表面清洁，无裂纹及放电现象。

2）金属部位无锈蚀，底座、构架牢固，无倾斜变形。

3）一、二次引线连接正常，各连接接头无过热迹象，本体温度无异常。

4）密度继电器（压力表）指示在正常区域，无漏气现象。

5）二次回路主熔断器或自动开关完好。

6）二次电压（包括开口三角形电压）无异常波动。

7）无异常声响、振动和气味。

8）接地点连接可靠。

9）外装式一次消谐装置外观良好，安装牢固。

2. 电压互感器及各附件的检修与维护

（1）瓷套检查。

1）电压互感器瓷套无裂纹、损坏，瓷裙清洁，无渗漏油。瓷套外表应修补完好，一个伞裙修补的破损面积不得超过规定。

2）一次搭头接线板、膨胀器外罩无变形，金属外壳无锈蚀。

3）在污秽地区若爬距不够，可在清扫后涂覆防污闪涂料或加装硅橡胶增爬裙。

4）检查防污涂层的憎水性，若失效应擦净重新涂覆，增爬裙失效应更换。

（2）小瓷套的检查。电压互感器的小瓷套的一次端子一般安装在母线侧，考虑到大瓷套对地闪络放电引起的单相接地故障不致成为母线侧故障，当母线侧有小瓷套时，故障会移到线路侧，检查时还需注意螺栓的紧固程度及受力的均匀。

检修工艺与工艺标准如下。

1）密封可靠。

2）无渗漏油，瓷件完好无损。

3）小瓷套表面清洁无脏物。

4）导杆螺母紧固不松动。

（3）检查二次接线板。

二次接线即控制线，一次接线即主电路，二次接线的作用是控制主电路的工作状态，比如接通、断开、延时等。用来控制、检测、保护、计量电气正常运行的低压回路称为电气二次接线，二次接线板用于连接二次接线，检查时应注意有无放电痕迹。

检修工艺与工艺标准如下。

1）二次导电杆处无渗漏油。

2）接线标志牌完整，字迹清晰。

3）二次接线板清洁，无受潮、无放电烧伤痕迹，接线柱的紧固件齐全并拧紧。

（4）放油阀的检查。

1）无渗漏油。

2）满足密封取油样的要求。

（5）检查铭牌与各端子标志牌。铭牌与端子标志牌应该齐全无缺；牌面干净清洁，字迹清晰。

（6）检查接地端子。接地可靠，接地线完好。

（7）连接搭头检查。连接搭头是引线与金属连接的连接部分，连接搭头在运行的过程中会出现锈蚀等现象，增加电阻，影响正常的导电情况，搭接如果不牢靠，会增大接触电阻，并增加运行时过热的风险。在工作过程中，作业人员必须系安全带，为防止感应电，工作前先挂临时接地线。

检修工艺与工艺标准如下。

1）引线头接触面应擦拭清洁、涂导电膏。

2）螺栓连接搭头紧固，无锈蚀。

（8）金属件外观维护。金属件锈蚀、脏污、破损或者毛刺，会影响设备的电阻率与绝缘，造成过热等现象，影响设备的安全可靠运行，因此我们通常进行外观检查与维护，保证金属件的正常运行。

检修工艺与工艺标准如下。

1）无锈蚀、补漆。

2）相位清晰。

（三）电压互感器试验要求

电压互感器试验项目可分为绝缘试验和特性试验 2 类。

（1）绝缘试验。绝缘试验有绝缘电阻和吸收比试验、测量介质损耗因数、交流耐压试验，对 220kV 及以上电压互感器应做局部放电试验。

（2）特性试验。特性试验有变比、直流电阻试验、各部位绝缘电阻测量、$\tan\delta$ 测量。

1）试验开始之前检查并记录被试品的状态，有影响试验进行的异常状态时要及时提出并向有关人员请示调整试验项目。

2）详细记录被试品的铭牌参数。

3）根据交接或预试等不同的情况，依据相关规程确定本次试验所需进行的试验项目和程序。

4）试验后要将被试品的各种接线、接地端子、盖板等恢复。

一般应先进行低电压试验再进行高电压试验，应在绝缘电阻测量之后再进行介损及电容量测量，这两项试验数据正常的情况下方可进行交流耐压试验和局部放电测试；交流耐压试验后还应重复介损及电容量测量，以判断耐压试验前后被试品的绝缘有无变化（见图 7-7）。

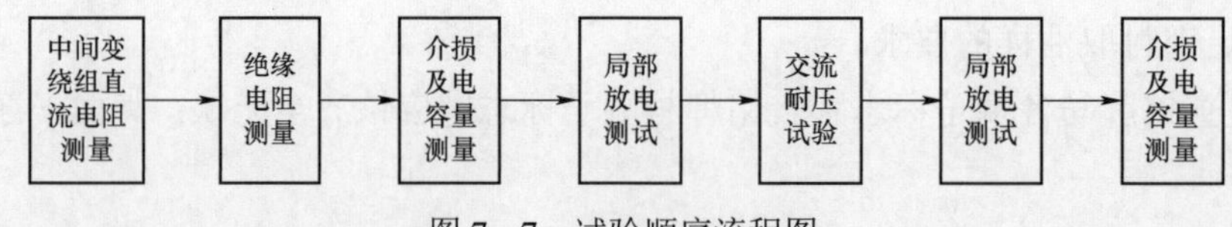

图 7-7　试验顺序流程图

（四）电压互感器本体外观验收要求

1. 渗漏油（油浸式）

瓷套、底座、阀门和法兰等部位无渗漏油现象。

2. 油位（油浸式）

金属膨胀器视窗位置指示清晰，无渗漏，油位在规定范围内，不宜过高或过低，绝缘油无变色。

3. 密度继电器（气体绝缘）

（1）压力正常，标志明显、清晰。

（2）校验合格，报警值（接点）正常。

（3）密度继电器应设有防雨罩。

（4）密度继电器满足不拆卸校验要求，表计朝向巡视通道。

4. 外观检查

（1）无明显污渍、无锈迹，油漆无剥落、无褪色，并达到防污要求。

（2）互感器表面无损伤、无裂纹，油漆完整。

5. 互感器膨胀器

保护罩顶部应为防积水凸面设计，能够有效防止雨水聚集。

6. 瓷套或硅橡胶套管

（1）瓷套不存在缺损、脱釉、落沙，法兰胶装部位涂有合格防水胶。

（2）硅橡胶套管不存在龟裂、起泡和脱落。

7. 相色标志

相色标志正确，零电位进行标志

8. 均压环

均压环安装水平、牢固，且方向正确，安装在环境温度 0℃及以下地区的均压环，宜在均压环最低处打排水孔。

9. 金属膨胀固定装置（油浸式）

金属膨胀器固定装置已拆除。

10. SF_6止回阀（气体绝缘）

无泄漏、本体额定气压值指示无异常。

11. 防爆膜（气体绝缘）

防爆膜完好，防雨罩无破损。

12. 接地

（1）应保证有 2 根与主接地网不同地点连接的接地引下线。

（2）互感器其一次绕组末屏的引出端子、铁芯引出接地端子应接地牢固可靠。

（3）互感器的外壳接地牢固可靠，二次接线穿管端部应封堵良好，上端与设备的底座和金属外壳良好焊接，下端就近与主接地网良好焊接。

13. 整体

三相并列安装的互感器中心线应在同一直线上，同一互感器的极性方向应与设计图纸相符，基础螺栓应紧固。

第六节　电压互感器典型缺陷案例

一、泄漏电流在线监测发现电压互感器绝缘板受潮

8 月 25 日，110kV ××变电站电压互感器泄漏电流在线监测发现 110kV Ⅰ段 B 相电压互感器的泄漏电流值高出 A、C 两相泄漏电流值近 10 倍，停电试验证实了该电压互感器的确存在问题，及时迅速进行了设备更换，将事故隐患消除在萌芽状态。

通过对电压互感器在线监测采样数据的分析判断，发现 110kV Ⅰ段 B 相电压互感器的泄漏电流较小，但是 B 相电压互感器泄漏电流的有功分量却较大，并且有功分量的波动也较大，怀疑该电压互感器 B 相绝缘可能存在问题。泄漏电流的在线监测数据如表 7－1 所示。

表 7－1　　电压互感器在线监测泄漏电流数据

相别	泄漏电流（mA）	泄漏电流有功分量（mA）
A	8.23	0.08
B	5.78	0.42
C	8.06	0.13

随后，对该电压互感器进行停电试验，试验数据如表 7－2 所示。

表 7－2　　电压互感器停电介质损耗试验数据

相别	电容量（μF）	介质损耗
A	1.05	0.0133
B	1.09	0.1198
C	1.12	0.0121

从以上停电介损试验数据看出，B 相电压互感器的介质损耗数据严重超标，确认其绝缘存在问题。经解体检查，发现该电压互感器存在绝缘板受潮、内部接线头松动等缺陷。由于在线监测系统及时提示、停电试验和检修，避免了一次事故的发生。

通过对电压互感器安装全绝缘在线监测，实现对电压互感器的泄漏电流进行在线监测，可对每台电压互感器泄漏电流及其有功分量进行处理、存储及越限值报警，并实现了数据远传。在线监测系统运行稳定可靠，能够及时有效地反应设备绝缘缺陷，显著提高了绝缘监测的效果。

二、开口三角电压在线监测发现电压互感器一次绕组层间烧穿

2010 年 11 月 15 日 17 时，220kV ××变 $3U_0$ 告警，经过进一步确认，220kV 正母电压互感器 B 相输出电压开始不断降低，0.5h 后降至零。立即开展抢险，经试验判断 220kV 正

母电压互感器 B 相损坏。

从外观上看，除局部锈蚀外互感器并无其他异常。进而打开密封盖对油箱内部件重点解剖分析。打开密封盖后发现避雷器外壳跌落、避雷器内部阀片破裂并散落在铁芯上部。各部件间连接导线情况良好，其他主要部件外观良好（见图 7-8）。

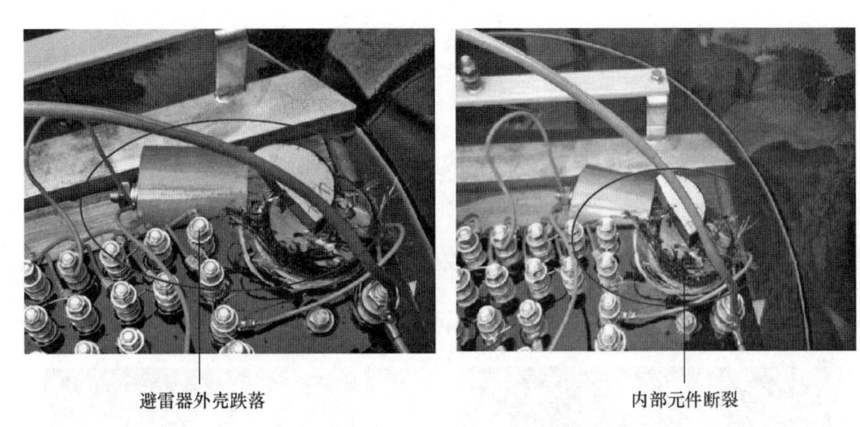

图 7-8　打开密封盖观察

将铁芯吊出后发现有绝缘层经放电碳化后的黑色胶状物附着在中间电压互感器一次绕组表面。继续对中间电压互感器进行解体后发现一次绕组层间已经严重烧穿，绕组底部凝结大量绝缘层经放电后的碳化物（见图 7-9）。

由于中间电压互感器一次绕组漆包线质量问题，导致匝间绝缘损坏，进而引起层间绝缘损坏，最终导致高压绕组首尾贯穿短路（见图 7-10）。在这个过程中，电压互感器二次输出电压不断降低，直到最终为零。由于避雷器的耐受电压仅为 5.6kV，高压绕组短路后 0kV 的电压全部加在了避雷器两端，导致避雷器炸开跌落。

图 7-9　铁芯吊出后观察

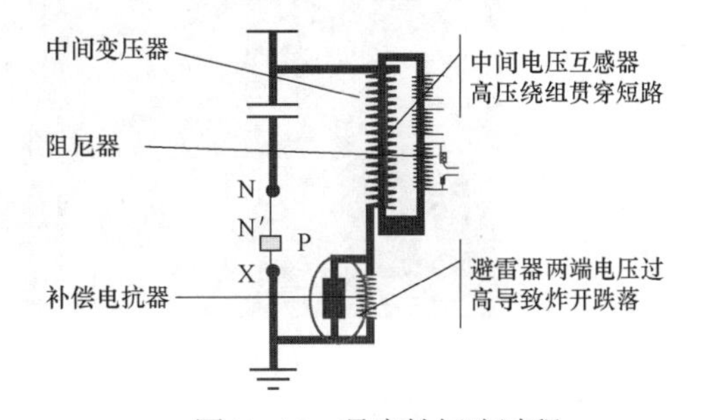

图 7-10　贯穿性短路过程

最后由于高温导致绕组层间绝缘层熔化碳化后与外壳接触，并使得一次绕组断线接地（见图 7-11）。因此导致无法用正接法测量电容量。这与解体前的判断基本一致。

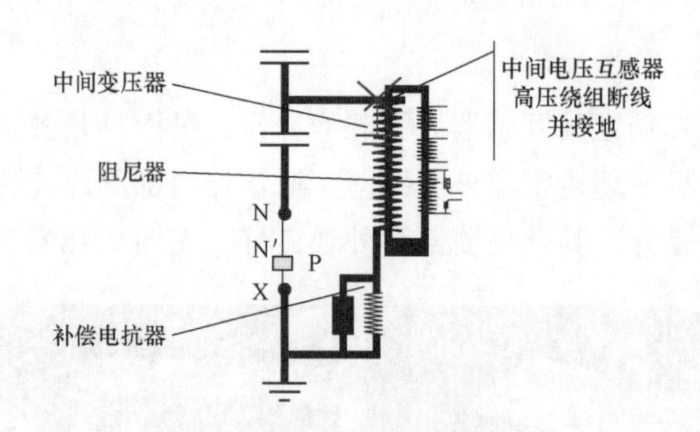

图 7－11　一次绕组断线接地

解体过程中发现的其他质量问题。

（1）元器件的连接导线和避雷器外壳均不是耐油材料，使用一段时间后会引起开裂（见图 7－12）。

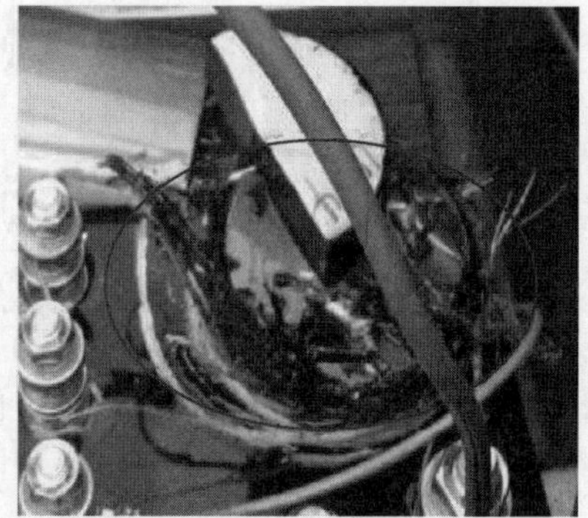

非耐油浸材料，容易开裂

图 7－12　质量问题 1

（2）二次接线板扭曲变形（见图 7－13）。

图 7－13　二次接线板扭曲变形

从此次解体情况来看，此台电容式电压互感器故障是中间电压互感器一次绕组漆包线质量问题导致，要重视运行中电容式电压互感器二次电压的监视。

电容器、电抗器、避雷器、消弧线圈检修

第一节 电容器检修

电容器是由绝缘材料（电介质）隔开的两块导电板组成的电气储能元件，导电板可以是圆形或方形。在电力系统中对外进行能量交换，主要用于提供无功功率。电容器的电容量定义为两块极板之间建立单位电位差时所需的电荷量。电容器的运行电压一般不宜超过1.05倍额定电压，但能在110%的额定电压下运行，不得超过额定的有效值电压。其外观如图8－1所示。

图8－1 电容器外观

一、电容器结构与原理

1. 电容器结构

并联电容器结构如图 8-2 所示。

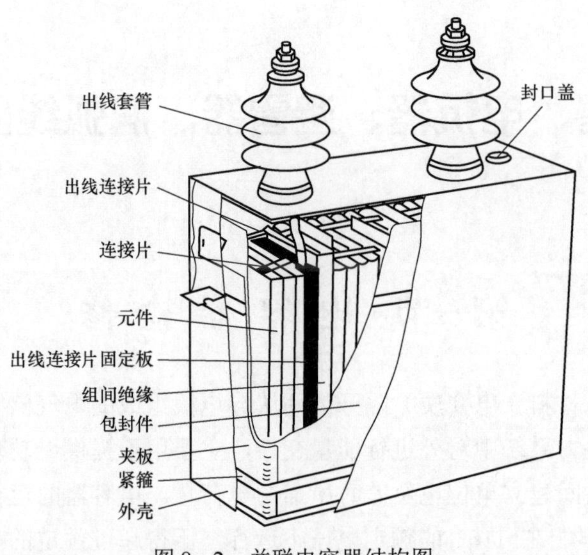

图 8-2　并联电容器结构图

电容器的接线通常分为三角形和星形 2 种方式。此外，还有双三角形和双星形接线方式。

2. 电容器的充放电原理

电容器充放电原理如图 8-3 所示。

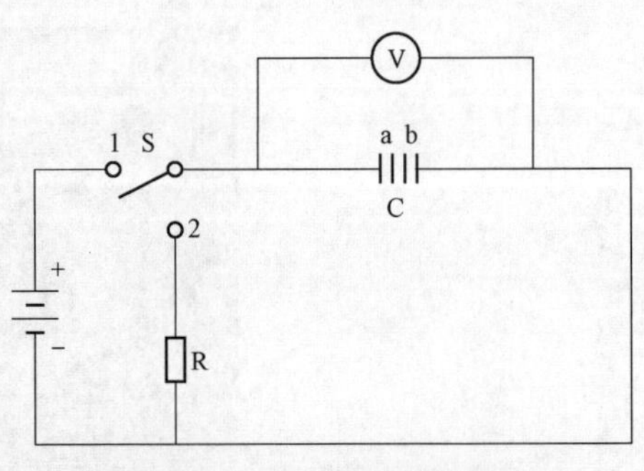

图 8-3　电容器充放电原理图

（1）充电。如图 8-3 所示，当 S 接通 1 时，电源电流流入电极 ab，由于电极间存在绝缘介质，故不能使电流通过。此时 ab 电极间各极中的自由电子流向电源，开始积储电荷并很快达到饱和。此时 a 极与电源的正电流、b 极与电源的负电流电势相等，无电流流动，完成充电过程。

（2）放电。如图 8-3 所示，电源断开，即 K1 断开，K2 接通时，电容 a 极高电位电荷经回路向低电位 b 极运动，于是 ab 极间电荷逐渐中和，当电位差值为零时，完成放电。

3. 电容器按用途可分为以下 8 类

（1）并联电容器。主要用于补偿电力系统感性负荷的无功功率，以提高功率因数，改善电压质量，降低线路损耗。

（2）串联电容器。串联于工频高压输、配电线路中，用以补偿线路的分布感抗，提高系统的静、动态稳定性，改善线路的电压质量，加长送电距离和增大输送能力。

（3）耦合电容器。主要用于高压电力线路的高频通信、测量、控制、保护，以及在抽取电能的装置中作部件用。

（4）断路器电容器。原称均压电容器。并联在超高压断路器断口上起均压作用，使各断口间的电压在分断过程中和断开时均匀，并可改善断路器的灭弧特性，提高分断能力。

（5）电热电容器。用于频率为40～24 000Hz的电热设备系统中，以提高功率因数，改善回路的电压或频率等特性。

（6）脉冲电容器。主要起储能作用，用作冲击电压发生器、冲击电流发生器、断路器试验用振荡回路等基本储能元件。

（7）直流和滤波电容器。用于高压直流装置和高压整流滤波装置中。

（8）标准电容器。用于工频高压测量介质损耗回路中，作为标准电容或用作测量高压的电容分压装置。

二、电容器检修项目

1. 专业巡视要点

（1）电容器单元巡视。

1）瓷套管表面清洁，无裂纹、闪络放电和破损。

2）电容器单元无渗漏油、无膨胀变形、无过热。

3）电容器单元外壳油漆完好，无锈蚀。

（2）外熔断器本体巡视。

1）熔丝无熔断，排列整齐，与熔丝管无接触。

2）搭接螺栓无松动、无明显发热、无锈蚀。

3）安装角度、弹簧拉紧位置，应符合制造厂的产品说明。

（3）避雷器巡视。

1）避雷器垂直和牢固，外绝缘无破损、裂纹及放电痕迹。

2）外观清洁，无变形破损，接线正确，接触良好。

3）计数器或在线检测装置观察孔清晰，指示正常，内部无受潮、积水。

4）接地装置接地部分完好。

（4）电抗器巡视。

1）支柱绝缘子完好，无放电痕迹。

2）无松动、无过热、无异常声响。

3）接地装置接地部分完好。

4）干式电抗器表面无裂纹、无变形，外部绝缘漆完好。

5）干式空心电抗器支撑条无明显下坠或上移情况。

6）油浸式电抗器温度指示正常，油位正常、无渗漏。

（5）放电线圈巡视。

1）表面清洁，无闪络放电和破损。

2）油位正常，无渗漏。

（6）其他部件巡视。

1）各连接部件固定牢固，螺栓无松动。

2）支架、基座等铁质部件无锈蚀。

3）绝缘子完好，无放电痕迹。

4）母线平整无弯曲，相序标志清晰可识别。

5）构架应可靠接地且有接地标识。

6）电容器之间的软连接导线无熔断或过热。

7）充油式互感器油位正常，无渗漏。

（7）集合式电容器巡视。

1）呼吸器玻璃罩杯油封完好，受潮硅胶不超过2/3。

2）储油柜油位指示正常，油位清晰可见。

3）油箱外观无锈蚀、无渗漏。

4）充气式设备气体压力指示正常。

5）本体及各连接处无过热。

6）电容器温控表计无异常。

三、电容器本体及各附件的检修与维护

1. 引线检查

引线的线夹无开裂、螺栓应紧固，引线应无断股现象；接触面除去氧化物，涂上导电膏。

2. 末屏引线检查

套管末屏引线接线可靠接地（套管末屏引线在试验结束后及时恢复）。

3. 外绝缘检查和清扫

各侧套管瓷件表面无损伤，无积污。

4. 耦合电容器金属件外观检查

无锈蚀。

5. 例行试验

无漏项，试验数据正常。

6. 设备状态检查

检修中拆动的零部件应恢复原状态。

四、电容器试验要求

（1）电容值。

1）电容值偏差不超出额定值的－5%～＋10%。

2）电容值不应小于出厂值的95%。

（2）并联电阻值测量电阻值与出厂值的偏差应在±10%范围内。

五、电容器验收要求

电容器竣工验收共分为 5 个部分。

（1）外观检查、清扫，各部位均无渗油现象，无锈蚀，瓷套无损伤。

（2）引线检查：引线的线夹无开裂、螺栓应紧固，引线应无断股现象；接触面除去氧化物，涂上导电膏。

（3）末屏引线检查：末屏引线应可靠连接。

（4）例行试验：无漏项，试验数据正常。

（5）设备状态检查：检修中拆动的零部件恢复原状态。

六、电容器典型缺陷案例

红外测温不同异常现象：

（1）某变电站 35kVⅡ电容器间隔 C 相进线电缆第一节铝牌与第二节铝牌连接处温度异常发热，最高为 105.8℃，正常相为 28.8℃（见图 8－4）。

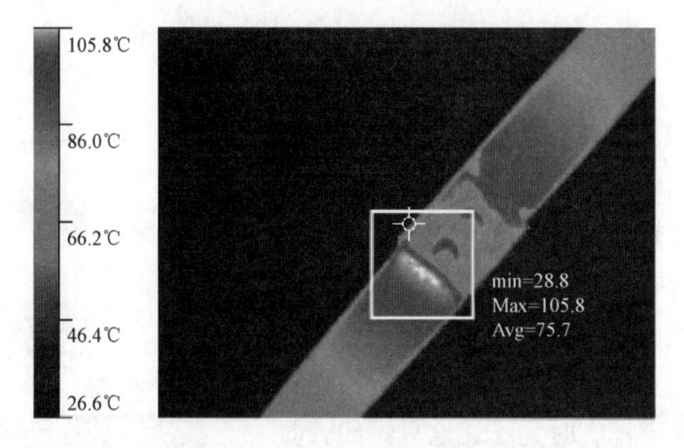

图 8－4　测温典型缺陷图 1

（2）该发热部位位于套管桩头处，按其发热部位，估计为电流型发热（见图 8－5）。

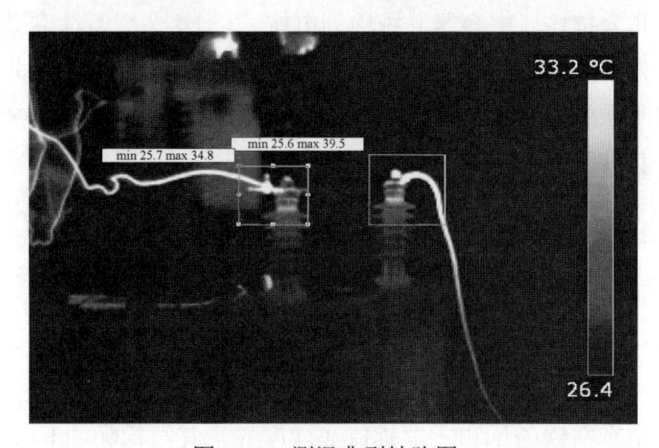

图 8－5　测温典型缺陷图 2

（3）该发热部位位于本体左下部及右侧局部，左下部发热较重，按其发热部位，估计为电压型发热（见图8－6）。

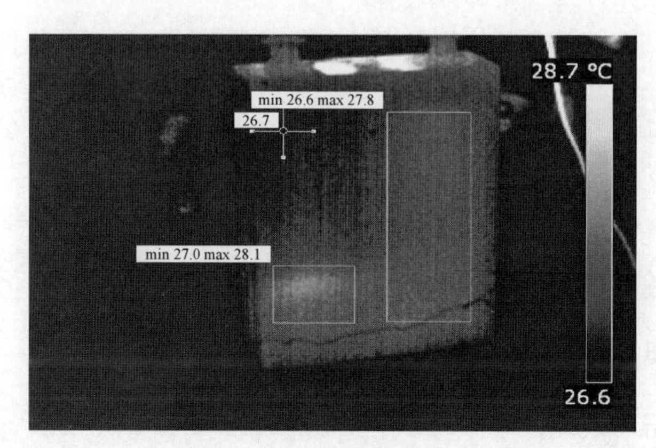

图8－6　测温典型缺陷图3

第二节　电抗器检修

把具有电感作用的绕线式的静止感应装置称为电抗器。通俗地讲，能在电路中起到阻抗作用的设备，我们叫它电抗器。电抗器也叫电感器，一个导体通电时就会在其所占据的一定空间范围产生磁场，所以所有能载流的电导体都有一般意义上的感性。然而通电长直导体的电感较小，所产生的磁场不强，因此实际的电抗器是导线绕成螺线管形式，称空心电抗器；有时为了让这只螺线管具有更大的电感，便在螺线管中插入铁芯，称铁芯电抗器。电抗分为感抗和容抗，比较科学的归类是把感抗器（电感器）和容抗器（电容器）统称为电抗器，然而由于过去先有了电感器，并且被称为电抗器，所以现在人们所说的电容器就是容抗器，而电抗器专指电感器。其外形如图8－7所示。

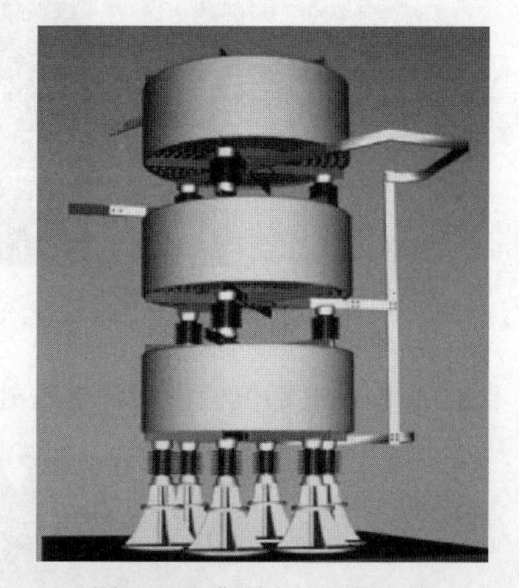

图8－7　典型电抗器外形图

一、电抗器结构与原理

电抗器主要分为干式和油浸式2种。

1. 干式电抗器

主要采用空气冷却，主要代表为水泥电抗器。其特点为：无油，杜绝了漏油、易燃等缺点，没有铁芯，不存在铁磁饱和，电感值线性度好，其结构如图8－8所示。

2. 油浸式电抗器结构

主要由器身、套管、油箱、储油柜组成（见图 8－9），缺点为易发生磁饱和。

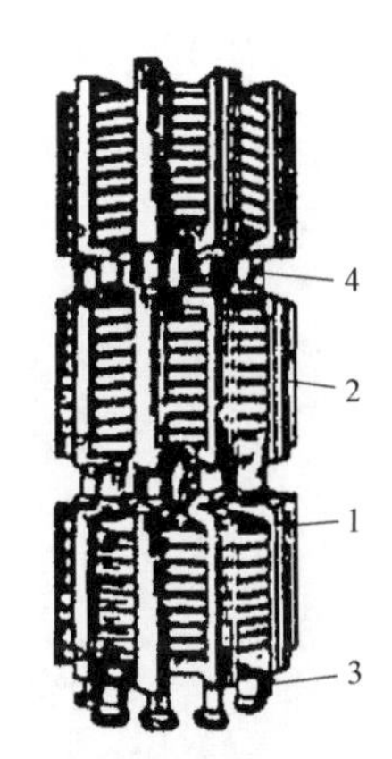

图 8－8　干式电抗器结构图

1—线圈；2—水泥支柱；3、4—支持绝缘子

图 8－9　典型油浸式电抗器

电力网中所采用的电抗器，实质上是一个无导磁材料的空心线圈。它可以根据需要布置为垂直、水平和品字形 3 种装配形式。在电力系统发生短路时，会产生数值很大的短路电流。如果不加以限制，要保持电气设备的动态稳定和热稳定是非常困难的。因此，为了满足某些断路器遮断容量的要求，常在出线断路器处串联电抗器，增大短路阻抗，限制短路电流。

由于采用了电抗器，在发生短路时，电抗器上的电压降较大，所以也起到了维持母线电压水平的作用，使母线上的电压波动较小，保证了非故障线路上的用户电气设备运行的稳定性。电抗器有以下几种类方式。

（1）按结构及冷却介质：分为空心式、铁芯式、干式、油浸式等，例如干式空心电抗器、干式铁芯电抗器、油浸式铁芯电抗器、油浸式空心电抗器、夹持式干式空心电抗器、绕包式干式空心电抗器、水泥电抗器等。

（2）按接法：分为并联电抗器和串联电抗器。串联电抗器通常起限流作用，并联电抗器经常用于无功补偿。

（3）按功能：分为限流和补偿。

1）半芯干式串联电抗器：安装在电容器回路中，在电容器回路投入时起限流作用。

2）半芯干式并联电抗器：在超高压远距离输电系统中，连接于变压器的三次绕组上。用于补偿线路的电容性充电电流，限制系统电压升高和操作过电压，保证线路可靠运行。

（4）按用途：按具体用途细分，例如限流电抗器、滤波电抗器、平波电抗器、功率因数补偿电抗器、串联电抗器、平衡电抗器、接地电抗器、消弧线圈、进线电抗器、出线电抗器、饱和电抗器、自饱和电抗器、可变电抗器（可调电抗器、可控电抗器）、轭流电抗器、串联谐振电抗器、并联谐振电抗器等。

二、电抗器检修项目

1. 专业巡视要点

（1）本体巡视。

1）本体表面应清洁，无锈蚀，电抗器紧固件无松动。

2）电抗器表面涂层应无破损、脱落或龟裂。

3）包封表面无爬电痕迹。

4）运行中无异常噪声、振动情况。

5）无局部异常过热。

6）通风管道无堵塞，器身清洁无尘土、异物，无流胶、裂纹。

7）户外电抗器表面憎水性能良好，无浸润。

8）电抗器包封与支架间紧固带无松动、断裂。

9）电抗器包封间导风撑条无松动、脱落。

10）干式空心电抗器支撑条无明显脱落或移位情况。

11）干式电抗器基础无下沉、倾斜。

（2）支柱绝缘子巡视。

1）外观清洁，无异物、无破损。

2）绝缘子无放电痕迹。

（3）防护罩巡视。外观清洁，无异物、无破损、无倾斜。

（4）线夹及引线巡视。

1）抱箍、线夹应无裂纹、过热。

2）引线无散股、扭曲、断股。

（5）支架及接地巡视。

1）基础支架螺栓紧固，无松动或明显锈蚀。

2）基础支架无倾斜、无开裂。

3）接地可靠，无松动及明显锈蚀、过热变色等，接地不应构成闭合回路并两点接地。

2. 电抗器本体及各附件的检修与维护

（1）引线拆除。接线板及导线线夹无开裂发热迹象，导线无断股、散股现象。

（2）器身检查。

1）电抗器上下汇流排应无变形和裂纹。

2）电抗器线圈至汇流排引线无断裂、松焊现象。

3）电抗器包封与支架间紧固带无松动、断裂现象，包封间导风撑条完好牢固。

4）电抗器接线桩头应接触良好，无烧伤痕迹。

5）器身无过热现象，表面涂层无龟裂脱落、变色。

6）器身通风管道无杂物堵塞。

（3）防雨隔栅检查。防雨隔栅完好、紧固、无破损。

（4）支座绝缘子检查。

1）绝缘子外表清洁完好，无破损，绝缘表面无放电痕迹、无裂纹。

2）支座紧固且受力均匀。

（5）接地检查。接地扁铁、螺栓等无涡流引起的过热现象，油漆完好。

（6）预防性试验。确认所有电气试验项目均合格。

（7）电抗器引线搭接。清除导电接触面间的污垢及氧化膜，并均匀地涂抹上导电膏，螺栓无锈蚀，紧固可靠。

（8）清场验收。

1）所有检修项目已完成。

2）清理现场，现场无遗留物件。

3）检修设备与现场安全措施恢复至工作许可时状态。

三、电抗器试验要求

1. 绕组电阻

（1）1.6MVA 以上变压器，各相绕组电阻相间的差别不应大于三相平均值的 2%（警示值），无中性点引出的绕组，线间差别不应大于三相平均值的 1%（注意值）；1.6MVA 及以下的变压器，相间差别一般不大于三相平均值的 4%（警示值），线间差别一般不大于三相平均值的 2%（注意值）。

（2）同相初值差不超过±2%（警示值）。

2. 绕组绝缘电阻

（1）绝缘电阻无显著下降。

（2）吸收比不小于 1.3 或极化指数不小于绝缘电阻［不小于 10 000MΩ（注意值）］。

（3）测温装置及其二次回路试验。

（4）指示正确，测温电阻值应和出厂值相符。

（5）绝缘电阻一般不低于 1MΩ。

四、电抗器验收要求

1. 器身检查

（1）电抗器汇流排无变形、裂纹和松焊现象。

（2）支架紧固带无松动，导风撑条完好牢固。

（3）电抗器接线桩头接触良好，无烧伤痕迹。

（4）器身无过热现象，表面涂层无龟裂脱落、变色。

（5）器身通风管道无杂物堵塞。

2. 防雨隔栅检查

防雨隔栅完好、紧固、无破损。

3. 支座绝缘子检查

（1）绝缘子外表清洁完好，绝缘表面无放电痕迹、无裂纹。

（2）支座紧固且受力均匀。

4. 接地检查

接地扁铁、螺栓等无涡流引起的过热现象，油漆完好。

5. 例行试验

确认所有电气试验项目均合格。

6. 引线搭接

清除导电接触面间的污垢及氧化膜，并均匀地涂抹上导电膏，螺栓无锈蚀，紧固可靠。

7. 清场验收

（1）所有检修项目已完成。

（2）清理现场，现场无遗留物件。

（3）检修设备与现场安全措施恢复至工作许可时状态。

第三节 避雷器检修

避雷器是用来保护相应电压等级的交流电气设备免受雷电大气过电压和操作过电压损害的保护电器。避雷器主要由电阻片、复合绝缘外套及金属附件构成。因电阻片具有优异的非线性伏安特性，当系统出现过电压时，电阻片呈现低阻值，迅速泄放冲击电流入地，避雷器残压被限制在允许值范围内，保证了系统的安全。在正常运行电压下，电阻片呈现高阻值，通过电流仅为几十微安，从而不会影响系统的正常运行，其外形如图8－10所示。

图8－10　避雷器外形图

避雷器的分类多种多样，按使用的场所可以分为：电站型避雷器、配电型避雷器、电容器保护型避雷器、电动机型避雷器、线路避雷器。按所用材料类型可以分为：管式避雷器、阀式避雷器、氧化锌避雷器；按避雷器的结构可以分为无间隙、带并联间隙和带串联间隙 3 种结构形式，其中无间隙型是主要的。

一、避雷器的结构与工作原理

不同材料的避雷器其主要工作原理也不同，接下来针对 3 种避雷器进行简单的介绍。

1. 管式避雷器工作原理

内间隙（又称灭弧间隙）置于产气材料制成的灭弧管内、外间隙将管子与电网隔开，雷电过电压使内外间隙放电，内间隙电弧高温使产气材料产生气体，管内气压迅速增加，高压气体从喷口喷出灭弧，管式具有较大的冲击通流能力，可用在雷电电流幅值很大的地方，但放电电压较高且分散性大，动作易产生载波，保护性能较差。

2. 阀式避雷器工作原理

主要由碳化硅和金属氧化物组成，碳化硅：工作元件是叠装密封瓷套内的火花间隙和碳化硅阀片，火花间隙（电压高的多节瓷套）主要作用是平时将阀片与带电导体隔离，在过电压时放电和切断电源供给的续流，火花间隙由许多间隙串联组成，放电分散性小，伏秒特性平坦，灭弧性能好，碳化硅阀片是以电工碳化硅为主与结合剂混合后经压形、烧结而成的非线性电阻体，呈圆饼状，碳化硅阀片的主要作用是吸收电压能量，利用其电阻的非线性，限制放电电流通过自身的压降（称残压）和限制续流幅值，与火花间隙协同作用熄灭续流电弧。金属氧化物：基本工作元件是密封在瓷套内的氧化锌阀片，它是以氧化锌为主体，添加其他少量金属氧化物，如三氧化二铋、三氧化二钴、二氧化锰、三氧化二锑等制成非线性电阻体，具有比碳化硅好得多的非线性伏安特性，在持续工作电压下仅流过微安级的泄漏电流，动作后无续流，因此它不需要火花间隙，从而使结构简化，并具有动作响应快，耐多重雷电过电压或操作过电压作用，吸收能力大，耐污性能好的特点。

3. 氧化锌避雷器工作原理

氧化锌避雷器装有防爆装置，即在避雷器每节元件上设有由簿金属片或塑料片构成的薄弱环节和排气导弧孔，当元件内部发生阀片击穿和闪络时，内部气压骤然升高，此时薄弱环节防爆膜首先被破坏，将内部高气压放出，并沿着排气导弧孔的方向排放高温气体，瓷套内部压力迅速降低，从而避免瓷套发生爆炸。也有将金属盖板制成具有弹性特性，当元件内部气压高于盖板预加的弹性变形压力时，盖板就被顶开，将内部高压气体排出。

二、避雷器检修项目

1. 专业巡视要点

（1）本体巡视。

1）接线板连接可靠，无变形、变色、裂纹现象。

2）复合外套及瓷外套表面无裂纹、破损、变形、明显积污。

3）复合外套及瓷外套表面无放电、烧伤痕迹。

4）瓷外套防污闪涂层无龟裂、起层、破损、脱落。

5）复合外套及瓷外套法兰无锈蚀、裂纹。

6）复合外套及瓷外套法兰黏合处无破损、裂纹、积水。

7）避雷器排水孔通畅、安装位置正确。

8）避雷器压力释放通道处无异物，防护盖无脱落、翘起，安装位置正确。

9）避雷器防爆片应完好。

10）避雷器整体连接牢固、无倾斜，连接螺栓齐全，无锈蚀、松动。

11）避雷器内部无异响。

12）带并联间隙的金属氧化物避雷器，外露电极表面应无明显烧损、缺失。

13）避雷器铭牌完整，无缺失，相色标志正确、清晰。

14）低式布置的金属氧化物避雷器遮栏内无异物。

15）避雷器未消除缺陷及隐患应满足运行要求。

16）避雷器反事故措施项目执行情况良好。

17）避雷器无家族缺陷。

18）绝缘底座、均压环、监测装置安装位置正确。

19）绝缘底座排水孔应通畅，表面无异物、破损、积污。

20）绝缘底座法兰无锈蚀、变色、积水。

21）均压环无变形、锈蚀、开裂、破损。

22）监测装置固定可靠，外观无锈蚀、破损。

23）监测装置密封良好，观察窗内无凝露、进水现象。

24）监测装置绝缘小套管表面无异物、无破损、无明显积污。

25）监测装置及支架连接可靠，无松动、变形、开裂、锈蚀。

26）监测装置与避雷器如果采用绝缘导线连接，其表面应无破损、烧伤，两端连接螺栓无松动、锈蚀。

27）监测装置与避雷器如果采用硬导体连接，其表面应无变形、松动、烧伤，两端连接螺栓无松动、锈蚀，固定硬导体的绝缘支柱无松动、破损，无明显积污。

28）避雷器泄漏电流的增长不应超过正常值的20%，在同一次记录中，三相泄漏电流应基本一致。

29）充气并带压力表的避雷器气体压力指示无异常。

30）监测装置二次电缆封堵可靠，无破损、脱落，电缆标志牌齐全、正确、清晰。

31）监测装置二次电缆保护管固定可靠，无锈蚀、开裂。

32）监测装置二次接线应牢靠、接触良好，无松动、锈蚀现象。

33）避雷器在线监测装置数据采集及显示正常。

（2）引流线及接地装置巡视。

1）引流线拉紧绝缘子紧固可靠、受力均匀，轴销、挡卡完整可靠。

2）引流线无散股、断股、烧损，相间距离及弧垂符合技术标准。

3）引流线连板（线夹）无裂纹、变色、烧损。

4）引流线连接螺栓无松动、锈蚀、缺失。

5）避雷器接地装置连接可靠，无松动、烧伤，焊接部位无开裂、锈蚀。

（3）基础及构架巡视。

1）基础无破损、沉降。

2）构架无锈蚀、变形。

3）构架焊接部位无开裂、连接螺栓无松动。

4）构架接地部位无锈蚀、烧伤，连接可靠。

2. 避雷器本体及各附件的检修与维护

（1）一次连接拆头（必要等）并检查。连接线夹无断裂，接触面平整。

（2）瓷套清扫、检查。瓷套表面无污垢、无破损。

（3）均压环。无变形、安装牢固。

（4）金属件外观维护。无锈蚀、相位标志清晰。

（5）在线监测器检查。在线监测器指示清晰、密封良好、动作灵敏，接地可靠。

（6）例行试验。各试验项目符合例行试验标准，无漏项。

（7）引线搭接。接触面应清洁干净，除去氧化膜和油漆，涂电力复合脂；各连接搭头螺栓应紧固。

三、避雷器试验要求

1. 避雷器试验项目分类

避雷器试验项目可分为绝缘试验和特性试验 2 类。

（1）绝缘试验。绝缘试验分为绝缘电阻试验、工频放电试验、底座绝缘电阻试验和泄漏电流试验。

（2）特性试验。特性试验有电导电流及串联组合元件的非线性因数差值试验。

2. 避雷器绝缘试验

（1）绝缘电阻试验。发电厂、变电站避雷器每年雷雨季前，以及线路上的避雷器工作了 1～3 年，大修后或者必要时需要对避雷器进行绝缘电阻试验，试验时需注意采用 2500V 及以上绝缘电阻表，FZ、FCZ 和 FCD 型主要检查并联电阻通断和接触情况。其检修要求如下。

1）FZ（PBC.LD）、FCZ 和 FCD 型避雷器的绝缘电阻自行规定，但与前一次或同类型的测量数据进行比较，不应有显著变化。

2）FS 型避雷器绝缘电阻应不低于 2500MΩ。

（2）工频放电试验。对一个绝缘间隙或者绝缘介质施加逐渐升高的 50Hz 工频电压，直至间隙或者绝缘介质放电击穿，这时的电压就是工频放电电压。通过检测工频放电电压，可以检查设备的绝缘等级，并注意带有非线性并联电阻的阀式避雷器只在解体大修后进行。

（3）泄漏电流试验。绝缘体是不导电的，但实际上几乎没有一种绝缘材料是绝对不导电的。任何一种绝缘材料，在其两端施加电压，总会有一定电流通过，这种电流的有功分量叫作泄漏电流，而这种现象叫作绝缘体的泄漏，通过测量泄漏电流，可以发现被测设备的绝缘缺陷，泄漏电流的测量主要分为 2 种，分别是直流 1mA 电压（U_{1mA}）及 $0.75U_{1mA}$ 下的泄漏电流及运行电压下的交流泄漏电流，注意在试验时要记录试验时的环境温度和相对湿度，测量电流的导线应使用屏蔽线，初始值是指交接试验或投产试验时的测量值，测量宜在瓷套表面干燥时进行并应注意相间干扰的影响。

其检修工艺及工艺要求如下。

1）不得低于 GB/T 11032—2020《交流无间隙金属氧化物避雷器》规定值。

2）U_{1mA} 实测值与初始值或制造厂规定值比较，变化不应大于初始值的±5%。

3）$0.75U_{1mA}$ 下的泄漏电流不应大于 50μA。

4）测量运行电压下的全电流、阻性电流或功率损耗，测量值与初始值比较，有明显变化时应加强监测，当阻性电流增加 1 倍时，应停电检查。

3. 避雷器特性试验

指电导电流及串联组合元件的非线性因数差值试验。

在每次雷雨季节前、大修后还有必要时需要进行电导电流及串联组合元件的非线性因数差值试验，检修工艺及工艺要求如下。

（1）FZ、FCZ、FCD 型避雷器的电导电流参考值见制造厂规定值，还应与历年数据比较，不应有显著变化。

（2）同一相内串联组合元件的非线性因数差值，不应大于 0.05；电导电流相差值不应大于 30%。

（3）试验电压与额定电压对应关系如表 8－1 所示。

表 8－1　试验电压与额定电压对应关系表

元件额定电压（kV）	3	6	10	15	20	30
试验电压 U_1（kV）	—	—	—	8	10	12
试验电压 U_2（kV）	4	6	10	16	20	24

需要注意：

1）整流回路中应加滤波电容器，其电容值一般为 0.01～0.1μF，并应在高压侧测量电流。

2）由 2 个及以上元件组成的避雷器应对每个元件进行试验。

3）非线性因数差值及电导电流相差值计算见制造厂相关规定。

4）可用带电测量方法进行测量，如对测量结果有疑问时，应根据停电测量的结果做出判断。

5）如 FZ 型避雷器的非线性因数差值大于 0.05，但电导电流合格，允许做换节处理，换节后的非线性因数差值不应大于 0.05。

6）运行中 PBC 型避雷器的电导电流一般应在 300～400μA 范围内。

四、避雷器验收要求

1. 外观检查

（1）瓷套无裂纹，无破损、脱釉，外观清洁，瓷铁黏合应牢固。

（2）复合外套无破损、变形。

（3）注胶封口处密封应良好。

（4）底座固定牢靠、接地引下线连接良好。

（5）铭牌齐全，相色正确。

2. 均压环

（1）均压环应无划痕、毛刺及变形。

（2）与本体连接良好，安装应牢固、平正，不得影响接线板的接线，并宜在均压环最低处打排水孔。

3. 压力释放通道

无缺失，安装方向正确，不能朝向设备、巡视通道。

4. 底座

应使用单个大爬距的绝缘底座，机械强度应满足载荷要求。

5. 监测装置

（1）密封良好、内部不潮，110kV 及以上电压等级避雷器应安装泄漏电流监测装置，泄漏电流量程选择适当且三相一致，读数应在零位。

（2）安装位置一致，高度适中，指示、刻度清晰，便于观察及测量泄漏电流值，计数值应调至同一值。

（3）接线柱引出小套管清洁、无破损，接线牢固。

（4）监测装置应安装牢固、接地可靠，紧固件不应作为导流通道。

（5）监测装置应安装在可带电更换的位置。

6. 外部连接

（1）引线不得存在断股、散股，长短合适，无过紧现象或风偏的隐患。

（2）一次接线线夹无开裂痕迹，不得使用铜铝式过渡线夹；在可能出现冰冻的地区，线径为 400mm^2 及以上的、压接孔向上 30°～90° 的压接线夹，应打排水孔。

（3）各接触表面无锈蚀现象。

（4）连接件应采用热镀锌材料，并至少两点固定。

（5）所有的螺栓连接必须加垫弹簧垫圈，并目测确保其收缩到位。

（6）接地引下线应连接良好，截面积应符合设计要求。

7. 本体绝缘电阻

（1）35kV 以上：采用 5000V 绝缘电阻表，阻值不小于 2500MΩ。

（2）35kV 及以下：采用 2500V 绝缘电阻表，阻值不小于 1000MΩ。

8. 工频参考电压和持续电流

（1）工频参考电压不小于技术规范书要求值。

（2）全电流和阻性电流符合制造厂技术规定。

9. 直流参考电压和 0.75 倍直流参考电压下泄漏电流

（1）直流参考电压实测值与出厂值比较，变化不应大于出厂值的±5%。

（2）直流参考电压不应小于 GB/T 11032—2020《交流无间隙金属氧化物避雷器》和 GB/T 50832—2013《1000kV 系统电气装置安装工程电气设备交接试验标准》规定值。

（3）泄漏电流不应大于 50μA（750kV 及以下系统避雷器）。

（4）泄漏电流不应大于 200μA（1000kV 系统避雷器）。

（5）部分避雷器泄漏电流值可按制造厂和用户协商值执行。

10. 底座绝缘电阻

（1）不低于 100MΩ（750kV 及以下系统避雷器）。

（2）不低于 2000MΩ（1000kV 系统避雷器）。

11. 监测装置试验

（1）放电计数器动作应可靠。

（2）泄漏电流指示良好，准确等级不低于 5 级。

五、避雷器典型缺陷案例

阻性电流和红外热成像综合检测发现避雷器受潮和老化：2012 年 8 月 21 日，运行人员巡检时发现 220kV ××变电站 1 号主变压器 110kV 避雷器 B 相电流值指示异常，示数达 2mA（该相避雷器泄漏电流初始值为 0.5mA）。检修部门随即安排人员开展在线监测仪表检查和避雷器带电检测工作，其中带电检测内容包括避雷器阻性电流检测和红外测温，各状态量检测结果均表现异常，依据 DL/T 1703—2017《金属氧化物避雷器状态评价导则》对该相避雷器状态评价，认定为重大异常状态，随即对故障避雷器做退出运行处理，更换了新设备。随后对该避雷器进行了解体，发现避雷器内部已严重受潮，避免了一起设备事故的发生。

1. 阻性电流检测

对该避雷器进行了阻性电流测试，测试结果显示 B 相避雷器阻性电流接近全电流值，阻抗角接近 30°，与其他两相比较有显著性差异，不满足 Q/GDW 1168—2013《输变电设备状态检修试验规程》中避雷器阻性电流应“与同母线上其他同型号的避雷器测量结果相比无显著性差异”要求。测试数据如表 8-2 所示。

表 8-2　阻性电流测试数据

相别	阻性电流峰值（mA）	全电流峰值（mA）	基波相角（°）
A	0.106	0.524	81.7
B	1.87	2.06	34.02
C	0.105	0.518	81.71

2. 红外线热像检测

发现 B 相避雷器中上部有异常高温区域，热点最高温比正常相同部位高出 10.7℃，根据 DL/T 664—2008《带电设备红外诊断应用规范》判断，设备存在危急缺陷。图谱如图 8-11 所示。

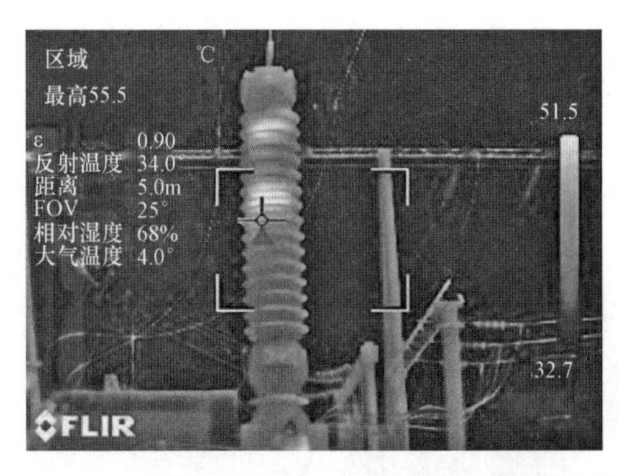

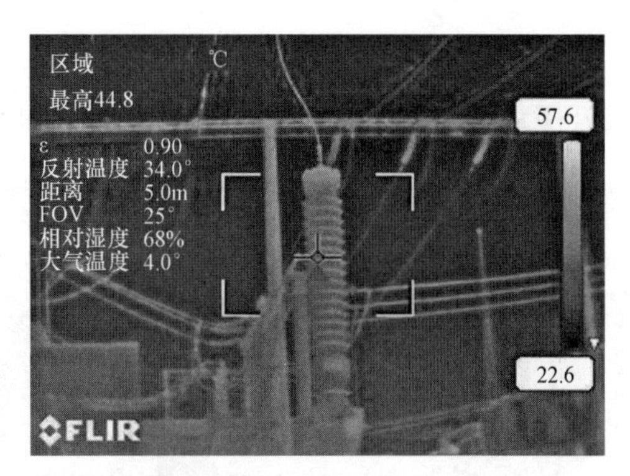

图 8－11　正常及异常相红外热线对比图

3. 诊断性试验

解体前对该组避雷器进行了诊断性试验，测试项目为绝缘电阻、直流 1mA 下参考电压及 75%直流 1mA 参考电压下的泄漏电流。试验数据如表 8－3 所示。

表 8－3　　诊断性试验数据

相别	初值			诊断值		
	U_{1mA}（kV）	$I75\%U_{1mA}$（μA）	绝缘电阻（MΩ）	U_{1mA}（kV）	$I75\%U_{1mA}$（μA）	绝缘电阻（MΩ）
A	150.5	22	10 000	152.0	28	9300
B	149.9	27	10 000	—	—	0.748
C	149.1	20	10 000	150.2	27	9810

注　因 B 相避雷器绝缘电阻太低，直流泄漏电流无法测试。

4. 避雷器解体

（1）顶部：由接线盖板、金属压环、密封件、防爆膜等组成。打开 B 相避雷器顶部金属盖板，发现顶部金属压环及固定螺栓锈蚀十分严重，金属件脱层剥离，如图 8－12 所示。

（2）内腔：凿开顶部隔膜，清晰可见空腔沿面、金属件、绝缘件外表面有凝结水珠，如图 8－13 所示。

图 8－12　避雷器顶部解剖图

图 8－13　避雷器内腔解剖图

（3）避雷器阀片：阀片串外表面水分明显，部分金属支架有变质、氧化情况。检查整组阀片无放电痕迹、无肿大变形情况，如图 8－14 所示，各阀片绝缘电阻都超过 10 000MΩ。

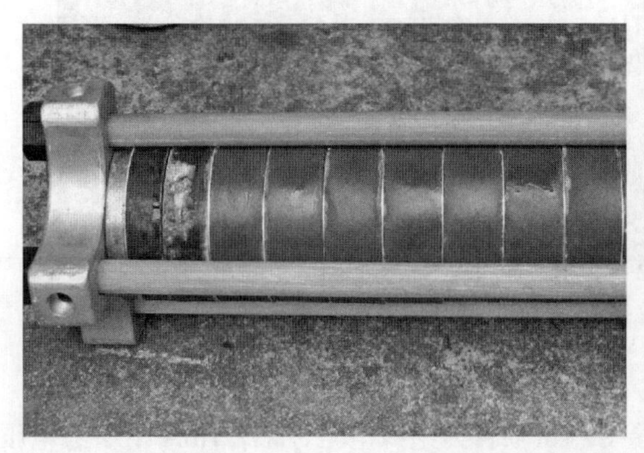

图 8－14　避雷器阀片解剖图

（4）正常相检查：为了检查相同批次设备是否存在相同问题，将其他相的设备也解体检查，正常相顶端压环未出现锈蚀，但部分螺栓垫片出现不同程度的锈蚀，如图 8－15 所示。

图 8－15　正常相避雷器解剖图

5. 原因分析

带电检测结果表明避雷器内部存在严重受潮或老化缺陷，绝缘性能诊断测试避雷器绝缘电阻低于 1MΩ，反映出避雷器绝缘性能基本丧失，内部存在贯彻性缺陷。经解体检查，发现避雷器空腔沿面、阀片外表面、金属件、绝缘件外表面都有大量水分，解体情况与带电检测和诊断性试验表征现象完全吻合。1 号主变压器 110kV 避雷器为 1999 年景德镇产品，至 2012 年已运行接近 13 年，长期运行下顶端金属压环及螺栓锈蚀，紧固压力下降，导致密封不良，水分从顶端延内壁进入空腔，使得阀片及绝缘件延面形成贯穿性导电通道，促使避雷器全电流及阻性电流激增。此外，水分改变了避雷器电场分布，局部场强集中过大引起放电，在阻性电流和局部放电的作用下引起避雷器内部温度场分布不均。因此，避雷器 B 相运行状态量异常是由顶端密封不严渗水受潮引起的。

第四节　消 弧 线 圈 检 修

消弧线圈是一种带铁芯的电感线圈，它接在变压器或发电机的中性点上，当系统发生单相接地时，流过消弧线圈的感性电流与流入接地点的容性电流相位相反，调整电感电流，可以使接地残流达到最小值，从而消除接地过电压。能够自动调节电感电流的消弧线圈成套装置实物如图 8－16 所示。

图 8－16　消弧线圈实物图

一、消弧线圈结构与原理

消弧线圈主要由本体、调节器、互感器、避雷器等部件组成。

1. 本体

本体即为电感线圈，可分为干式和油浸式（见图 8－17）。

干式消弧线圈

油浸式消弧线圈

图 8－17　消弧线圈本体

2. 调节器

不同调节类型消弧线圈的调节器不同，调匝式使用有载开关、调容式使用调容柜、相控式使用滤波箱。

3. 互感器、避雷器（见图 8－18）

互感器包括电压互感器、电流互感器，用于测量中性点电压、电流。电流互感器一次额定电流按照消弧线圈额定电流选取，型号根据消弧线圈运行方式不同有区别；电压互感器额定电压按照系统电压选取。

避雷器用于设备保护，使之免受雷击高压的损坏。避雷器选择的主要参数是额定电压、持续运行电压和暂态过电压。

图 8-18　集成于消弧线圈本体上的互感器与避雷器

互感器及避雷器在本章前文中已有述及，此节不再展开。

二、消弧线圈分类

消弧线圈主要包括调匝式、调容式和相控式 3 种。

（1）调匝式消弧线圈是一个带有多级抽头的电抗器，利用有载开关调节抽头来改变消弧线圈的电感值，以提供合适的补偿电流。

（2）调容式消弧线圈是一个带有二次侧的变压器，在其二次侧并联多组不同容量的电容，由可控硅控制电容器的投切，等效改变一次侧的等值电感。

（3）相控式消弧线圈是高短路阻抗变压器，通过改变二次侧可控硅的导通角，来调节一次侧的等值电感。

（4）调匝式和调容式均采用预调工作方式，相控式采用随调工作方式。

三、消弧线圈检修项目

1. 专业巡视项目

（1）干式消弧线圈本体巡视。

1）设备外观完好，无锈蚀或掉漆。

2）底座、构架支撑牢固，无倾斜或变形。

3）环氧树脂表面及端部光滑平整，无裂纹或损伤变形。

4）一、二次引线接触良好，接头处无过热、变色，热缩包扎无变形。

5）接地引下线应完好，无锈蚀、断股，接地端子与设备底座可靠连接。

6）无异响、异味。

（2）油浸式消弧线圈本体巡视。

1）设备外观完好，无锈蚀或掉漆。

2）底座、构架支撑牢固，无倾斜或变形。

3）套管表面清洁，无裂纹、损伤或爬电、烧灼痕迹。

4）一、二次引线接触良好，接头处无过热、变色，热缩包扎无变形。

5）各部位密封良好，无渗漏油。

6）储油柜油位应正确，油位计内部无凝露。

7）吸湿器呼吸通畅，吸湿剂罐装至顶部1/6～1/5处，受潮变色不超过2/3，并标识2/3位置。油杯油面在规定位置。

8）气体继电器内无气体。

9）测温座密封良好，温度指示正常，观察窗内无凝露。

10）阀门必须根据实际需要，处在关闭和开启位置。指示开、闭位置的标志清晰、正确。

1）接地引下线完好，无锈蚀、断股，接地端子与设备底座可靠连接。

2）无异响、异味。

（3）有载开关巡视。

1）设备外观完好，无锈蚀或掉漆。

2）底座、构架支撑牢固，无倾斜或变形。

3）无有载拒动、相序保护动作告警等异常信号。

4）现场分接开关挡位指示应与消弧线圈控制屏、综合自动化监控系统上的挡位指示一致。

5）无异响、异味。

（4）避雷器巡视。

1）外观完好，无裂纹、损伤或爬电、烧灼痕迹。

2）一次引线接触良好，接头处无过热、变色。

3）避雷器与地网之间可靠连接。

4）放电计数器、泄漏电流表等监测装置密封良好，指示正常。

（5）电容器巡视。

1）设备外观完好，无锈蚀或掉漆。

2）底座、构架支撑牢固，无倾斜或变形。

3）一次引线接触良好，接头处无过热、变色，热缩包扎无变形。

4）调容与相控式装置内的电容器外壳无鼓肚、膨胀变形、渗漏油，无异常过热。

5）无异响、异味。

（6）电压互感器巡视。

1）设备外观完好，绝缘件表面清洁，无裂纹、损伤或爬电、烧灼痕迹。

2）底座、构架支撑牢固，无倾斜或变形。

3）一、二次引线接触良好，接头处无过热、变色，热缩包扎无变形。

4）无异响、异味。

（7）电流互感器巡视。

1）设备外观完好，绝缘件表面清洁，无裂纹、损伤或爬电、烧灼痕迹。

2）底座、构架支撑牢固，无倾斜或变形。

3）一、二次引线接触良好，接头处无过热、变色，热缩包扎无变形。

4）无异响、异味。

2. 检修项目

（1）干式消弧线圈本体整体更换。

1）消弧线圈外观应完好，无锈蚀或掉漆。绝缘支撑件清洁，无裂纹、损伤。环氧树脂表面及端部应光滑平整，无裂纹或损伤变形。

2）安装底座应水平，构架及夹件应固定牢固，无倾斜或变形。

3）一、二次引线、母排应接触良好，单螺栓固定时需配备双螺母（防松螺母）。

4）铁芯应有且只有一点接地，接触良好。

5）接地点应有明显的接地符号标志，明敷接地线的表面应涂以15～100mm宽度相等的绿色和黄色相间的条纹。接地线采用扁钢时，应经热镀锌防腐。使用多股软铜线的接地线，接头处应具备完好的防腐处理（热缩包扎）。

（2）油浸式消弧线圈本体整体更换

1）消弧线圈外观应完好，无锈蚀、掉漆。套管清洁，无裂纹、损伤。各部位密封件完好无缺失，无渗漏油。

2）安装底座应水平，构架及夹件应固定牢固，无倾斜或变形。

3）一、二次引线、母排应接触良好，单螺栓固定时须配备双螺母（防松螺母）。

4）阀门、取油口、排气口开闭应灵活。

5）储油柜油位应正确。油位计内部无凝露。

6）测温座应密封良好，温度指示正常，观察窗内无凝露。

7）吸湿器应呼吸通畅，吸湿剂应无受潮变色或破碎，更换吸湿剂距顶盖下方应有1/5～1/6高度的空隙。油杯应清洁，油面在规定位置。

8）铁芯、夹件应有且只有一点接地，接触良好。

9）接地点应有明显的接地符号标志，明敷接地线的表面应涂以15～100mm宽度相等的绿色和黄色相间的条纹。

10）接地线采用扁钢时，应经热镀锌防腐。

11）使用多股软铜线的接地线，接头处应具备完好的防腐处理（热缩包扎）。

（3）有载开关检修。

1）设备外观应完好，无锈蚀。

2）底座、构架应支撑牢固，无倾斜或变形。

3）一次绕组抽头引线应接触良好。

4）传动机构操作灵活，无卡涩或异响，真空接触器、弹簧部件、行程开关、微动开关等元件正确可靠动作，接触良好。传动部分应增涂适合当地气候条件的润滑脂。

5）紧急停止按钮应可靠动作。

6）远方遥控升、降挡，现场、消弧线圈控制屏、综合自动化监控系统上挡位指示应一致。

7）对于相控式装置，可控硅动作特性应符合制造厂要求。

8）二次接线拆线前应做好标记，拆后进行绝缘包扎。

9）工作完毕应将有载开关恢复到检修前状态。

（4）避雷器检修。

1）外观应完好，无裂纹、损伤或爬电、烧灼痕迹。

2）一次引线应接触良好，单螺栓固定时需配备双螺母（防松螺母）。

3）避雷器与地网之间应可靠连接。

4）放电计数器、泄漏电流表等监测装置应密封良好，指示正常。

5）接地点应有明显的接地符号标志，明敷接地线的表面应涂以15～100mm宽度相等的绿色和黄色相间的条纹。接地线采用扁钢时，应经热镀锌防腐。使用多股软铜线的接地线，接头处应具备完好的防腐处理（热缩包扎）。

（5）互感器检修。

1）外观应完好，绝缘件表面清洁，无裂纹、损伤或爬电、烧灼痕迹。环氧树脂表面及端部应光滑平整，无裂纹或损伤变形。

2）一、二次引线应接触良好，单螺栓固定时需配备双螺母（防松螺母）。

四、消弧线圈试验要求

1. 试验项目分类

试验项目可分为绝缘试验和特性试验2类。

（1）绝缘试验。绝缘试验分为绝缘电阻和吸收比试验、绕组介质损耗试验（油浸式）、铁芯对地绝缘电阻试验、工频耐压试验、感应耐压试验（有二次绕组时）。

绝缘电阻试验是对消弧线圈绝缘性能的试验，主要诊断设备由于机械、电场、温度、化学等作用及潮湿污秽等影响程度，能反映消弧线圈绝缘整体或局部受潮、劣化和绝缘贯穿性缺陷。

（2）特性试验。特性试验分为直流电阻试验、密封试验（油浸式）、控制器试验等。

特性试验能够检测消弧线圈的特性和主要功能。

（3）绝缘油试验。绝缘油试验在本书第二章变压器设备检修中已有述及，此处不再展开。

2. 试验标准

（1）绝缘电阻和吸收比试验：采用2500V绝缘电阻表测量绕组对地15s、60s的绝缘电阻值。吸收比（R_{60}/R_{15}）在常温下不应小于1.3；当R_{60}＞3000MΩ时，吸收比可不作考核要求。

（2）绕组介质损耗试验：20℃时不大于0.8%（66kV）；不大于1.5%（35kV）。

（3）铁芯对地绝缘电阻试验：不小于1000MΩ。

（4）工频耐压试验：在规定试验电压和时间内，被试设备内部无异响、电压电流无异常变化。

（5）感应耐压试验：在规定试验电压和时间内，被试设备内部无异响、电压电流无异常变化。

（6）直流电阻试验：各分接头直流电阻符合产品设计要求。

（7）密封试验：在标准规定的时间和压力下进行油压试验，油室加 0.05MPa 正压力试验 24h，无泄漏。

（8）控制器试验：显示、存储、脱谐度及残流设定、数据查询、通信、自检、报警功能完善。

（9）绝缘油试验。

1）击穿电压：不小于 40kV（66kV）；不小于 35kV（35kV）。

2）水分不大于 20mg/L。

3）介质损耗因数（90℃）：注入前不大于 0.005；注入后不大于 0.01。

4）水溶性酸 pH 值大于 5.4。

5）酸值 KOH（mg/g）不大于 0.03。

6）闪点（闭口）不小于 135℃（DB－45）。

7）界面张力（25℃）不小于 35mN/m。

8）体积电阻率（90℃）不小于 6×1010Ω·m。

9）油色谱分析：总烃含量不大于 20μL/L，H_2 含量不大于 10μL/L，C_2H_2 含量等于 0μL/L（66kV）。

五、消弧线圈验收要求

1. 油浸式消弧线圈验收标准

（1）本体外观验收。

1）外观检查：本体平整，表面干净无脱漆、锈蚀，无变形，密封良好，无渗漏，标志正确、完整。

2）铭牌：设备出厂铭牌齐全、参数正确。外壳铭牌上如果有明显标志的接线图，可不粘贴模拟接线图；外壳上无铭牌的，应粘贴模拟接线图。

（2）套管验收。

1）外观检查：瓷套表面清洁，无裂纹，无损伤，无渗漏油，油位正常，注油塞和放气塞紧固。

2）末屏检查（66kV）：套管末屏密封良好，接地可靠。

3）升高座（66kV）：法兰连接紧固、放气塞紧固。

4）引出线安装：不采用铜铝对接过渡线夹，引线接触良好、连接可靠，引线无散股、扭曲、断股现象。

（3）分接开关验收。

1）挡位指示：本体指示、操动机构指示及远方指示应一致。

2）动作性能：联锁、限位、连接校验正确，操作可靠；机械联动、电气联动的同步性能应符合制造厂要求，远方、就地及手动、电动均进行操作检查；传动机构应操作灵活，无卡涩现象。

3）油位指示：油位指示清晰，油位正常，并略低于本体储油柜油位。

（4）储油柜验收。

1）外观检查：外观完好，部件齐全，各连管清洁，无渗漏、污垢和锈蚀。

2）油位指示：油位指示清晰，油位正常。

（5）吸湿器验收。

1）外观：密封良好，无裂纹，吸湿剂干燥、无变色，在顶盖下方应留出 1/5～1/6 高度的空隙。

2）油封油位：油量适中，在油面线处，呼吸正常。

3）连通管：清洁、无锈蚀。

（6）压力释放装置验收。

1）压力释放阀校验：校验合格。

2）定位装置：定位装置应拆除。

（7）气体继电器验收。

1）继电器校验：校验合格。

2）继电器安装：方向正确，无渗漏，芯体绑扎线应拆除，油位观察窗挡板应打开。

3）继电器防雨、防震：室外消弧线圈气体继电器加装防雨罩，措施可靠。

4）二次接线 50mm 内应遮盖，防止雨水 45° 直淋。

5）集气盒：集气盒内要充满油、无渗漏，管路无变形、无死弯，处于打开状态。

6）主连通管：沿主油管道有 1%～1.5%升高坡度。

（8）温度计验收。

1）温度计校验：校验合格。

2）整定与调试：根据运行规程（或制造厂规定）整定，接点动作正确。

3）密封：密封良好、无凝露，温度计与测温探针应具备良好的防雨措施。

4）测温座：测温座应注入适量绝缘油，密封良好。

5）金属软管：固定良好，无破损变形、死弯，弯曲半径不小于 50mm。

（9）散热器验收。

1）外观检查：无变形、渗漏、锈蚀，流向标志正确，安装位置偏差符合要求。

2）所有法兰连接：连接螺栓紧固，端面平整，无渗漏。

3）阀门：操作灵活，开闭位置正确，阀门接合处无渗漏油现象。

（10）阻尼电阻箱验收。

1）外观检查：外壳、漆层应无损伤、裂纹或变形。

2）接触器：动作应灵活无卡涩，触头接触紧密、可靠，无异常声音。

3）风扇：风扇启动、停止及运转正常，风向正确。

4）可控硅元件：导通性能符合制造厂技术规定。

5）控制回路：控制回路接线应排列整齐、清晰、美观，绝缘良好无损伤。

（11）并联电阻箱验收

1）外观检查：元件外壳、漆层应无损伤、裂纹或变形。

2）控制回路：控制回路接线应排列整齐、清晰、美观，绝缘良好无损伤。

3）继电器：继电器参数整定正确，动作应灵活无卡涩。

4）接触器：动作应灵活无卡涩，触头接触紧密、可靠，无异常声音，真空泡绝缘良好不漏气。

（12）控制器验收。

1）通信检查：通信正常，数据正确。

2）输入信号检查：电压、电流等显示正确。

3）挡位检查：所有挡位显示正确，调挡正常。

4）输出信号检查：接地报警等遥信信号正常。

5）自动调节功能检查：装置可以计算且正确，自动跟踪调节，联机正确。

6）选线功能检查：选线正确，报警正确。

7）控制电源：控制屏交直流输入电源应由站用电系统、直流系统独立供电，不宜与其他电源并接。

8）并列运行要求：同一变电站多台消弧线圈应能并列运行，并设置主从协议。

（13）接地装置验收。

1）消弧线圈接地：消弧线圈接地端子与接地线应连接可靠，应采用专门敷设的接地线，接地线截面积符合设计要求。

2）消弧线圈外壳接地：两点以上与不同主地网格连接，接地螺栓直径应不小于 12mm，导通良好，截面积符合动热稳定要求。

3）铁芯接地：接地良好。

4）控制屏、并联电阻箱接地：各箱体外壳应接地良好。

（14）其他验收。

1）导电回路螺栓：导电回路采用强度 8.8 级热镀锌螺栓。

2）控制箱、机构箱：安装牢固，密封、封堵、接地良好，加热装置安装符合要求，温控器有整定值，内部端子标志明确、整洁，接线整齐。

3）选线装置接线：选线用零序 TA 到选线装置的接线应一一对应，选线装置中线路运行编号录入完整、正确。

4）防误操作闭锁装置：满足电气“五防”要求。

2. 干式消弧线圈验收标准

（1）组合柜验收。

1）外观检查：本体平整，表面干净无脱漆、锈蚀，无变形、开裂，标志正确、完整。

2）铭牌：各部件设备出厂铭牌齐全、参数正确。

3）外壳铭牌上如果有明显标志的接线图，可不粘贴模拟接线图；外壳上无铭牌的，应粘贴模拟接线图。

4）观察窗：观察窗清晰，朝向位置应便于日常巡视。

5）防误闭锁：各侧门把手均应装设“五防”锁。

6）封堵：密封良好，一、二次电缆孔洞封堵完整。

7）组部件：风机、加热器、照明等组部件能正常工作；控制开关应在柜体外，具有防水功能。

8）接地：柜体外壳应单独接地，不能与设备接地共用。

（2）消弧线圈验收。

1）外观检查：表面树脂应光滑、平整、无裂纹。

2）电气连接：连接件应采用不锈钢或热镀锌材料；所有的螺栓连接必须加垫弹簧垫圈，并目测确保其收缩到位；单螺栓连接还必须使用双螺母加固；引接电缆时，无明显过紧、过松现象。

3）接地：外壳及铁芯应接地良好。

（3）分接开关验收。

1）挡位指示：本体指示、操动机构指示及远方指示应一致。

2）动作性能：联锁、限位、连接校验正确，操作可靠；机械联动、电气联动的同步性能应符合制造厂要求，远方、就地及手动、电动均进行操作检查；传动机构应操作灵活，无卡涩现象。

3）触头检查：触头无氧化，接触良好。

4）接地：外壳应接地良好。

（4）接地变压器验收。

1）外观检查：表面树脂应光滑、平整、无裂纹。

2）电气连接：连接件应采用不锈钢或热镀锌材料；所有的螺栓连接必须加垫弹簧垫圈，并目测确保其收缩到位，多余的螺杆长度不宜过长；单螺栓连接必须使用双螺母加固；引接电缆时，无明显过紧、过松现象；干式接地变压器低压零线与设备高压端子及引线的距离要求：10kV，不小于125mm，35kV，不小于300mm。

3）相色标志：标志清晰、准确。

4）挡位：挡位分接片连接可靠，符合制造厂要求。

5）接地：铁芯及外壳应接地良好。

（5）调容柜验收。

1）外观检查：元件外壳、漆层应无损伤、裂纹或变形、渗油。

2）控制回路：控制回路接线应排列整齐、清晰、美观，绝缘良好无损伤。

3）接触器：动作应灵活无卡涩，触头接触紧密、可靠，无异常声音，真空泡绝缘良好不漏气。

（6）阻尼电阻箱验收。

1）外观检查：元件外壳、漆层应无损伤、裂纹或变形。

2）接触器：动作应灵活无卡涩，触头接触紧密、可靠，无异常声音，真空泡绝缘良好不漏气。

3）控制回路：控制回路接线应排列整齐、清晰、美观，绝缘良好无损伤。

4）可控硅元件：导通性能符合制造厂技术规定。

5）风扇：风扇启动、停止及运转正常，风向正确。

（7）并联电阻箱验收。

1）外观检查：元件外壳、漆层应无损伤、裂纹或变形。

2）控制回路：控制回路接线应排列整齐、清晰、美观，绝缘良好无损伤。

3）继电器：继电器参数整定正确，动作应灵活无卡涩。

4）接触器：动作应灵活无卡涩，触头接触紧密、可靠，无异常声音，真空泡绝缘良好不漏气。

（8）滤波控制箱验收。

1）外观检查：元件外壳、漆层应无损伤、裂纹或变形、渗油。

2）控制回路：控制回路接线应排列整齐、清晰、美观，绝缘良好无损伤。

3）可控硅元件：导通性能符合制造厂技术规定。

4）风扇：风扇启动、停止及运转正常，风向正确。

（9）控制器验收。

1）通信检查：通信正常，数据正确。

2）输入信号检查：电压、电流等显示正确。

3）挡位检查：所有挡位显示正确，调挡正常。

4）输出信号检查：接地报警等遥信信号正常。

5）自动调节功能检查：装置可以计算且正确，自动跟踪调节，联机正确。

6）选线功能检查：选线正确，报警正确。

7）控制电源：控制屏交直流输入电源应由站用电系统、直流系统独立供电，不宜与其他电源并接。

8）并列运行要求：同一变电站多台消弧线圈应能并列运行，并设置主从协议。

（10）接地装置验收。

1）消弧线圈接地：消弧线圈接地端子与接地线应连接可靠，应采用专门敷设的接地线，接地线截面积符合设计要求。

2）消弧线圈外壳接地：两点以上与不同主地网格连接，接地螺栓直径应不小于 12mm，导通良好，截面积符合动热稳定要求。

3）铁芯接地：接地良好。

4）控制屏、并联电阻箱接地：各箱体外壳应接地良好。

（11）其他验收。

1）导电回路螺栓：导电回路采用强度 8.8 级热镀锌螺栓。

2）控制箱、机构箱：安装牢固，密封、封堵、接地良好，加热装置安装符合要求，温控器有整定值，内部端子标志明确、整洁，接线整齐。

3）备品备件：备品备件齐全。

4）选线装置接线：选线用零序 TA 到选线装置的接线应一一对应，选线装置中线路运行编号录入完整、正确。

5）防误操作闭锁装置：满足电气“五防”要求。

六、消弧线圈典型缺陷案例

某变电站消弧线圈故障导致母线电压不平衡，具体内容如下：

该消弧线圈装置属调容式，5 个控制器分别控制 1、2、4、8、16 只电容器，通过可控硅的通断调整接入电容的数量，从而进行无功补偿。现场检查发现消弧线圈本体直阻正常，绝缘正常，控制器内电容正常，如图 8－19 所示。

图 8－19　本体及电容正常

现场检查时 5 只控制器均处于电源灯亮，工作灯灭的状态（见图 8－20），但是控制 4、8 只电容器的控制器可控硅两端处于短路状态，其余电阻在 0.6MΩ左右（见图 8－21）。

图 8－20　电容控制器电源灯亮，工作灯灭，此时电路不投入运行

因此可以判断该故障是由于调容式消弧线圈可控硅短路，本不应投入的电容因故投入运行，造成消弧线圈欠补偿，实际补偿与计算值不符而发出告警。

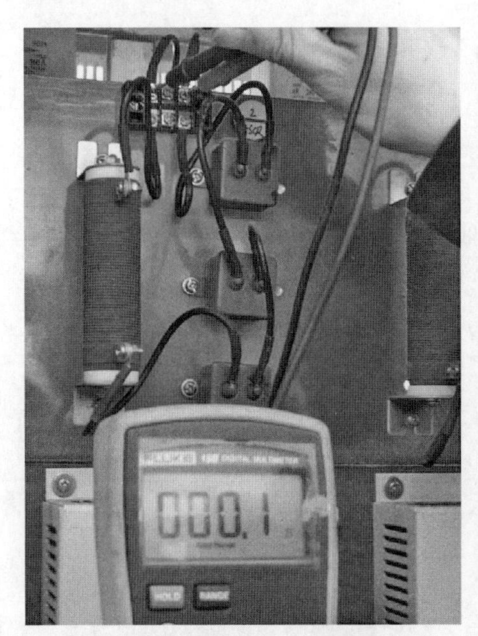

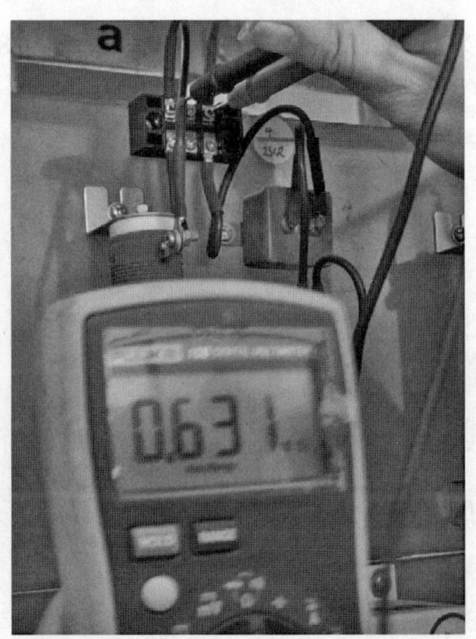

图 8-21　短路的可控硅（左）与正常的可控硅（右）

实际运行中，消弧线圈本体引起的故障不多，大多是调节器引发的故障，例如调容式的控制器、可控硅，调匝式的有载开关及其控制器等，在检修中要格外注意对调节器的维护及功能校验。

站用电源系统检修

站用电源系统是为变电站内的各类设备提供工作电源的低压电系统，根据其电流性质的不同，可分为站用交流电源系统、站用直流电源系统。

第一节 站用交流电源系统

站用交流电源系统是站用电源的重要组成部分，它将电网中的高压降压，并分配给各路负荷。站用交流电源系统有一个或多个备用电源，但并不能存储电能。

一、站用交流电源结构原理

站用交流电源系统是由站用变压器、站用电屏、交流供电网络组成的系统。由站用变压器将高压电转换为380V低压电，再通过站用电屏，将负荷输送到交流供电网络，由供电网络为各类负荷供电。

1. 站用变压器配置

站用变压器是站用电系统的电源，不同电压等级的变电站对电源配置的要求不同，一般电压等级越高，其电源配置就越可靠。

（1）110kV及220kV变电站站用变压器配置。110kV及220kV变电站一般从主变压器低压侧分别引接2台容量相同、可互为备用、分列运行的站用工作变压器（见图9–1）。当变电站只有一台主变压器或只有一条母线时，其中一台站用变压器的电源宜从站外引接。

除了常设的站用电源以外，一般的220kV变电站都会预留一面临时电源屏或临时电源接入箱，当全站停电或者遭遇事故时，供站外电源或者发电车接入。

（2）500kV变电站站用变压器配置。500kV变电站的主变压器为2台（组）及以上时，除了从2台主变压器低压侧引接的站用工作变压器外，还需装设一台从站外可靠电源引接的专用备用变压器，专用备用变压器的容量应与最大的工作变压器容量相同，并宜采用专线引接（见图9–2）。另外，当初期只有一台（组）主变压器时，也应设一台由站外可靠电源引接的站用变压器，并采用专线引接。

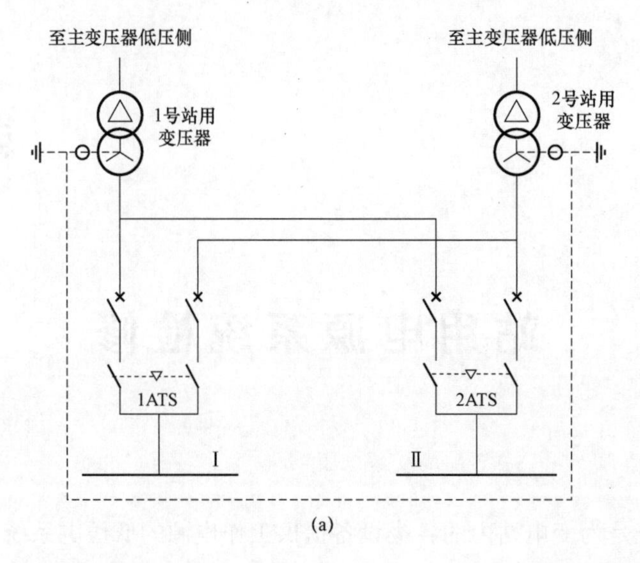

(a)

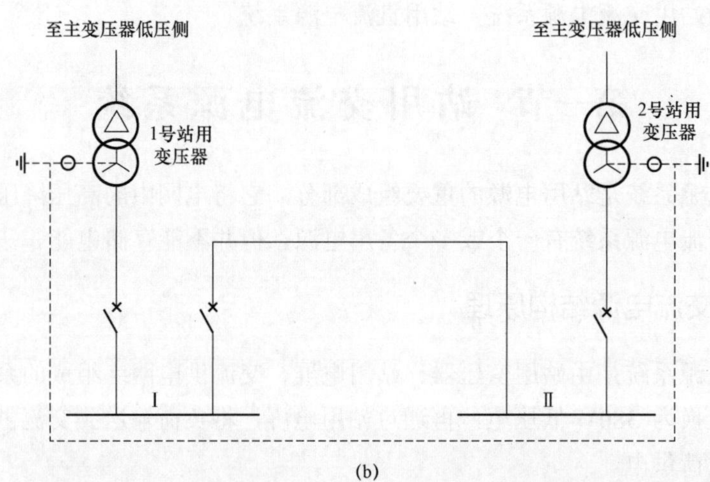

(b)

图 9－1　110kV 及 220kV 变电站站用交流电源接线

（a）使用自动切换开关（ATS）；（b）不使用自动切换开关（非 ATS）

2. 站用电屏

站用电屏俗称为低压开关柜，也叫低压配电屏。它们集中安装在变电站，把电能分配给不同地点的下级配电设备。

（1）接线方式。站用电低压系统采用三相四线制，系统的中性点连接至站用变压器中性点，就地单点直接接地。系统额定电压 380/220V。站用电母线采用按工作变压器划分的单母线。相邻两段工作母线间可配置分段或联络断路器，宜同时供电分列运行，并装设自动投入装置。当任一台工作变压器退出时，专用备用变压器应能自动切换至失电的工作母线段继续供电。

（2）切换方法。切换方法可以分为进线开关欠压脱扣切换和自动转换 2 种。

采用进线开关欠压脱扣切换的系统，先指定一路常用电源位置，合上进线开关和分段开关，另一路作为备用，此时若常用电源失去，欠压继电器动作，跳开常用进线开关，延

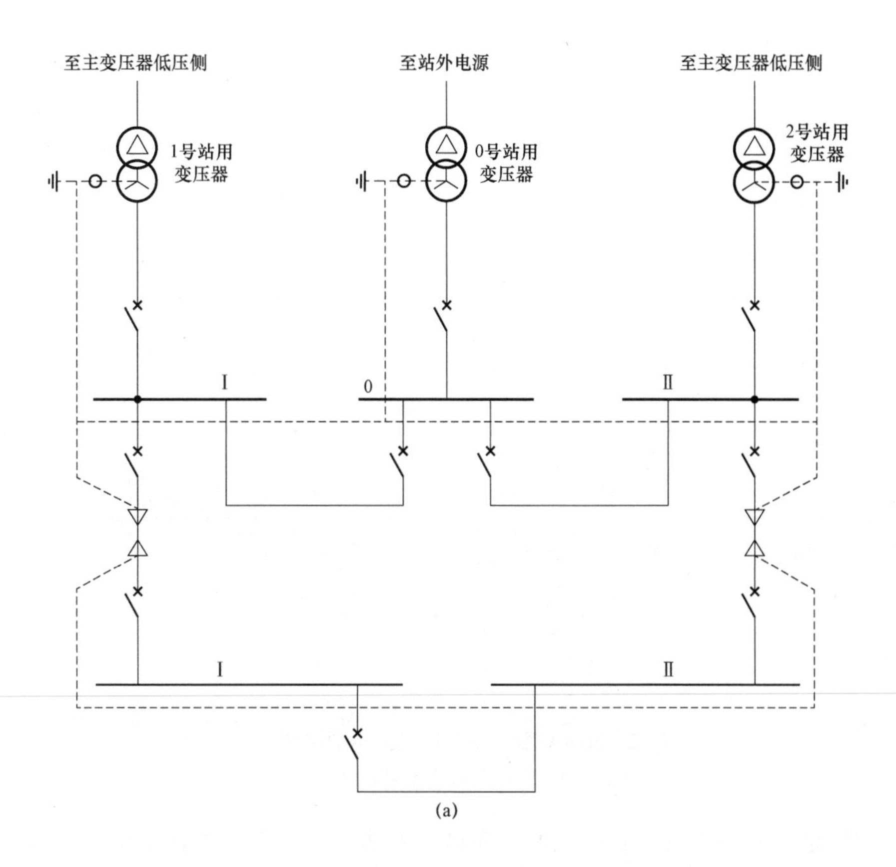

(a)

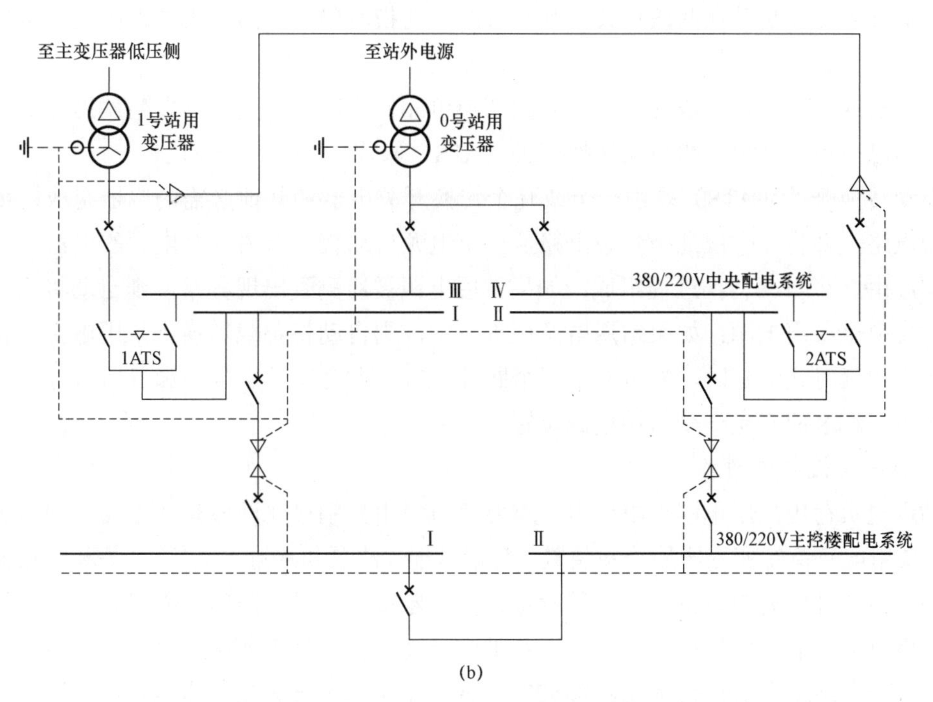

(b)

图 9-2　500kV 变电站站用交流电源接线（一）

（a）不使用自动切换开关（ATS）；（b）仅一台主变压器使用自动切换开关（ATS）

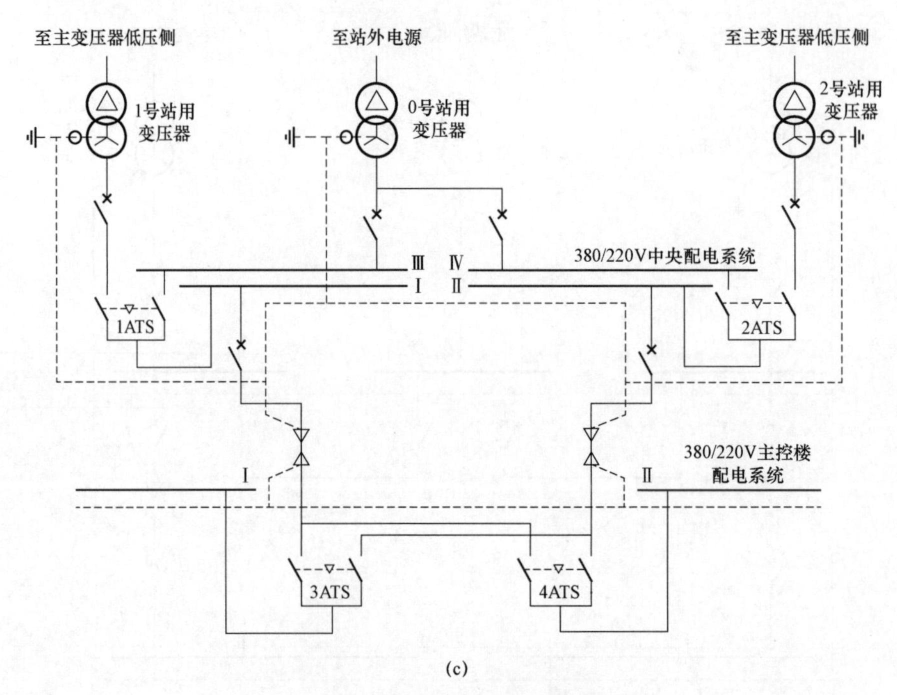

图 9-2　500kV 变电站站用交流电源接线（二）

（c）两台及以上主变压器使用自动切换开关（ATS）

时后合上备用进线开关，投入备用电源。在这种方法下，分段开关始终处于合位，两段母线并列运行，即使负荷在两段母线上都有进线，切换时仍然会短时失电，因此对重要负荷来说可靠性不高。

经过长期的实践，进线开关欠压脱扣切换可靠性不高，并且容易发生站用交流全站失电，近年已被可靠性更高的自动转换开关（ATS）取代。

自动转换开关（ATS）是由一个或几个转换开关电器和其他必需的电器组成，用于监测电源电路，并将一个或几个负载电路从一个电源自动转换至另一个电源的电器。ATS 的操作程序由 2 个自动转换过程组成：如果常用电源被监测到出现异常，则自动将负载从常用电源转换至备用电源；如果常用电源恢复正常，则自动将负载转换到常用电源。转换时可有预定的延时或无延时，并可处于一个断开位置。在存在常用电源和备用电源 2 个电源的情况下，ATS 应指定一个常用电源位置。

3. 低压交流供电网络

站用电负荷由站用电屏直配供电，重要负荷采用分别接在两段母线上的双回路供电方式，主要用电负荷有变压器的冷却装置（包括风扇、油泵和水泵）、隔离开关和断路器操作的电源、蓄电池的充电设备、油处理设备、检修器械、通风、照明、采暖、供水等。变电站的用电负荷一般都比较小但其可靠性要求比较高，特别是重要站用负荷均采用双回路电源供电，变电站站用电系统接线，380/220V 低压站用电系统采用单母线接线，通过 2 台站用变压器分别向母线供电，2 台站用变压器之间可以实现暗备用方式互相备用，并设置备用电源自动投入装置。大型变电站站用电低压母线采用单母线分段来提高供电可靠性。

大部分交流负荷均可以短时失电，但部分Ⅰ类负荷例如通信、远动设备电源、微机监控系统电源等不可失电，而交流电无法直接存储，因此需要增加交流不间断电源。

4. 不间断电源（UPS）

不间断电源有交流和直流两路电源输入，正常工作时，直接输出交流，当交流失电时，切换到直流输入，通过逆变器，将直流转换为交流电输出。因为直流电蓄电池组不受交流电影响，能够不间断可靠输出，因此不间断电源也能够实现不间断输出的功能。需要注意的是，蓄电池组储存的电能是有限的，蓄电池组电能耗尽后系统仍会失电，因此需要尽快将交流供电恢复。其原理如图 9－3 所示。

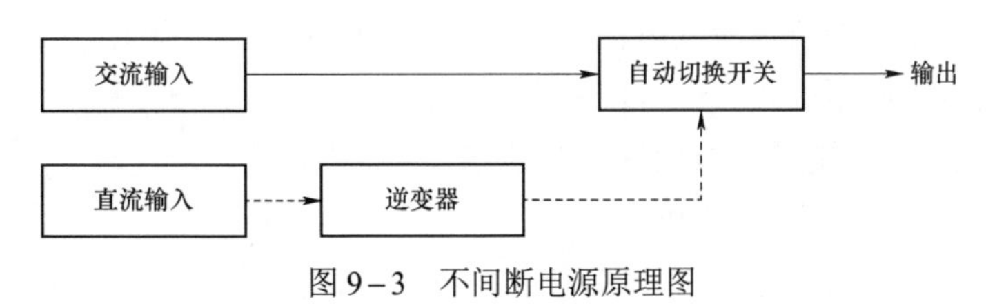

图 9－3　不间断电源原理图

二、站用交流电源检修项目

1. 专业巡视项目

（1）干式站用变压器巡视。

1）设备外观完整无损，器身上无异物。

2）绝缘支柱无破损、裂纹、爬电。

3）温度指示器指示正确。

4）无异常振动和声响。

5）整体无异常发热部位，导体连接处无异常发热。

6）风冷控制及风扇（如有）运转正常。

7）相序标志清晰正确。

8）本体可靠接地，且接地牢固。

（2）站用交流电源柜巡视。

1）电源柜安装牢固，接地良好。

2）电源柜各接头接触良好，线夹无变色、氧化、发热变红等。

3）电源柜及二次回路各元件接线紧固，无过热、异味、冒烟，装置外壳无破损，内部无异常声响。

4）电源柜装置的运行状态、运行监视正确，无异常信号。

5）电源柜上各位置指示、电源灯指示正常，检查装置配电屏上各切换开关位置正确，交流馈线低压断路器位置与实际相符。

6）电源柜上装置连接片投退正确。

7）母线电压指示正常，站用交流电压相间值应不超过 420V、不低于 380V，且三相不平衡值应小于10V。三相负载应均衡分配。

8）站用电系统重要负荷（如主变压器冷却器、低压直流系统充电机、不间断电源、消防水泵等）应采用双回路供电，且接于不同的站用电母线段上，并能实现自动切换。

9）低压熔断器无熔断。

10）电缆名称编号齐全、清晰、无损坏，相色标志清晰，电缆孔洞封堵严密。

11）电缆端头接地良好，无松动，无断股和锈蚀，单芯电缆只能一端接地。

12）低压断路器名称编号齐全、清晰、无损坏，位置指示正确。

13）多台站用变压器低压侧分列运行时，低压侧无环路。

14）低压配电室空调或轴流式风机运行正常，室内温度湿度在正常范围内。

（3）站用交流不间断电源（UPS）系统巡视。

1）站用交流不间断电源系统风扇运行正常。

2）屏柜内各切换把手位置正确。

3）出线负荷开关位置正确，指示灯正常，开关标志齐全。

4）屏柜设备、元件应排列整齐。

5）面板指示正常，无电压、绝缘异常告警。

6）输出电压、电流正常。

7）环境监控系统空调风机、各类传感器等辅助系统中的现场设备运行正常、无损伤。

8）站用逆变电源控制操纵面板显示运行状态正常，无异音，无故障和报警信息。

9）站用逆变电源接线桩头、铜排等连接部位无过热痕迹。

10）站用逆变电源所带负载量和电池后备时间无变化。

11）站用逆变电源机柜上的风扇运行正常，排空气的过滤网应无堵塞。

2. 检修项目

（1）干式变压器整体更换。

1）站用变压器外观应完好，无锈蚀或掉漆。绝缘支撑件清洁，无裂纹、损伤，环氧树脂表面及端部应光滑平整，无裂纹或损伤变形。

2）安装底座应水平，构架及夹件应固定牢固，无倾斜或变形。

3）高低压引线、母排应接触良好，单螺栓固定时需配备双螺母（防松螺母）。

4）铁芯应有且只有一点接地，接触良好。

5）接地点应有明显的接地符号标志，明敷接地线的表面应涂以15～100mm宽度相等的绿色和黄色相间的条纹。接地线采用扁钢时，应经热镀锌防腐。使用多股软铜线的接地线，接头处应具备完好的防腐处理（热缩包扎）。

6）干式变压器低压零线与设备本体空气绝缘净距离要求：10kV，不小于125mm，35kV，不小于300mm。

7）温度显示器指示正常，风扇（如有）自动控制功能完善。

（2）干式变压器绝缘支撑件检修。

1）绝缘支撑件外观应完好，无裂纹、损伤。各部件密封良好，用手按压硅橡胶套管伞裙表面，无龟裂。

2）拆除一次引线接头，引线线夹应无开裂、发热。烧伤深度超过 1mm 的应更换。

3）绝缘支撑件固定螺栓应对角、循环紧固。

（3）干式变压器风机更换。

1）叶片无明显变形、扭曲。

2）叶片内无异物，用手转动时无卡滞、无刮擦。

3）试运转风机转动平稳，转向正确，无异声，三相电流基本平衡。

（4）站用交流电源柜整体更换。

1）各接线名称、相别、相序应正确，并做好标志。

2）拆除原交流屏接线时，做好绝缘处理。

3）交流屏安装应可靠接地。

4）接线及交流进线电缆连接正确、紧固。

5）空载试运行应正常。

（5）站用低压断路器检修。

1）外壳应完整无损。

2）按产品技术文件（说明书）检查导电回路连通情况。

3）用手缓慢分、合闸，检查辅助触点的动断、动合工作状态应符合规程要求，同时轻擦其表面，对损坏的触头应予及时更换。

4）低压断路器脱扣器的衔接和弹簧活动正常，动作应无卡阻，电磁铁工作极面应清洁平滑，无锈蚀、毛刺和污垢。

5）热元件的各部位无损坏，间隙符合规程要求，机构应可靠动作，应加润滑油。

6）低压断路器手动操作开关储能正常，分合闸位置指示正确。

（6）站用动力电缆检修。

1）电缆型号、规格及敷设应符合设计要求。

2）电缆终端及接头应优先采用合格的成品附件。

3）电缆外观应无损伤、绝缘良好，弯曲半径应符合要求。

4）电缆各部位接头紧固，接触良好。

5）电缆相序正确，标志清楚，必要时进行二次核相。

6）电力电缆在终端头与接头附近宜留有备用长度。

7）电缆应使用阻燃电缆，非阻燃电缆的应按规定涂防火涂料。

（7）站用交流不间断电源（UPS）系统检修。

1）各连接件和插接件应无松动和接触不牢。

2）放电前应先对电池组进行均衡充电。

3）落后电池处理后再做核对性放电试验。

4）对标记电池应定期测量并做好记录。

5）清洁并检测电池两端电压、温度；连接处应无松动、腐蚀，检测连接条压降；电池外观应完好，无壳变形和渗漏；极柱、安全阀周围应无酸雾逸出；主机设备应正常。

6）当UPS电池系统出现故障时，应先查明原因，分清是负载还是UPS电源系统，是主机还是电池组。主机应在无故障情况下才能重新启动。

7）当电池组中发现电压反极、压降大、压差大和酸雾泄漏的电池时，应及时采用相应的方法恢复和修复，对不能恢复和修复的要更换，但不能把不同容量、不同性能、不同厂家的电池连在一起，否则可能会对整组电池带来不利影响。寿命已过期的电池组应及时更换。

8）逆变电源整体更换工作需要在相关厂家配合和指导下进行拆卸或更换。

9）逆变电源各部件应保持清洁。

10）逆变电源各连接件和插接件应无松动和接触不牢情况。

11）逆变电源电池系统应无异常。

12）逆变电源装置的硬件配置、标注及接线等应符合图纸要求。

13）逆变电源装置各插件上的元器件的外观质量、焊接质量应良好，所有芯片应插紧，型号正确，芯片放置位置正确。

14）逆变电源电子元件、印刷线路、焊点等导电部分与金属框架间距应符合要求。

15）逆变电源装置的各部件固定良好，无松动，装置外形应端正，无明显损坏及变形。

16）逆变电源各插件应插、拔灵活，各插件和插座之间定位良好，插入深度合适。

17）逆变电源装置的端子排连接应可靠，且标号应清晰正确。

18）逆变电源切换开关及模块、按钮、键盘等应操作灵活、手感良好。

19）切勿带感性负载，以免损坏。

20）逆变电源放电后应及时充电，避免电池因过度自放电而损坏。

21）在进行逆变连接时，输入与输出的极性应连接正确。

三、站用交流电源试验要求

（一）干式站用变压器试验要求

1. 绝缘试验

（1）绕组绝缘电阻测量：折算至标准温度下的绝缘电阻值不小于1000MΩ，并不低于出厂值的70%（采用2500V绝缘电阻表）。

（2）交流耐压试验：耐受电压为出厂试验电压值的80%，时间为60s。

2. 特性试验

（1）有载调压开关试验。

1）检查切换开关切换触头的全部动作顺序，测量过渡电阻阻值和切换时间。测得的过渡电阻阻值、三相同步偏差、切换时间的数值、正反向切换时间偏差均符合制造厂家技术要求。由于站用变压器结构及接线原因无法测量的，不进行该项试验。

2）在站用变压器无电压下，手动操作不少于2个循环、电动操作不少于 8 个循环。

其中电动操作时电源电压为额定电压的85%及以上。操作无卡涩、联动程序，电气和机械限位正常。

（2）电压比测量。

1）检查所有分接头的电压比，与制造厂家铭牌数据相比应无明显差别，且应符合电压比的规律。

2）额定分接下电压比允许偏差不大于±0.5%。

3）其他分接的电压比最大偏差不大于±1%。

（3）直流电阻测量。

1）测量应在各分接头的所有位置上进行。

2）1600kVA 及以下电压等级三相站用变压器，各相测得值的相互差值应小于平均值的 4%，线间测得值的相互差值应小于平均值的 2%；1600kVA 以上三相站用变压器，各相测得值的相互差值应小于平均值的 2%；线间测得值的相互差值应小于平均值的1%。

3）与同温下产品出厂实测数值比较，相应变化不应大于出厂值的2%。

（4）联结组标号检定：应与设计要求及铭牌上的标记和外壳上的符号相符。

（二）站用交流电源柜试验要求

（1）绝缘电阻试验：测量低压电器连同所连接电缆及二次回路的绝缘电阻值，不应小于 1MΩ；配电装置及馈电线路的绝缘电阻值不应小于 0.5MΩ。

（2）过载和接地故障保护继电器动作试验：过载和接地故障保护继电器通以规定的电流值，继电器应能可靠动作。

（三）交流不间断电源（UPS）系统试验要求

（1）并机均流性能：具有并机功能的 UPS 在额定负载电流的 50%～100%范围内，其均流不平衡度应不超过±5%。

（2）过电压和欠电压保护。

1）当输入过电压时，装置应具有过电压关机保护功能或输入自动切换功能，输入恢复正常后，应能自动恢复原工作状态。

2）当输入欠电压时，装置应具有欠电压保护功能或输入自动切换功能，输入恢复正常后，应能自动恢复原工作状态。

（3）性能试验。

1）当输入电压和负载电流（线性负载）在允许的变化范围内，稳压精度应不大于±3%。

2）同步精度范围为±2%。

3）当输入电压和负载电流（线性负载）为额定值时，断开旁路输入，输出频率应不超过（50±0.2）Hz。

4）电压不平衡度（适用于三相输出 UPS）不大于 5%。

5）电压相位偏差（适用于三相输出 UPS）不大于 3°。

6）电压波形失真度不大于 3%。

（4）总切换时间试验。在额定输入和额定阻性负载（平衡负载）时，人为模拟各种切换条件，其切换时间应满足表 9－1 的规定。

表 9－1　　UPS 切换时间要求

模式		总切换时间
冷备用模式	旁路输出→逆变输出	≤10ms
	逆变输出→旁路输出	≤4ms
双变换模式	交流供电⟷直流供电	0
	旁路输出⟷逆变输出	≤4ms
冗余备份模式	串联备份，主机⟷从机 并联备份，双机相互切换	≤4ms

（5）通信接口试验：试验与变电站监控系统通信接口连接正常，设备运行状况、异常报警、负荷切换及电源切换等遥测、遥信信息能正确传输至监控系统中。

（6）持续运行试验：持续运行 72h，装置运行正常，无中断供电、元件及端子发热等异常情况。

四、站用交流电源验收要求

1. 站用交流电源柜验收要求

（1）外观检查。

1）设备铭牌齐全、清晰可识别、不易脱色。

2）运行编号标志清晰可识别、不易脱色。

3）相序标志清晰可识别、不易脱色。

4）设备外观完好、无损伤，屏柜漆层应完好、清洁整齐。

5）分、合闸位置指示清晰正确，计数器（如有）清晰正常。

6）各开关、熔断器等电器元件应有标志，标志清晰。

7）配电屏无异常声响。

8）站用低压交流系统应设有专供连接临时接地线使用的接线板和螺栓。

（2）环境检查。

1）交流配电室环境温度不超过 40℃，且在 24h 一个周期的平均温度不超过 35℃，下限为－5℃；最高温度为 40℃时的相对湿度不超过 50%，配置温湿度计。

2）交流配电室应有温度控制措施，应配备通风、除湿防潮设备，防止凝露导致绝缘事故。

（3）屏柜安装。

1）屏柜上的设备与各构件间连接应牢固，在振动场所，应按设计要求采取防振措施，且屏柜安装的偏差应在允许范围内。

2）紧固件表面应镀锌或其他防腐蚀材料处理。

（4）成套柜安装。

1）机械闭锁、电气闭锁应动作准确、可靠。

2）动触头与静触头的中心线应一致，触头接触紧密。

3）二次回路辅助开关的切换接点应动作准确，接触可靠。

（5）抽屉式配电屏安装。

1）接插件应接触良好，抽屉推拉应灵活轻便，无卡阻、碰撞现象，同型号、同规格的抽屉应能互换。

2）抽屉的机械联锁或电气联锁装置应动作正确可靠。

3）抽屉与柜体间的二次回路连接可靠。

（6）屏柜接地。

1）屏柜的接地母线应与主接地网连接可靠。

2）屏柜基础型钢应有明显且不少于 2 点的可靠接地。

3）装有电器的可开启门应采用截面积不小于 $4mm^2$ 且端部压接有终端附件的多股软铜线与接地的金属构架可靠连接。

（7）防火封堵。

1）电缆进出屏柜的底部或顶部及电缆管口处应进行防火封堵，封堵应严密。

2）屏柜间隔板应密封严密。

（8）清洁检查。装置内应无灰尘、铁屑、线头等杂物。

（9）屏柜电击防护。

1）每套屏柜应有防止直接与危险带电部分接触的基本防护措施，如绝缘材料提供基本绝缘、挡板或外壳。

2）每套屏柜都应有保护导体，便于电源自动断开，防止屏柜设备内部故障引起的后果，防止由设备供电的外部电路故障引起的后果。

3）按设计要求采用电气隔离和全绝缘防护。

（10）开关及元器件。

1）开关及元器件质量应良好，型号、规格应符合设计要求，外观应完好，且附件齐全，排列整齐，固定牢固，密封良好。

2）各元器件应能单独拆装更换而不应影响其他电器及导线束的固定。

3）发热元件宜安装在散热良好的地方；两个发热元件之间的连线应采用耐热导线。

4）熔断器的规格、断路器的参数应符合设计及极差配合要求。

5）带有照明的屏柜，照明应完好。

（11）二次回路接线。

1）应按设计图纸施工，接线应正确。

2）导线与元件间采用的螺栓连接、插接、焊接或压接等，均应牢固可靠，盘、柜内的导线不应有接头，导线芯线应无损伤。

3）电缆芯线和所配导线的端部均应标明其回路编号、起点、终点及电缆类型，编号应正确，字迹清晰且不易脱色。

4）配线应整齐、清晰、美观，导线绝缘层应良好，无损伤。

5）每个接线端子的每侧接线宜为 1 根，不得超过 2 根。对于插接式端子，不同截面的两根导线不得接在同一端子上；对于螺栓连接端子，当接两根导线时，中间应加平垫片。导线的旋转方向应为顺时针方向。

6）二次回路的线径应满足最大工作电流下的安全通流要求。

（12）图实相符。检查现场是否严格按照设计要求施工，确保图纸与实际相符。

（13）备自投功能。备自投装置闭锁功能应完善，确保不发生备用电源自投到故障元件上，造成事故扩大；备自投功能正常，实现自动切换功能；ATS 切换正确动作，装置故障信号可靠上传。

（14）欠压脱扣功能。需装设低压脱扣装置时，应将低压脱扣装置更换为具备延时整定和面板显示功能的低压脱扣装置。延时时间应与系统保护和重合闸时间配合，躲过系统瞬时故障。

（15）低压并列。禁止低压并列运行，具备完好的闭锁逻辑。

（16）通电检查。

1）分合闸时对应的指示回路指示正确，储能机构运行正常，储能状态指示正常，输出端输出电压正常，合闸过程无跳跃。

2）电压表、电流表、电能表及功率表指示应正确，其中交流电源相间电压值应不超过 420V、不低于 380V，三相不平衡值应小于 10V。

3）屏前模拟线应简单清晰，便于识别。

4）开关、动力电缆接头处等无异常温升、温差，所有元器件工作正常。

5）手动开关挡板的设计应使开合操作对操作者不产生危险。

6）机械、电气联锁装置动作可靠。

7）220kV 及以上变电站站用变压器高低压侧开关、低压母线分段开关及站用变压器有载调压开关等元件，应能由站用电监控系统进行控制。

2. 交流不间断电源（UPS）系统验收要求

（1）外观及功能检查。

1）设备铭牌齐全、清晰可识别、不易脱色。

2）负荷开关位置正确，指示灯正常。

3）不间断电源装置风扇运行正常。

4）屏柜内各切换把手位置正确。

（2）屏柜安装。

1）屏柜上的设备与各构件间连接应牢固，在振动场所，应按设计要求采取防振措施，且屏柜安装的偏差应在允许范围内。

2）紧固件表面应镀锌或其他防腐蚀材料处理。

（3）标志检查。设备内的各种开关、仪表、信号灯、光字牌、母线等，应有相应的文字符号作为标志，并与接线图上的文字符号一致，要求字迹清晰易辨、不褪色、不脱落、布置均匀、便于观察。

（4）指示仪表。输出电压、电流正常，装置面板指示正常，无电压、绝缘异常告警。

（5）直流输入参数。直流电压应满足现场需求，电压范围不超过直流电源标称电压的80%～130%，特殊要求的电压范围：上限值为蓄电池组充电浮充电装置的上限，下限值为单个蓄电池额定电压值与蓄电池个数乘积的85%。

（6）运行方式。

1）检修旁路功能不间断电源系统正常运行时由站用交流电源供电，当交流输入电源中断或整流器故障时，由站内直流电源系统供电。

2）不间断电源系统交流供电电源应采用两路电源点供电。

3）不间断电源系统应具备运行旁路和独立旁路。

（7）报警及保护功能要求。当发生下列情况时，设备应能发出报警信号。

1）交流输入过电压、欠电压、缺相。

2）交流输出过电压、欠电压。

3）UPS 装置故障。

（8）隔直措施。装置应采用有效隔直措施。

（9）装置防雷及接地。应加装防雷（强）电击装置，柜机及柜间电缆屏蔽层应可靠接地。

（10）防火封堵。

1）电缆进出屏柜的底部或顶部及电缆管口处应进行防火封堵，封堵应严密。

2）屏柜间隔板应密封严密。

（11）图实相符。检查现场是否严格按照设计要求施工，确保图纸与实际相符。

五、站用交流电源典型设备案例

1. 干式变压器绝缘故障异物接触绝缘层放电

某变电站干式站用变压器运行中存在放电声，发现站用变压器高压侧 A 相绕组筒体表面垂挂着一根二次线缆，将线移开，筒体绝缘层外有 3 处放电烧蚀痕迹（见图 9－4）。

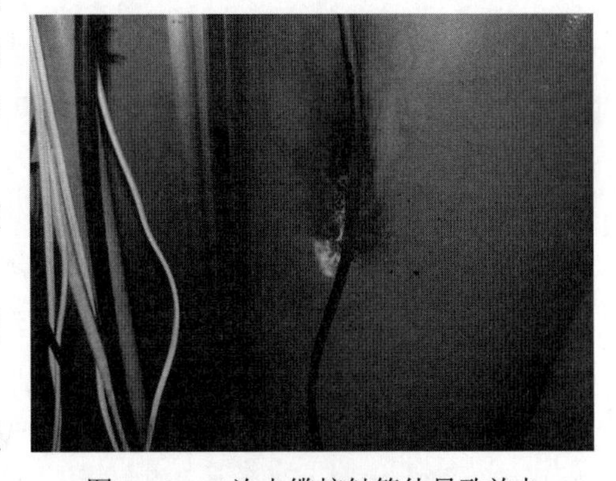

图 9－4　二次电缆接触筒体导致放电

地面发现一根断掉的绑扎带，为原绑扎温控器二次线缆的扎带，扎带断裂后，与筒体相接触，发生放电接地。温控器二次线缆最初用绑扎带固定，由于运行环境和天气等原因，绑扎带断裂，温控器二次线缆与 A 相绕组外侧绝缘层接触，绝缘强度不够，导致放电接地。

2. 运行环境不佳绝缘击穿

某变电站 2 号站用变压器内部燃烧，引起相间绝缘击穿短路，引起开关跳闸，当时天气下雨，环境湿度较大，凝露导致绝缘击穿烧坏（见图 9－5）。

图 9－5　站用变压器及相邻的站用电屏一并烧毁

第二节　站用直流电源系统检修

站用直流电源系统又称直流系统，是站用电源的重要组成部分，它通过整流将低压交流电转换为直流电，并分配给各路直流负荷。站用直流电源系统有一个或多个备用交流电源，并能够存储电能，可靠性高。

直流系统中的重要负荷多，以继电保护装置为例，继电保护装置能反应电气设备的故障和不正常工作状态并自动迅速地、有选择地动作于断路器将故障设备从系统中隔离，而直流系统之于继电保护装置而言，就如水之于鱼，只有直流系统提供可靠的电源，继电保护装置才能发挥其功能。因此直流系统的可靠性要求非常高，不可以发生失电。

直流系统的电压应与二次设备的电压一致，目前有 2 个主流电压等级，110V 与 220V。

一、站用直流电源结构与原理

站用直流电源系统由交流输入、充电装置、馈电屏、蓄电池组、监控单元、绝缘监测、调压装置（可选）、蓄电池巡检装置等组成（见图 9－6）。

1. 直流系统的主干

交流输入、充电装置、蓄电池组和馈电屏是直流系统的主干。正常工作时，充电装置将站用交流电转换为直流电，通过馈电屏分配，给信号设备、保护、自动装置、事故照明、应急电源及断路器分、合闸操作提供直流电源。

当遇到异常情况，站用交流电源失去的情况下，直流系统内的蓄电池组立即发挥其“独立电源”的作用，接替充电装置为信号设备、保护、自动装置、事故照明、应急电源及断路器分、合闸操作提供直流电源。

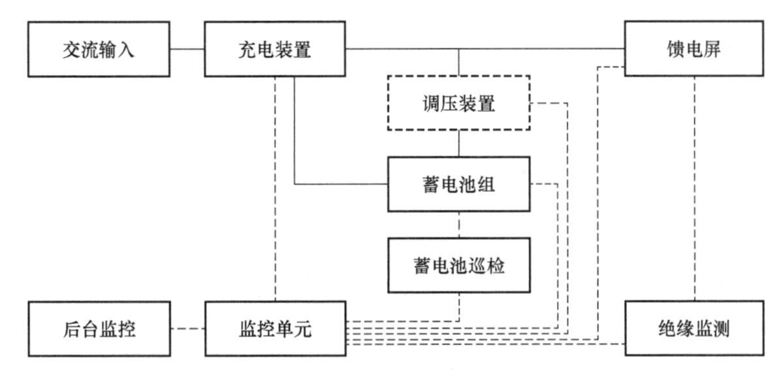

图 9－6　站用直流电源系统简图

站用直流电源系统是 24h 不间断运行的，它不受发电机、站用交流电及系统运行方式的影响，并在外部交流电中断的情况下，保证由后备电源——蓄电池继续提供直流电源的重要设备。直流系统的用电负荷极为重要，对供电的可靠性要求很高。直流系统的可靠性是保障变电站安全运行的决定性条件之一。

2. 直流系统辅助设备

监控单元、调压装置、绝缘监测、蓄电池巡检是直流系统的辅助设备。

（1）监控单元包括集中监控器和各种采集、控制单元，是直流系统的指挥官，其主要任务是：对系统中各功能单元和蓄电池进行长期自动监测，获取系统中的各种运行参数和状态，根据测量数据及运行状态及时进行处理，并以此为依据对系统进行控制，实现电源系统的全自动管理，保证其工作的连续性、可靠性和安全性。值得一提的是，在没有监控单元的情况下，直流系统也能够自主工作，但此时系统不受控，容易发生危险，因此应尽量避免发生这种情况。

（2）调压装置的作用是调节母线电压，它是单向导通的稳压硅链，安装在合闸母线（或蓄电池输出）与控制母线间，在监控单元的控制下实现精准降压。

控制母线：指控制、监测、信号等回路，一般情况负荷较小且稳定。

合闸母线：指连接断路器的合闸线圈回路，当断路器合闸动作时，有很大的冲击电流。

在以往的设计中，控制电压为 220V，合闸电压为 240V，主要是考虑减小合闸冲击电流，在后来的 110V 直流系统中也保留了这种典型设计，但现在随着蓄电池技术的发展和容量的扩大，很多情况下不再单独设立 240V 的合闸母线。

为了故障处理和检修方便，将两种负荷分别用不同的母线分开，蓄电池与合闸母线直接连接，再通过硅链降压回路降压，连接至控制母线。

（3）绝缘监测可发现直流系统中的接地、绝缘降低等异常。单点接地不会影响系统运行，但 2 点或多点接地可能引起一次设备误动、拒动。

（4）蓄电池巡检可测量单体蓄电池的电压、内阻。

3. 直流系统的电压选取

直流系统有 110V 和 220V 两个电压等级可供选取，选用原则如下。

（1）专供控制负荷的直流电源系统电压宜采用 110V，也可采用 220V。

（2）专供动力负荷的直流电源系统电压宜采用 220V。

（3）控制负荷和动力负荷合并供电的直流电源系统电压可采用 220V 或 110V。

（4）为断路器电磁机构的分、合闸回路供电的系统，应采用带合闸母线的 220V 系统。

4. 直流系统的运行方式

（1）1 组蓄电池、1 台充电机、单母线分段接线（见图 9–7）。正常运行时，充电装置经直流母线对蓄电池充电，同时向两段直流母线提供经常负荷电流。蓄电池的浮充或均充电压即为直流母线正常的输出电压。此接线方式一般运用于 110kV 变电站。

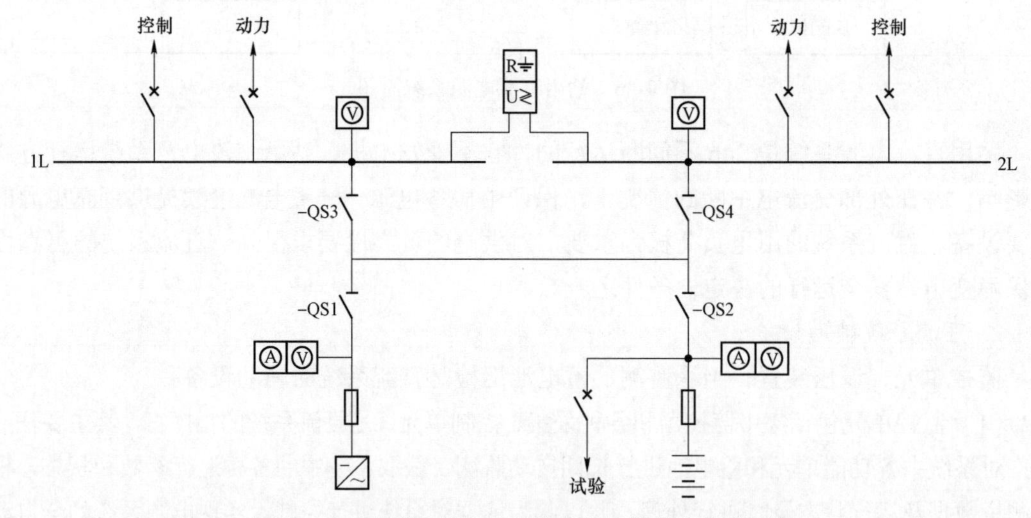

图 9–7　一组蓄电池、一台充电机、单母线分段接线

（2）2 组蓄电池、2 台充电机、两段单母线接线（见图 9–8）。正常运行时，母联开关断开，各母线段的充电装置经直流母线对蓄电池充电，同时提供经常负荷电流。蓄电池的浮充或均充电压即为直流母线正常的输出电压。此接线方式一般运用于 220kV 变电站或特别重要的 110kV 变电站。

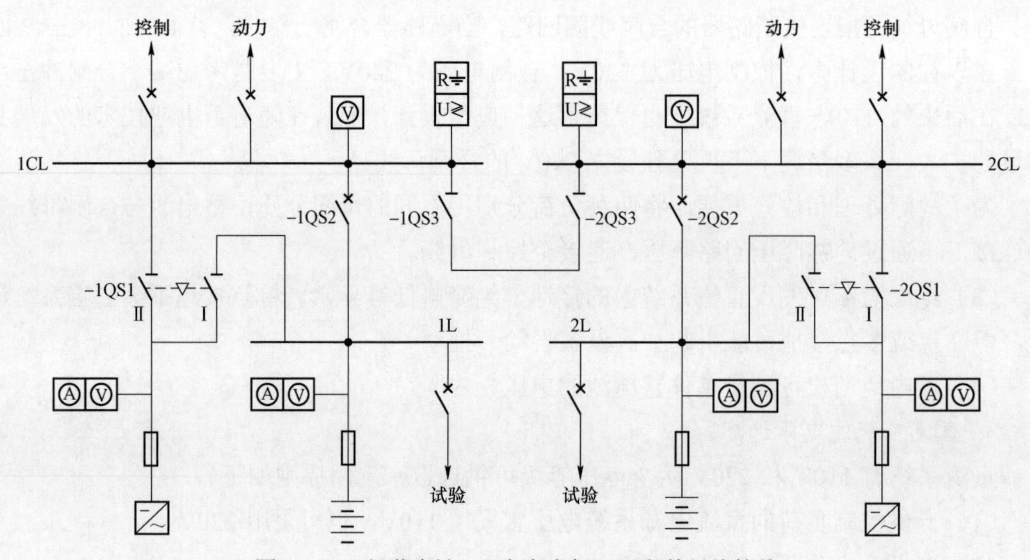

图 9–8　2 组蓄电池、2 台充电机、两段单母线接线

（3）2 组蓄电池、3 台充电机、两段单母线接线（见图 9－9）。正常运行时，母联断路器断开，各母线段的充电装置经直流母线对蓄电池充电，同时提供经常负荷电流。蓄电池的浮充或均充电压即为直流母线正常的输出电压。此接线方式一般运用于 500kV 变电站或特别重要的 220kV 变电站。

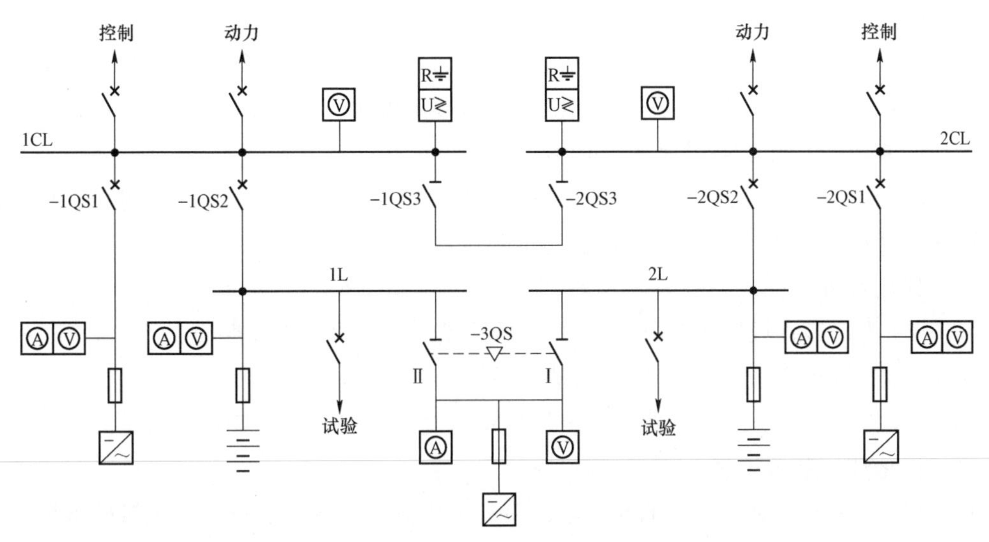

图 9－9　2 组蓄电池、3 台充电机、两段单母线接线

二、站用直流电源检修项目

1. 专业巡视项目

（1）充电装置巡视。

1）交流输入电压、直流输出电压和电流显示正确。

2）充电装置工作正常、无告警。

3）风冷装置运行正常，滤网无明显积灰。

4）充电装置交流输入电压、直流输出电压、电流正常，表计指示正确，保护的声、光信号正常，运行声音无异常。

（2）直流馈电屏巡视。

1）各支路的运行监视信号完好，指示正常，直流断路器位置正确。

2）柜内母线、引线应采取硅橡胶热缩或其他防止短路的绝缘防护措施。

3）直流系统的馈出网络应采用辐射状供电方式，严禁采用环状供电方式。

4）直流屏（柜）通风散热良好，防小动物封堵措施完善。

5）柜门与柜体之间应经截面积不小于 $4mm^2$ 的多股裸体软导线可靠连接。

6）直流屏（柜）设备和各直流回路标志清晰正确、无脱落。

7）各元件接线紧固，无过热、异味、冒烟，装置外壳无破损，内部无异常声响。

8）引出线连接线夹应紧固，无过热。

9）交直流母线避雷器应正常。

（3）监控单元巡视。

1）三相交流输入、直流输出、蓄电池及直流母线电压正常。

2）蓄电池组电压、充电模块输出电压和浮充电的电流正常。

3）集中监控单元运行状态及各种参数正常。

4）监控单元应具有过流、过压、欠压、交流失压、交流缺相等保护及声光报警功能。

5）额定直流电压 220V 系统过压报警整定值为额定电压的 115%、欠压报警整定值为额定电压的 90%、直流绝缘监察整定值为 25kΩ。

6）额定直流电压 110V 系统过压报警整定值为额定电压的 115%、欠压报警整定值为额定电压的 90%、直流绝缘监察整定值为 15kΩ。

（4）调压装置巡视。

1）在动力母线（或蓄电池输出）与控制母线间设有母线调压装置的系统，应采用严防母线调压装置开路造成控制母线失压的有效措施。

2）直流控制母线、动力母线电压值在规定范围内，浮充电流值符合规定。

（5）绝缘监测装置巡视。

1）直流系统正对地和负对地的（电阻值和电压值）绝缘状况良好，无接地报警。

2）装有微机型绝缘监测装置的直流电源系统，应能监测和显示其各支路的绝缘状态。

3）直流系统绝缘监测装置应具备“交流窜入”及“直流互窜”的测记、选线及告警功能。

4）220V 直流系统两极对地电压绝对值差不超过 40V 或绝缘未降低到 25kΩ 以下，110V 直流系统两极对地电压绝对值差不超过 20V 或绝缘未降低到 15kΩ 以下。

2. 检修要点

（1）充电装置整体更换。

1）退屏前对单套充电装置应校验临时充电机直流输出与运行直流母线极性一致，电压差不大于 5V；退屏前对双套充电装置应改变直流系统运行方式，两段母线并列运行后退出需更换的充电装置。

2）拆除需更换的充电装置交、直流电缆需做好标记。

3）固定新充电装置后，屏柜之间水平倾斜度、垂直倾斜度均应符合要求。

4）检查更换的充电装置交、直流回路绝缘正常（1000V 绝缘电阻表检查交流回路—地、交流回路—直流输出回路、直流输出—地之间绝缘电阻不小于 10MΩ）。

5）对新更换充电装置稳压、稳流、纹波、报警等功能试验正常（稳压精度不超过 ±0.5%、稳流精度不超过 ±1%、纹波系数不超过 0.5%）。

6）投新屏前对单套充电装置应校验直流输出与运行直流母线极性一致，电压差不大于 5V；投新屏前对双套充电装置应校验直流输出与运行直流母线极性一致，电压差不大于 5V，并恢复直流系统正常运行方式。

7）每台充电装置两路交流输入（分别来自不同站用电源）互为备用，当运行的交流输入失去时能自动切换到备用交流输入供电。

8）采用高频开关电源模块应满足 $N+1$ 配置、并联运行方式，模块总数宜不小于 3 块。可带电插拔更换、软启动、软停止。

（2）充电模块更换。

1）拆除故障充电机模块前，应先将该模块设置退出，并拉开该模块的交流输入断路器。

2）更换新模块后应设置模块通信地址正确，合上交流输入断路器。

3）检查直流充电机运行正常。

4）采用高频开关电源模块应满足 $N+1$ 配置，并联运行方式，模块总数宜不小于 3 块。可带电插拔更换、软启动、软停止。

（3）直流屏整体更换。

1）对直流临时屏上的直流断路器使用要正确，确保安全供电。

2）拆接各直流电缆，应认真核对并做好标记，恢复时正、负极不得接错。

3）严禁直流屏倾斜压坏运行电缆。

4）拖拽电缆时造成电缆外护层损伤和电缆过分弯曲会造成电缆内部损坏，电缆应固定牢固。

5）电缆排列整齐，电缆放好后要悬挂标示牌。

6）允许停电的支路，应停电转接。不允许停电的支路，应带电搭接。

7）各直流断路器应及时做好标志。

8）柜内母线、引线应采取硅橡胶热缩或其他防止短路的绝缘防护措施。

9）有 2 组跳闸线圈的断路器，其每一跳闸回路应分别由专用的直流断路器供电。

（4）直流屏指示灯更换。

1）更换指示灯前，应先用万用表测试指示灯两端的电压是否正常。

2）更换指示灯不得断开直流断路器。拆开的电源线应立即包扎并做好标记。

3）工作中所有拆开的电源接线应拆除一根包扎一根。

4）更换指示灯后，检查指示灯工作状态应正常。

（5）例行检查。

1）直流系统的电缆应采用阻燃电缆。

2）严禁蓄电池过放电，造成蓄电池不可恢复性故障。

3）一个接线端子上最多接入线芯截面相等的两芯线。

4）柜内母线、引线应采用硅橡胶热缩或其他防止短路的绝缘防护措施。

5）直流电源系统同一条支路中熔断器与直流断路器不应混用，尤其不应在直流断路器的下级使用熔断器。严禁直流回路使用交流断路器。

6）阀控式密封铅酸蓄电池组的布置：同一层或同一台上的蓄电池间宜采用有绝缘的或有护套的连接条连接，不同层或不同台上的蓄电池间采用电缆连接。

7）蓄电池连接条及蓄电池极柱接线应正确，螺栓紧固。

8）充电装置交流输入电压、直流输出电压、电流及蓄电池电压正常。

9）蓄电池极板无弯曲、变形，壳体无鼓胀变形，无漏液。

10）直流系统遥测、遥信信息正确，测量蓄电池单体电压和蓄电池组总电压在规定范围内。

11）直流绝缘监察装置应具备接地故障报警功能。

12）直流断路器和运行方式符合运行规定。

13）蓄电池室温度、通风、照明、保温设施符合要求。

三、站用直流电源验收要求

（一）外观及运行方式检查验收

1. 外观检查

（1）屏上设备完好无损伤，屏柜无刮痕，屏内清洁无灰尘，设备无锈蚀。

（2）屏柜安装牢固，屏柜间无明显缝隙。

（3）直流断路器上端头应分别从端子排引入，不能在断路器上端头并联。

（4）保护屏内设备、断路器标志清楚正确。

（5）检查屏柜电缆进口防火应封堵严密。

（6）直流屏铭牌、合格证、型号规格符合要求。

2. 运行方式检查

一组蓄电池的变电站直流母线应采用单母线分段或不分段运行的方式。

（1）2 组蓄电池的变电站直流母线应采用分段运行的方式，并在两段直流母线之间设置联络断路器或隔离开关，正常运行时断路器或隔离开关处于断开位置，在运行中两段母线切换时应不中断供电。

（2）每段母线应分别采用独立的蓄电池组供电，每组蓄电池和充电装置应分别接于一段母线上。

（3）装有第 3 台充电装置时，其可在两段母线之间切换，任何一台充电装置退出运行时，投入第 3 台充电装置。

（4）每台充电装置两路交流输入（分别来自不同站用电源）互为备用，当运行的交流输入失去时能自动切换到备用交流输入供电。

（5）直流馈出网络应采用辐射状供电方式。双重化配置的保护装置直流电源应取自不同的直流母线段，并用专用的直流断路器供出。

（二）二次接线检查验收

1. 图纸相符检查

二次接线美观整齐，电缆牌标志正确，挂放正确齐全，核对屏柜接线与设计图纸应相符。

2. 二次电缆及端子排检查

一个端子上最多接入线芯截面相等的两芯线，交、直流不能在同一段端子排上，所有二次电缆及端子排二次接线的连接应可靠，芯线标识管齐全、正确、清晰，与图纸设计一致。

直流系统电缆应采用阻燃电缆，应避免与交流电缆并排铺设。

蓄电池组正极和负极引出电缆应选用单根多股铜芯电缆，分别铺设在各自独立的通道内，在穿越电缆竖井时，两组蓄电池电缆应加穿金属套管。

蓄电池组电源引出电缆不应直接连接到极柱上，应采用过渡板连接，并且电缆接线端子处应有绝缘防护罩。

3. 芯线标志检查

芯线标志应用线号机打印，不能手写。芯线标志应包括回路编号、本侧端子号及电缆编号，电缆备用芯也应挂标识管并加装绝缘线帽。芯线回路号的编制应符合二次接线设计技术规程原则要求。

（三）电缆工艺检查验收

1. 控制电缆排列检查

所有控制电缆固定后应在同一水平位置剥齐，每根电缆的芯线应分别捆扎，接线按从里到外，从低到高的顺序排列。电缆芯线接线端应制作缓冲环。

2. 电缆标签检查

电缆标签应使用电缆专用标签机打印。电缆标签的内容应包括电缆号，电缆规格，本地位置，对侧位置。电缆标签悬挂应美观一致、利于查线。电缆在电缆夹层应留有一定的裕度。

（四）二次接地检查验收

1. 屏蔽层检查

所有隔离变压器（电压、电流、直流逆变器、导引线保护等）的一、二次绕组间必须有良好的屏蔽层，屏蔽层应在保护屏可靠接地。

2. 屏内接地检查

屏柜下部应设有截面积不小于 100mm^2 的接地铜排。屏柜上装置的接地端子应用截面积不小于 4mm^2 的多股铜线和接地铜排相连。接地铜排应用截面积不小于 50mm^2 的铜缆与保护室内的等电位接地网相连。

（五）充电装置检查验收

1. 外观及结构检查

（1）柜体外形尺寸应与设计标准符合，与现场其他屏柜保持一致。

（2）柜体内紧固连接应牢固、可靠，所有紧固件均具有防腐镀层或涂层，紧固连接应有防松措施。

（3）装置应完好无损，设备屏、柜的固定及接地应可靠，门应开闭灵活，开启角度不小于 90°，门与柜体之间经截面积不小于 4mm^2 的裸体软导线可靠连接。

（4）元件和端子应排列整齐、层次分明、不重叠，便于维护拆装。长期带电发热元件的安装位置在柜内上方。

（5）二次接线应正确，连接可靠，标志齐全、清晰，绝缘符合要求。

（6）设备屏、柜及电缆安装后，应有孔洞封堵和防止电缆穿管积水结冰措施。

（7）监控装置本身故障，要求有故障报警，且信号可传至远方。

（8）两段母线的母联开关，需检验其通电良好性。

2. 电流电压监视

（1）每个成套充电装置应有两路交流输入（分别来自不同站用电源）互为备用，当运行的交流输入失去时能自动切换到备用交流输入供电且充电装置监控应能显示两路交流输入电压。

（2）交流输入端应采取防止电网浪涌冲击电压侵入充电模块的技术措施，实现交流输入过、欠压及缺相报警检查功能。

（3）直流电压表、电流表应采用精度不低于 1.5 级的表计，如采用数字显示表，应采用精度不低于 0.1 级的表计。

（4）电池监测仪应实现对每个单体电池电压的监控，其测量误差应不大于 2‰。

（5）直流电源系统应装设有防止过电压的保护装置。

3. 高频开关电源模块检查

（1）高频开关电源模块应采用 $N+1$ 配置、并联运行方式，模块总数不宜小于 3 块。

（2）高频开关电源模块输出电流为 50%额定值［$50\% \times I_N(n+1)$］及额定值情况下，其均流不平衡度不大于±5%。

（3）监控单元发出指令时，按指令输出电压、电流。

（4）高频整流模块脱离监控单元后，可输出恒定电压给电池浮充。

（5）散热风扇装置启动及退出正常，运转良好。

（6）可带电拔插更换。

4. 噪声测试

高频开关充电装置系统自冷式设备的噪声应不大于 50dB，风冷式设备的噪声平均值应不大于 60dB。

5. 充电装置元器件检查

（1）柜内安装的元器件均有产品合格证或证明质量合格的文件。

（2）导线、导线颜色、指示灯、按钮、行线槽、涂漆等符合相关标准规定。

（3）直流电源系统设备使用的指针式测量表计，其量程满足测量要求。

（4）直流空气断路器、熔断器上下级配合级差应满足动作选择性的要求。

（5）直流电源系统中应防止同一条支路中熔断器与空气断路器混用，尤其不应在空气断路器的下级使用熔断器，防止在回路故障时失去动作选择性。

（6）严禁直流回路使用交流空气断路器。

6. 充电装置的性能试验

（1）高频开关模块型充电装置稳压精度不大于±0.5%。

（2）高频开关模块型充电装置稳流精度不大于±1%。

（3）高频开关模块型充电装置纹波系数不大于0.5%。

7. 控制程序试验

（1）试验控制充电装置应能自动进行恒流限压充电—恒压充电—浮充电运行状态切换。

（2）试验充电装置应具备自动恢复功能，装置停电时间超过10min后，能自动实现恒流充电—恒压充电—浮充电工作方式切换。

（3）恒流充电时，充电电流的调整范围为20% I_N～130%I_N（I_N——额定电流）。

（4）恒压运行时，充电电流的调整范围为0～100%I_N。

8. 充电装置柜内电气间隙和爬电距离检查

柜内两带电导体之间、带电导体与裸露的不带电导体之间的最小距离，应符合相关规程要求。

9. 直流母线电压和电压监察（测）装置检查验收

（1）当直流母线电压低于或高于整定值时，应发出欠压或过压信号及声光报警。

（2）能够显示设备正常运行参数，实际值与设定值、测量值误差符合相关规定。

（3）人为模拟故障，装置应发信号报警，动作值与设定值应符合产品技术条件规定。

10. 直流系统的绝缘及绝缘监测装置检查验收

（1）接地选线功能检查。母线接地功能检查：合上所有负载开关，分别模拟直流Ⅰ母正、负极接地试验，采用标准电阻箱模拟（电压为220V其标准电阻为25kΩ、电压为110V为15kΩ），分别模拟95%和105%标准电阻值检查装置报警、显示，装置显示误差不应超过5%，95%标准电阻值接地时装置应发出声光报警。若两段直流电源配置，则还需进一步检查Ⅱ母对地电压应正常，以确定直流Ⅰ、Ⅱ段间没有任何电气联系。

支路接地选线功能检查：合上所有负载开关，分别模拟各支路正、负极接地试验，采用标准电阻箱模拟（电压为220V其标准电阻为25kΩ、电压为110V为15kΩ），分别模拟90%和110%标准电阻值检查装置报警、显示，装置显示误差不应超过10%。

（2）装置绝缘试验。用1000V绝缘电阻表测量被测部位，绝缘电阻测试结果应符合以下规定：柜内直流汇流排和电压小母线，在断开所有其他连接支路时，对地的绝缘电阻应不小于10MΩ。

（3）交流测记及报警记忆功能检查。绝缘监测装置具备交流窜直流测记及报警记忆功能。

（4）负荷能力试验。设备在正常浮充电状态下运行，投入冲击负荷，直流母线上电压不低于直流标称电压的90%。

（5）连续供电试验。设备在正常运行时，切断交流电源，直流母线连续供电，直流母线电压波动，瞬间电压不得低于直流标称电压的90%。

（6）通信功能试验。

1）遥信：人为模拟各种故障，应能通过与监控装置通信接口连接的上位计算机收到各种报警信号及设备运行状态指示信号。

2）遥测：改变设备运行状态，应能通过与监控装置通信接口连接的上位计算机收到装置发出当前运行状态下的数据。

3）遥控：应能通过与监控装置通信接口连接的上位计算机对设备进行开机、关机、充电、浮充电状态的转换。

11. 母线调压装置检查

检查设备内的调压装置手动调压功能和自动调压功能。采用无级自动调压装置的设备，应有备用调压装置。当备用调压装置投入运行时，直流（控制）母线应连续供电。

四、站用直流电源典型设备案例

（一）充电模块通信中断故障

某日，监控 OPEN3000 系统中“2 号直流系统充电机故障”“2 号直流系统故障”信号频发动作、复归。2 号充电系统的 2 号充电模块频繁发故障信号，约 5min 一次（见图 9－10）。

图 9－10　充电模块通信中断

更换模块后恢复正常。充电模块通信中断发生率较高，通信中断的模块虽然可以以额定电压持续输出，但其已经处于不可控的状态，需要及时更换。

（二）充电机过热故障

监控信息发××变电站“直流系统故障”频繁动作，为微机直流装置上显示整流模块告警，充电模块保护灯亮。

后判断为模块风扇故障导致的模块过热自保护。充电模块风扇不转如图 9－11 所示。

2018 年 03 月 14 日，更换模块风扇后恢复正常。

设备状态：设备正常运行中，充电模块保护灯亮，无输出。

模块风扇停转，导致模块温度偏高，引起模块保护，引起直流告警，更换模块风扇后模块温度降低，不再发故障信号。

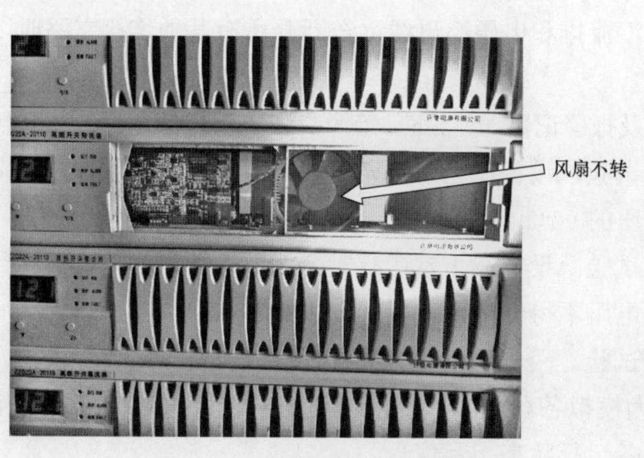

图 9－11　充电模块风扇不转图

变电检修装备的现场使用

第一节　压力释放阀校验仪的使用

作为变压器最重要的非电量保护装置之一，压力释放阀的运行可靠性直接关系到变压器的安全。电网内曾发生过多起压力释放阀在夏季中午时分误动作引起变压器非计划停运，以及变压器油箱开裂而压力释放阀未动作的事件。为避免不合格的压力释放阀安装到变压器并投入运行，有必要且必须开展压力释放阀校验工作。

一、检验依据

以 JB/T 7065—2004《变压器用压力释放阀》及 JB/T 7069—2004《变压器用压力释放阀试验导则》的产品检测规定为依据，设计了变压器压力释放阀检测装置。该装置得到压力释放阀厂商的认可。

二、检验项目

1. 例行试验

包括外观质量检查、开启压力试验、关闭压力试验、信号开关绝缘性能试验、时效开启性能试验。

2. 型式试验

高温开启性能试验。夏季午后运行中变压器的上层油温可能高达 100℃，是对压力释放阀考验最严格的时段，也是变压器压力释放阀最可能误动作的时段。因此，以高温开启性能试验作为型式试验项目。此项目仅针对新的压力释放阀，运行中的变压器压力释放阀不开展此项检验。

三、试验装置及其工作原理

测试系统的核心是一台计算机，并使用 2 块 PCI 总线的数据采集卡。其中，一块为 AD 卡，用于压力信号的测量；另一块为数字量输出卡，用于控制系统的电磁阀。系统还包括空气压缩机、试验罐、储气罐、压力传感器（具体的要求详见试验导则）、电磁阀等部件。测试系统组成如图 10－1 所示。

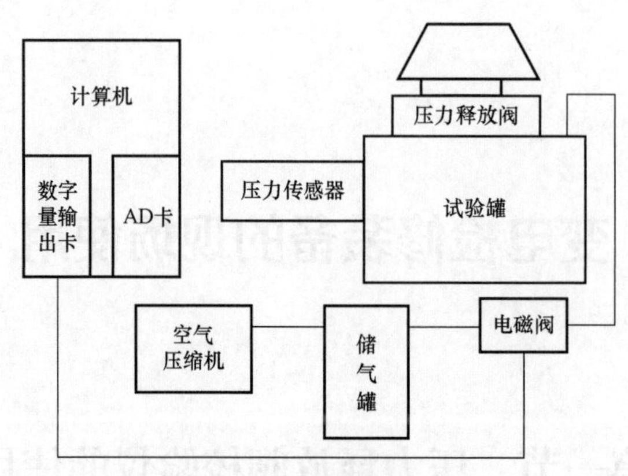

图 10－1　测试系统组成

试验方法如下：

1. 开启压力试验

常温下，向试验罐内充压缩空气，进气压力增量控制在 25～40kPa/s。当压力增量达动作值时，压力释放阀应连续间歇跳动，周期为 1～4s。每次跳动，信号开关的机械信号和二次信号应可靠动作。压力释放阀连续动作 10 次无异常为合格。

2. 关闭压力试验

压力释放阀动作后，应立即关闭进气阀。由于罐内压力仍大于压力释放阀的关闭压力，压力释放阀将缓慢关闭。当压力表指针完全停止时，说明已经完全关闭，此时指针读数即为压力释放阀的关闭压力值。关闭压力应符合有关规定，试验次数不少于 3 次，取其最低值作为关闭压力值。

3. 时效开启性能试验

常温下，合格的压力释放阀（带有机械信号的标志杆需复位）至少应静放 24h 以上，试验测得的第一次动作压力应符合规定，试验方法同开启压力试验。

4. 信号开关绝缘性能试验

（1）信号开关接点试验。信号开关接点处于断开位置，将其中一个接点端子接地，在接点间施加短时工频电压 2000V，1min 应不出现闪络、击穿现象。

（2）接点端子对地试验。将 2 组端子全部短接后，在端子与地之间施加短时工频耐压电压 2000V，1min 应不出现闪络、击穿现象。

5. 高温开启性能试验

将装有压力释放阀的试验罐置于恒温箱内，加热到 100℃，保持 30min 后，取出试验罐进行高温开启性能试验，试验方法和判断标准同开启压力试验，全部试验时间不应超过 2min。

第二节　接地导通性测试仪的使用

电力设备的接地导通与地网的可靠、有效连接是设备安全运行的根本保障。在电力设备的长时间运行过程中，连接处有可能因受潮等因素，出现节点锈蚀、甚至断裂等现象，导致接地引下线与主接地网连接点电阻增大，从而不能满足电力规程的要求。因此为了保证电力设备的接地可靠性，有必要且必须开展接地导通性测试工作。

一、检验依据

以 GB/T 28030—2011《接地导通电阻测试仪》的产品检测规定为依据。

二、试验装置及其工作原理

测试接地引下线导通首先选定一个与主地网连接良好的设备的接地引下线为参考点，再测试周围电气设备接地部分与参考点之间的直流电阻。如果开始即有很多设备测试结果不良，宜考虑更换参考点。

测量接地引下线导通与地网（或相邻设备）之间的直流电阻值来检查其连接情况，从而判断出引下线与地网的连接状况是否良好。主要试验方法有直流电桥法、直流电压电流法。

1. 直流电桥法

直流电桥法如图 10－2 所示。

2. 直流电压电流法

直流电压电流法如图 10－3 所示。

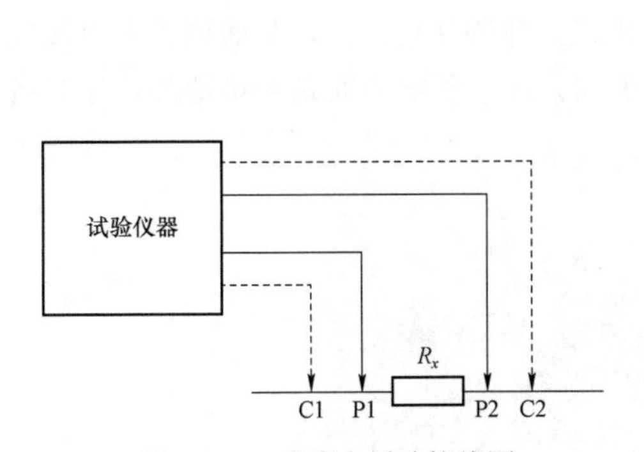

图 10－2　直流电桥法接线图

C1、C2—测试电流端；P1、P2—测试电压端

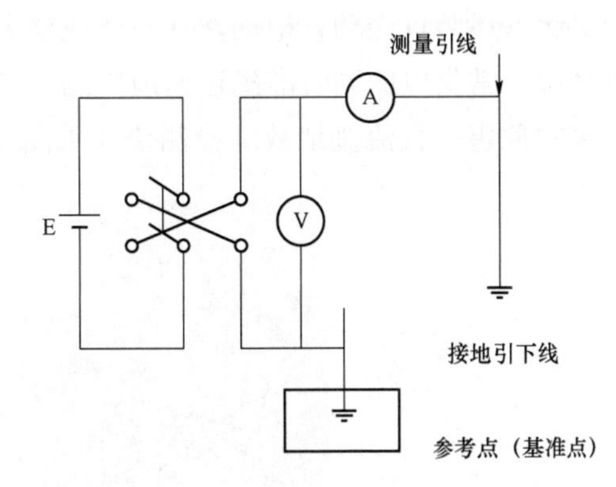

图 10－3　直流电压电流法接线图

三、试验方法

（1）电源准备：从检修电源箱放线至检修场地，并测试漏电保安器动作正确。

（2）选择基准点：选择离测试点近，有历史测试数据的基准点。

（3）仪器接线：仪器接线时应先接地端，将黑色测试线线夹夹在基准点，该接触点应处理干净，确保接触良好。

（4）试验过程如下。

1）拆开待测点螺母。

2）红色测试线线夹分别夹在各个被测点上，被测点的接触面应干净，并接触良好。

3）接线检查确认无误后，合上电源开关，仪器进入开机状态。按“测量”键后即开始测试，将测试点及测试结果记入记录表。

4）测完一个点，弹起“测量”键，关闭试验仪器电源后移至下一个测试点。

5）恢复测试点，螺母应紧固。

6）加压前应大声呼唱，确认测试点及基准点处无人工作后，方能加压，防止试验电压伤人。

（5）测量结果：与历史数据综合比较，应无异常，若有异常应进行复测。状态良好的设备测试值应在50mΩ以下，50～200mΩ的应重点关注其变化，200mΩ～1Ω的设备连接不佳，应尽快检查处理。

（6）测试结束：设备测试结束，关闭试验仪器电源，断开漏电保护器、电源盘隔离开关、拔出插头，拆除仪器接线，断开检修电源箱漏电保护器、电源快分开关。

第三节　直流接地故障检测仪的使用

发电厂、变电站的站用直流电源系统为控制、保护、信号和自动装置提供电源，直流系统的安全连续运行对保证发、供电有着极大的重要性。直流系统如果发生两点接地，就可能引起上述装置误动、拒动，从而造成重大事故。因此当发生一点接地时，就应在保证直流系统正常供电的同时准确迅速地探测出接地点，排除接地故障，从而避免两点接地可能带来的危害。直流接地故障检测仪（见图10－4）除了能够判断是否接地外，还具备接

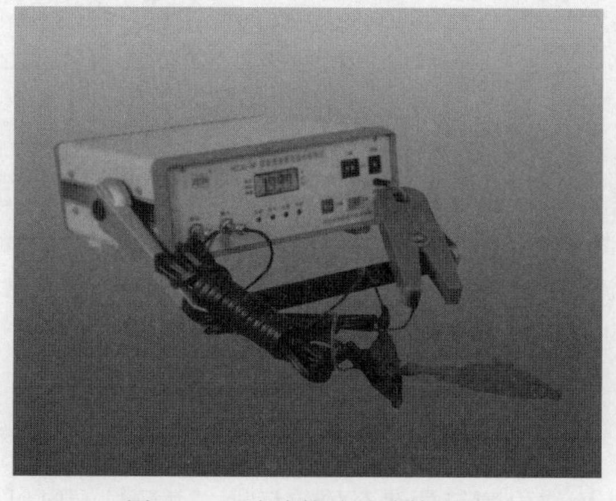

图10－4　直流接地故障检测仪

地选线功能，能够将接地的回路判别出来，不必逐个拉开回路进行排除，提高了站用直流电的运行可靠性。

值得一提的是，新设计的站用直流电系统一般自带具备选线功能的绝缘巡检装置，无须本装置也可以实现接地选线。

一、试验装置及其工作原理

仪器由检测仪与检测探头 2 部分组成，检测仪中装有超低频信号发生器、超低频信号接收器、数字信号处理器及液晶数码显示器等电路。

超低频信号发生器产生 2Hz 的超低频信号，通过保护电路，由母线对地注入直流系统。保护电路的作用是当母线对地有较高的交流电压时，保护电路启动，断开超低频信号馈入母线，面板保护指示灯亮，确保超低频信号发生器不被烧毁。检测探头卡在超低频信号注入点后面，沿线向后移动，巡查接地故障，并确定接地故障点位置。如巡查线路上有接地故障，这时，超低频信号源发出的超低频信号电流经被巡查的线路及接地电阻与接地电容形成电流回路。

卡在被测线路上的检测探头中产生感应电流，感应电流的大小与接地电阻和接地电容构成的阻抗成反比。阻抗越小，检测探头所产生的感应电流越大。该感应电流经放大，带通滤波，相位比较、滤波、A/D 转换，经 CPU 进行数据处理，求出接地电阻值与接地电容值。其数值送液晶数码显示器显示。当接地电阻值小于 4.5kΩ 时，由于接地电阻引起的电流较大，接地电容引起的电流较小，此时，液晶数码显示器显示接地电阻值。

当被测接地电阻小于门限设置值时，则 CPU 发出声光报警控制信号，产生声光报警。

二、试验方法

（1）首先根据现场直流系统直流屏上的绝缘监测装置的状态，确定直流系统是正极接地，还是负极接地，或者正、负极都有电阻接地。

（2）打开仪表箱，取出检测仪、检测探头及输出信号电缆线。

（3）将检测仪电源打开，检查其显示正常，将与检测探头相连的信号输入线上的四芯插头插入检测仪的输入插座上，再将两端带有两个插头的短路线插入检测仪“检查”插孔内，检查其功能正常。

（4）关闭电源，电源指示灯灭后，将输出信号线插入检测仪的输出插座上，信号输出线正端的红色鳄鱼夹夹在直流母线的接地对应极上，如果直流母线正、负极都有电阻接地，则红色鳄鱼夹夹在负极上。信号输出线负极的黑色鳄鱼夹夹在直流屏的铁壳（即大地）上。

（5）打开电源，电源指示灯亮，信号指示灯闪烁。此时，若保护指示打亮，表明被测直流系统对地馈有较高的交流电压，必须消除交流电压后，再进行测量。

（6）将检测探头分别卡住直流系统各个支路，门限设置到需要查找的接地电阻值（50kΩ以下），该支路无接地故障时，显示器所显示的电阻值大于门限设置值，无声光报警，如果该支路有接地故障，其接地电阻小于门限设置值，则有声光报警。检测探头查找支路接地故障时，可以同时卡住某个支路正、负极两条馈线，一次便可以测量出该支路是否有接地故障。也可以将正、负极两馈线分 2 次测量，先卡该支路正极馈线，后卡该支路负极馈线，反之亦可。

（7）找到了故障支路，可以顺着这条支路查找接地故障点，检测探头沿着这条支路向后移动，如果测量电阻突然变大，此测量点之前的附近点便是接地故障点（即接地点就在这两个测量点之间）。

（8）若变电站的规模较大，直流系统分为主屏室和若干个分屏室，这时，检测仪的输出信号可以馈在母线与大地之间，也可以馈在分母线与大地之间，测量灵活，范围不受限制。

（9）使用完毕后，先将检测探头拿开，然后将鳄鱼夹取下，再关闭装置电源，最后拆除电缆线。

第四节 真空泵的使用

一、主要用途

真空泵是用各种方法在某一封闭空间中产生、改善和维持真空的装置。在变电检修领域，真空泵主要用于封闭的断路器、组合电器等充气设备和变压器等充油设备的抽真空。

抽真空主要有 2 个作用，一是检验封闭空间的密封是否可靠，二是去除封闭空间内的水分和杂质。

水分对绝缘介质的影响极大，而水在真空中的沸点很低，抽真空可以使水分迅速汽化，对充油设备进行抽真空可以除去绝缘材料里的潮气和水分，对充气设备进行抽真空除了去除水分外，还可以除去其他杂质气体。

二、工作原理

真空是指在给定的空间内低于一个大气压力的气体状态。真空常用帕斯卡（Pascal）或托尔（Torr）作为真空的单位，为了方便区分，通常将真空划分为低真空、中真空、高真空、超高真空、极高真空 5 个级别。其中中真空已经可以满足变电检修抽真空的要求。

随着真空应用的发展，真空泵的种类已发展了很多种，其抽速从每秒零点几升到每秒几十万、数百万升。真空泵按照其原理可分为往复式真空泵、旋片式真空泵、液环式真空泵、罗茨式真空泵、水蒸气喷射泵、油扩散泵、钛升华泵等，它们各自的工作压强范围不同，为了方便使用，我们把工作压强范围在低真空范围的真空泵称为低真空泵，工作压强范围在中真空范围的真空泵称为中真空泵，以此类推。

最简单的真空机组就是一台直排大气的真空泵。不同的真空系统要求的真空度不同，因此往往必须由一套真空机组来完成，即由工作在不同压力范围的真空泵串联起来。例如一个系统需要中真空，中真空泵能达到系统要求的真空度，但在低真空条件下中真空泵效率低，因此需要在中真空泵的前端配置一台直排大气的低真空泵。因此高真空系统一般需要三级机组，即一台低真空泵接一台中真空泵再接一台中真空泵，而中真空系统一般需要一台低真空泵和一台中真空泵组成的二级机组。

真空泵种类很多，因此不同真空泵组成机组配置也很多，下面用旋片式真空泵和罗茨式真空泵组成的二级机组举例说明（见图 10－5）。

图 10－5　二级机组

其中一级泵为旋片式真空泵，二级泵为罗茨式真空泵。

旋片式真空泵的结构图如图 10－6 所示，泵内偏心安装的转子与定子固定面相切，2个（或以上）旋片在转子槽内滑动（通常为径向）并与定子内壁相接触，将泵腔分为几个可变容积的旋转变容积真空泵。通常，旋片与泵腔之间的间隙用油来作为密封，所以旋片式真空泵也称为油封式机械真空泵。

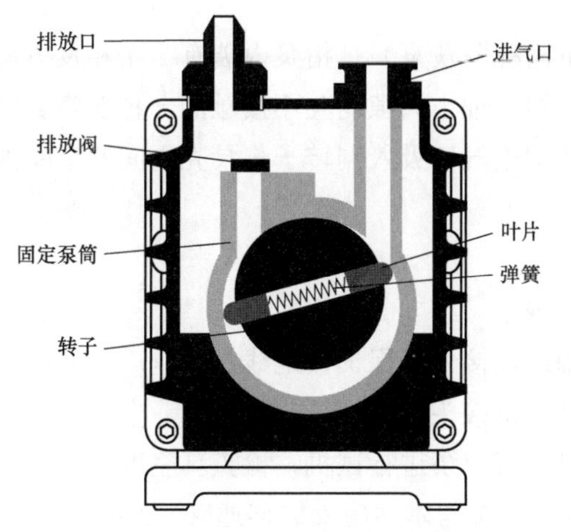

图 10－6　旋片式真空泵结构图

工作时主要分为吸气、隔离、压缩、排气 4 个工作过程（见图 10－7），当转子按箭头方向旋转时，与吸气口相通的空间 A 的容积是逐渐增大的，正处于吸气过程。而与排气口相通的空间 C 的容积是逐渐缩小的，正处于排气过程。居中的空间 B 的容积也是逐渐减小的，正处于压缩过程。由于空间 A 的容积逐渐增大（即膨胀），气体压强降低，泵的入口处外部气体压强大于空间 A 内的压强，因此将气体吸入。当空间 A 与吸气口隔绝时，即转至空间 B 的位置，气体开始被压缩，容积逐渐缩小，最后与排气口相通。当被压缩气体超过排气压强时，排气阀被压缩气体推开，气体穿过油箱内的油层排至大气中。由于泵的连续运转，达到连续抽气的目的。

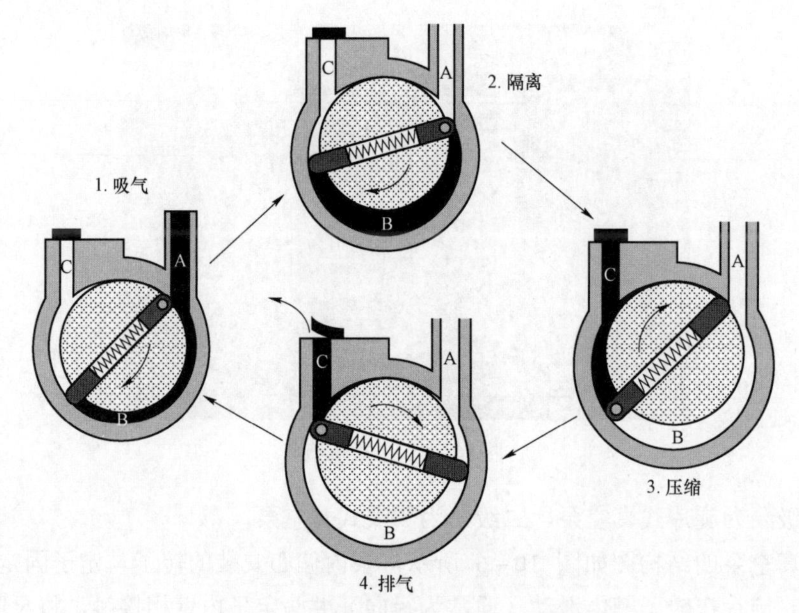

图 10－7　旋片式真空泵运行原理图

随着压强不断降低，一级泵的效率不断下降，当压强达到 1.3×10^3Pa 后，罗茨式真空泵接入。

罗茨式真空泵（以下简称罗茨泵）是指泵内装有 2 个相反方向同步旋转的叶形转子，转子间、转子与泵壳内壁间有细小间隙而互不接触的一种变容真空泵。罗茨泵工作中转子的不断旋转，将被抽气体从进气口吸入到转子与泵壳之间的空间内，再经排气口排出。

三、操作方法

1. 变压器真空注油步骤

（1）真空泵连接电源；连接外壳保护接地线。

（2）连接变压器与真空泵接头。

（3）在阀门未打开时对真空泵进行试机，检查真空度。

（4）抽真空前有载分接开关与本体应安装连通管，关闭储油柜蝶阀，同时抽真空注油，注油后应予拆除恢复正常。

（5）110（66）kV 及以上变压器必须进行真空注油，其他变压器有条件时也应采用真空注油。真空度按照相应标准执行，制造厂对真空度有具体规定的须参照其规定执行。

（6）220kV 及以上胶囊式储油柜的旁通阀，抽真空时打开，注油完成后须关闭。

（7）在抽真空过程中应检查油箱的强度，一般局部弹性变形不应超过箱壁厚度的 2 倍，并检查变压器各法兰接口及真空系统的密封性。

（8）达到指定真空度并保持大于 2h（不同电压等级的变压器保持时间要求有所不同，一般抽空时间为 1/3～1/2 暴露空气时间）后，开始向变压器油箱内注油，注油时油温宜略高于器身温度。

（9）以 3～5t/h 的速度将油注入变压器，距箱顶约 200～300mm 时停止注油，并继续抽真空保持 4h 以上。

（10）变压器的储油柜是全真空设计的，可将储油柜和变压器油箱一起进行抽真空注油（对胶囊式储油柜，需打开胶囊和储油柜的连通阀，真空注油后关闭）。变压器的储油柜不是全真空设计的，在抽真空和真空注油时，必须将通往储油柜的真空阀门关闭（或拆除气体继电器安装抽真空阀门）。

（11）变压器经真空注油后进行补油时，需经储油柜注油管注入，严禁从下部油箱阀门注入，注油时应使油流缓慢注入变压器至规定的油面为止（直接通过储油柜连管同步对储油柜、胶囊抽真空结构并一次加油到位的变压器除外）。

2. 组合电器抽真空步骤

（1）抽真空前，检查 SF_6 充放气接口的逆止阀顶杆和阀芯，更换使用过的密封圈。

（2）将真空泵和电气设备的充气接头可靠连接，在阀门未打开时对真空泵进行试机，检查真空度，若真空度明显下降说明无漏点，打开阀门开始抽真空。

（3）气室抽真空及密封性检查应按照厂家要求进行，厂家无明确规定时，抽真空至 133Pa 以下并继续抽真空 30min，停泵 30min，记录真空度（A），再隔 5h，读真空度（B），若（B）与（A）差值小于 133Pa，则可认为合格，否则应进行处理并重新抽真空至合格为止。

（4）停用真空泵时，应该先关闭阀门，再停泵。

（5）设备抽真空时，严禁用抽真空的时间长短来估计真空度，抽真空所连接的管路一般不超过 10m。

3. 注意事项

（1）应用经校验合格的指针式或电子液晶体真空计，严禁使用水银真空计，防止抽真空操作不当导致水银被吸入电气设备内部。

（2）真空泵金属外壳应可靠接地，真空泵的电源端应有合格的漏电保护器。

（3）按要求安装、接线，试转向正常。

（4）泵中注入合格真空泵油，油位应满足厂家技术要求，如果油被污染应及时换油。

4. 水冷泵接水

（1）泵和真空系统连接时，连接管道须内外清洁，密封良好。在严寒季节，如果没有暖气设备，停运后须将泵体水套内的冷却水放出避免冻裂泵体。

（2）在真空系统中应使用自动放气真空截止阀，或按要求及时关闭人工阀，以防止停泵时出现返油现象，并防止大气进入真空系统。

（3）断续启动次数不能过多。

（4）需要达到高真空，启动罗茨泵必须保证前级泵运行，不能单独启动罗茨泵。

四、常见故障及消除方法

真空泵常见故障及消除方法如表 10－1 所示。

表 10－1　　真空泵常见故障及消除方法

故障情况	产生原因	消除方法
真空度达不到标准	（1）油量不足，油脏或乳化； （2）气路密封不良，漏气； （3）油路不通，密封不良； （4）二级泵未启动	（1）换油； （2）检查轴封、排气阀、端盖、进气口等； （3）检查油路的密封情况，调节油路的进油量，清洗时用高压空气吹通油孔，把沉积物清洗干净； （4）检查二级泵
真空泵启动困难	（1）油温过低； （2）泵内润滑不良，油已变质； （3）电动机断一相电源（此时电动机无声）； （4）接触器故障	（1）给油加温到 15℃以上，保证工作场地室温在 15℃以上； （2）调节油路，增强润滑，换适当的机械泵油； （3）检修电源； （4）检查接触器
真空泵喷油	（1）油量过多； （2）泵转子反转	（1）放出多余油量； （2）重接电源，换向
真空泵漏油	（1）轴承、端盖、油窗、放油孔、油箱等部位的密封件损坏或者没有压平压紧； （2）箱体有漏孔	（1）调换新密封件；装配时注意位置正确，螺钉拧紧，并使压力均匀适当； （2）堵漏
二级泵无法启动	（1）二级泵故障； （2）压力检测故障，二级泵无法自动接入	（1）修复二级泵； （2）修复压力检测

第五节　真空滤油机的使用

一、主要用途

真空滤油机是针对各类油浸变压器、油浸电流电压互感器及高压少油断路器，进行现场滤油及补油的产品。其主要用途如下：

（1）可用于对各类油浸变压器、油浸电流电压互感器及高压少油断路器，进行现场滤油及补油。

（2）可用于对上述设备进行现场热油循环干燥，尤其是对油浸电流、电压互感器及高压少油断路器的现场热油循环干燥更为有效。

（3）可用于对密封油浸设备进行现场真空注油和补油及设备抽真空。

（4）还可用于对轻度变质的变压器油进行再生净化，使其性能达到合格油标准。

（5）还可用于电厂、电站、电力公司、变电工业、冶金、石化、机械、交通、铁路等行业。

二、特点

真空滤油机具有体积小、质量轻、移动方便、噪声低、连续工作时间长、性能稳定、操作方便等特点。具体特点如下：

（1）体积小、质量轻。

（2）利用真空进油，装置了管状旋转喷油器，减少了阻力，加快了旋转速度，增加了油气分离效果。

（3）增加了变质油再生净化功能，增加了硅胶净油系统，并将硅胶净油与杂质过滤合为一体，对于轻度变质的变压器油滤掉杂质后，经过硅胶净油器的吸附再生，使其达到合格油标准。

（4）净油器部分的过滤方法有 2 种：一种是传统的滤油方法——滤纸作为过滤介质；另一种方法是不需要滤纸的特制精滤滤芯为滤油介质。

（5）一机多能。现场使用时，利用原有的带油设备做储油罐，使热油在设备之间循环，这样便使滤油、再生、热油循环干燥 3 种功能同时进行。省工、省时，一举三得。

三、工作原理

真空滤油机是根据水和油的沸点不同原理而设计的，它由真空加热罐精滤器、冷凝器、初滤器、水箱、真空泵、排油泵及电气柜组成。真空泵将真空罐内的空气抽出形成真空，外界油液在大气压的作用下，经过入口管道进入初滤器，清除较大的颗粒，然后进入加热罐内，经过加热等 40～75℃的油通过自动油漂阀，此阀能够自动控制进入真空罐内的油量进出平衡。经过加热后的油液通过喷翼飞快旋转将油分离成半雾状，油中的水分急速蒸发成水蒸气并连续被真空泵吸入冷凝器内。进入冷凝器的水蒸气经冷却后再变成水放出，在真空加热罐内的油液，被排油泵排入精滤器通过滤油纸或滤芯将微粒杂质过滤出来，从而完成真空滤油机迅速除去油中杂质、水分、气体的全过程，使洁净的油从出油处排出机外。真空滤油机工作流程如图 10－8 所示。

四、操作方法

连接好进出油管油路，接通 380V，接好安全接地线，检查各电路是否安全连接，各油路阀门是否打开，准备无缺后再进行操作程序。先启动冷却水泵，检查水路循环是否正常，然后点动真空泵，使真空泵内的油能正常运行，再使真空泵连续运转。当真空表面达到极限时，可打开进油阀，直至真空缸内下视窗看见油面时，即启动排油泵开关，开始排油过滤杂质油路正常循环，打开加热器开关，挥发油中的水分。如果油中水分较多时，真空缸内油沫会增高，此时必须打开放气控制适应的真空度，待水分减少，油漂下降后关闭放气阀，使真空达到极限。此时要注意各仪表的反应，如果压力表读数大于 0.3MPa 时，说明

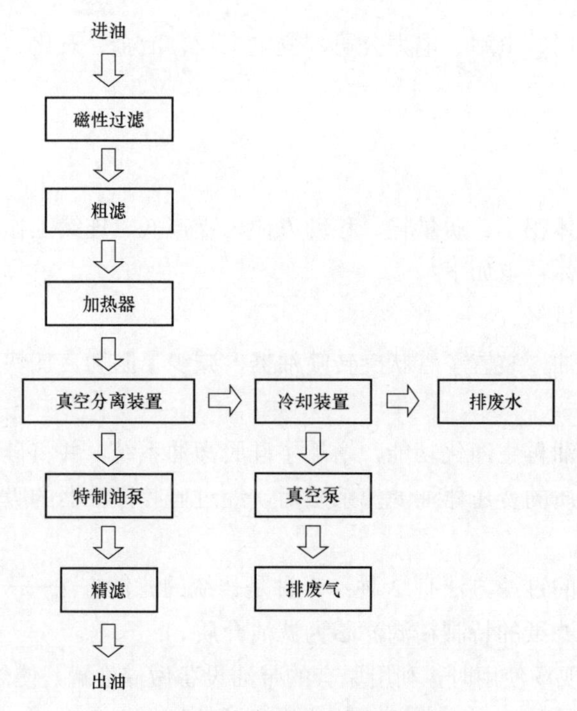

图 10－8　真空滤油机工作流程

清滤器内滤纸吸有较多的杂质，需要换新的滤纸，工作完毕后，参照工作原理，打开放气阀，使真空度达到正常大气压，排完缸内的油，剩下的油从放油堵内放出，防止下次使用时混入不同型号的油中。在冬季特别注意，放净真空泵内和水箱内的水，否则会冻坏真空泵和储水箱。

以下为使用时的注意事项。

（1）接通电源，必须要接好接地线才能操作。

（2）操作前，注意电动机转动方向，要符合箭头方向。

（3）没有油循环时，不得打开加热器，否则会烧坏加热器，甚至会爆炸。

（4）排油前，必须打开出油管所有阀门。

（5）工作环境温度低于－30℃，高于 40℃，不宜使用。

五、真空滤油机的检验检查

（1）检查真空滤油机的电气设备（各类表计）应经试验单位定期进行检验试验，合格后方可投入使用。

（2）机器安置平稳，试转检查不能有摇摆、震动。

（3）检查进、出油管安装是否正确，外接管道是否安装牢固，软管与金属管对接处均应用猴箍箍紧，做防止油管、路运行中脱落的措施。

（4）检查外接电源是否正确，所接的电源电缆是否能满足滤油机容量要求。

（5）检查机器外壳应可靠接地。

（6）检查所有转动部分应无卡阻现象。

（7）进行试转，检查油泵、真空泵等电动机转向应符合要求。

（8）检查冷却水连接是否可靠，水路应畅通。

（9）检查现场配置的灭火器材是否符合要求。

六、真空滤油机的使用和注意事项

（1）由于真空滤油机使用次数少（一二年才用上一次），因此操作前，操作人员应仔细阅读说明书，必须熟悉滤油设备的操作方法。

（2）严格按照说明书操作顺序进行操作，严格控制油罐油位，防止补处理油品吸入真空泵内。

（3）油温一般控制在40～60℃（说明书有特殊说明除外）。

（4）使用中经常检查滤油设备各油管接头、阀门是否有堵塞、漏油现象，如发现故障应立即停机检查、处理。滤油机及油系统的金属管道应采取防静电接地措施。

（5）真空滤油机在运行过程中出口油压力大于0.3MPa时，应检查原因，有堵塞时停机清洗或更换过滤器元件。

（6）操作人员必须严守工作岗位，认真负责，值班时不得做其他无关的事情。

（7）滤油机工作现场严禁使用烟火，不得在滤油机设备附近吸烟。

（8）值班人员应注意进、出油和电动机运转情况。严禁缺相运转。

（9）采用油加热器时，应先开启油泵，然而投用加热器，停机时的操作顺序则相反。

（10）如果投用加热器，应在停机前5min停用加热器，以防干烧加热器发生事故。

（11）工作完毕后，切断电源，清理现场。

七、过滤器的维护管理

（1）检查滤芯的堵塞情况。

（2）在没有堵塞情况下1～3个月更换滤芯或清洗，同时排空壳体内脏油，洗净内部。

（3）定期更换过滤器。

（4）不可带入异物。

八、常见故障及消除方法

真空滤油机常见故障及消除方法如表10－2所示。

表10－2　　真空滤油机常见故障及消除方法

故障情况	产生原因	消除方法
真空度达不到技术标准	（1）被过滤油中含水多，真空泵排出气体含水蒸气过多； （2）由于使用地点海拔高度不在标准大气压情况下影响真空度变化；	（1）属正常现象，需多次过滤； （2）属正常提高油的温度，使水蒸发； （3）增加真空泵； （4）需要更换新油；

续表

故障情况	产生原因	消除方法
真空度达不到技术标准	（3）真空泵内真空油低于油位线； （4）真空油由于使用时间长含水量高； （5）各连接处密封漏气； （6）真空泵易损件磨损	（5）检查维修； （6）更换易损件
在正常工作情况下压力大于 0.3MPa	（1）机器出油管太长，输送油位太高，出油口径小或管太小； （2）滤油中有很多杂质	（1）改换工作环境； （2）更换滤纸或清洗滤芯
真空泵启喷油	（1）被过滤油含水量多，油漂上升被吸入真空泵，真空泵油位上升； （2）真空泵内密封垫移位或损坏	（1）真空油不得高出油位线； （2）检修
油控不灵或无温	（1）油温与温度计不吻合； （2）加热器烧坏或线路断路或接触臂不吻合	（1）调整油控； （2）检修线路或更换加热器
排油泵无压力或出油量不足	（1）出滤器网堵塞； （2）排油泵油封漏气； （3）进油管被堵，吸入缸底； （4）吸油管太细或吸程太深； （5）真空缸内喷油小孔堵塞	（1）清洗闭网； （2）调整油封压盖（如无需换油封）； （3）检修； （4）改善环境； （5）拆洗

第六节　绝缘安全工器具使用及保管维护

安全工器具是各种工具、器具和安全防护用品的总称，在现场生产中由于安全工器具的放置时间远大于使用时间，在放置期间容易造成安全工器具的损坏、受潮和变形等，严重影响了安全工器具的安全及正常使用，对作业人员和设备安全构成了威胁，不利于电网的安全稳定运行。因此，应做到安全工器具的正确使用和按时维护。

一、绝缘棒

1. 使用时注意事项

（1）使用前，应先检查绝缘棒是否超过了有效试验期。

（2）操作者的手握部位不得超过护环。

（3）使用时，工作人员应戴绝缘手套和穿绝缘靴。

（4）在下雨、下雪天用绝缘棒操作室外高压设备时，绝缘棒应有防雨罩，以使罩下部分的绝缘棒保持干燥。

（5）绝缘棒应统一编号，并存放在干燥的地方，以防止受潮。一般应放在特制的架子上或垂直悬挂在专用挂架上，以防弯曲变形。

（6）绝缘棒不得直接与墙或地面接触，以防碰伤其绝缘表面。

2. 检查与试验

(1) 绝缘棒一般应每 3 个月检查 1 次。检查时要擦净表面，检查有无裂纹、机械损伤、绝缘层损坏。

（2）绝缘棒一般每年必须试验 1 次。

二、绝缘夹钳使用和保管注意事项

1. 使用时注意事项

（1）绝缘夹钳上不允许装接地线，以免在操作时，由于接地线在空中游荡而造成接地短路和触电事故。

（2）在潮湿天气时，只能使用专用的防雨绝缘夹钳。

（3）作业人员工作时，应戴护目眼镜、绝缘手套和穿绝缘靴（鞋）或站在绝缘台（垫）上，手握绝缘夹钳要精力集中并保持平衡。

（4）绝缘夹钳要保存在专用的箱子里或匣子里，以防受潮和磨损。

2. 检查与试验

绝缘夹钳与绝缘棒一样，应每年必须试验 1 次。

三、验电器的使用

（1）低压验电时，笔尖金属体应触到被测设备上，手握笔尾，看氖管灯泡是否发亮，如果被测设备有电，即使操作人员穿上绝缘鞋或站绝缘垫上，氖灯也会发光。同时可以根据发光的程度，判断出电压的高低。

（2）低压验电前，应先在有电的部位测试，以防因验电器故障造成误判断而导致触电事故。

（3）低压验电器只能在 100～500V 范围内使用。

（4）高压验电前，应先检查验电器的工作电压与被测设备的额定电压是否相符，验电器是否超过有效试验期。

（5）利用高压验电器的自检装置，检查验电器的指示器叶片是否旋转，以及声、光信号是否正常。

（6）高压验电时，工作人员必须戴绝缘手套，并必须握在绝缘棒护环以下的握手部分，不得超过护环。

（7）高压验电时，应将验电器的金属接触电极逐渐靠近被测设备，一旦验电器开始正常回转，且发出声、光信号，即说明该设备有电，应立即将金属接触电极离开被测设备。

四、低压钳形电流表

（1）使用低压钳形电流表时，应注意电流表的电压等级和电流值挡位。测量时，应特别注意人体与带电部分保持足够的安全距离。

（2）测量回路电流时，应选有绝缘层的导线进行测量，并与其他带电部分保持安全距离，防止相间短路事故发生。禁止在测量中更换电流挡位。

五、绝缘手套

1. 使用时的注意事项

（1）使用绝缘手套前，应检查是否超过有效试验期。

（2）使用前，应进行外部检查，查看橡胶是否完好，查看表面有无损伤、磨损或破漏、划痕等。如有粘胶破损或漏气现象，应禁止使用。

具体检查方法：将手套朝手指方向卷曲，当卷到一定程度时，内部空气因体积减小、压力增大，手指若鼓起，为不漏气者，即为良好。

（3）使用绝缘手套时，里面最好戴上一双棉纱手套，这样夏天可防止出汗而操作不便，冬天可以保暖。戴手套时，应将外衣袖口放入手套的伸长部分里。

（4）绝缘手套使用后应擦净、晾干，最好撒上一些滑石粉，以免粘连。

（5）绝缘手套应统一编号，现场使用的绝缘手套最少应保持 2 副。

（6）绝缘手套应存放在干燥、阴凉的地方，存放在专用的柜内，与其他工具分开存置，其上不得堆压任何物件，以免刺破手套。

（7）绝缘手套不得与石油类的油脂接触，合格与不合格的绝缘手套不能混放在一起，以免使用时拿错。

2. 检查试验

应每半年必须试验 1 次。

六、绝缘靴（鞋）

1. 使用时的注意事项

（1）使用绝缘靴（鞋）前，应检查绝缘靴是否完好，是否超过有效试验期。不合格产品不得使用。

（2）绝缘靴（鞋）应统一编号，现场使用的绝缘靴（鞋）最少应保持 2 双。

（3）绝缘靴（鞋）不得当作雨鞋或作他用，其他非绝缘靴也不能代替绝缘靴使用。

（4）使用前，应进行外部检查，查看表面有无损伤、磨损或破漏、划痕等。如有砂眼漏气，应禁止使用。

（5）绝缘靴应存放在干燥、阴凉的地方，存放在专用的柜内，与其他工具分开放置，其上不得堆压任何物件，以免刺破靴子。

2. 检查试验

应每半年必须试验 1 次。

七、绝缘梯

（1）登梯前应检查梯子各部分完好、无损坏，梯脚上的防滑胶套必须完整，否则地面应放胶垫。特别在光滑坚硬的地面上使用时更应注意防滑动。若在泥土地面上使用时，梯脚最好加铁尖。

（2）使用直梯作业时，为防止直梯翻倒，其梯脚与墙之间的距离不得小于梯子长度的

1/4，同时为了避免打滑，其距离也不得小于梯长的 1/2。

（3）使用人字梯作业前，必须将防滑拉绳绑好，且梯脚之间距离不能太小，以防梯子不稳，登在人字梯上操作时，切不可采取骑马方式站立，以防不小心摔下造成伤害。

（4）在直梯上工作时，梯顶一般不应低于作业人员的腰部，或作业人员应站在距梯子顶部不小于 1m 的横档上作业，切忌站在梯子的最高或靠最上面的一、二横档上，以防朝后仰面摔下造成伤害。

（5）梯子应每半年试验 1 次，同时每个月应对其外表进行 1 次检查，看是否有断裂、腐蚀等现象。梯子不用时，应保管在库房的固定地点。

带电检测技术在变电一次设备检修中的应用

本章节介绍带电检测技术在变电一次设备检修中的应用。电力设备带电检测是发现设备潜伏性运行隐患的有效手段，是电力设备安全、稳定运行的重要保障。带电检测的实施，应以保证人员、设备安全、电网可靠性为前提。在具体实施时，应考虑设备运行情况、电磁环境、检测仪器设备等实际情况。

带电检测是对常规停电检测的弥补，同时也是对停电检测的指导。但是带电检测也不能解决全部问题，必要时，部分常规项目还是需要停电检测。所以应以带电检测为主，辅以停电检测。同样运行条件、同型号的电力设备之间进行横向比较，同一设备历次检测进行纵向比较，是有效发现潜在问题的方法。

带电检测已被证实为有效的检测手段，新技术不断涌现。在保证电网、设备安全的前提下，积极探索使用新技术，积累经验，保证电网安全运行。当采用一种检测方法发现设备存在问题时，要采用其他可行的方法进一步进行联合检测，检测过程中发现异常信号，应注意组合技术的应用进行关联分析。应重视带电检测发现家族缺陷的分析统计工作，查找缺陷发生的本质原因，着重从设备的设计、材质、工艺等方面查找，总结同型、同厂、同工艺的设备是否存在同样缺陷隐患，并分析这些缺陷在带电状态下表征出来的信号是否具有家族特征。

第一节　红外检测技术应用

一、检测条件

1. 环境要求

（1）一般检测要求。

1）温度：不宜低于 5℃。

2）湿度：不宜大于 85%。

3）风速：一般不大于 5m/s。

4）天气以阴天、多云为宜，夜间图像质量为佳。

5）不应在有雷、雨、雾、雪等气象条件下进行。

6）户外晴天要避开阳光直接照射或反射进入仪器镜头，在室内或晚上检测应避开灯光的直射，宜闭灯检测。

7）被检测设备周围应有均衡的背景辐射，尽量避开附近热辐射源的干扰，某些设备被检测时还应避开人体热源等红外辐射。

8）检测时风速一般不大于 5m/s，若检测中风速发生明显变化，应记录风速。

（2）精确检测要求。除满足一般检测的环境要求外，还满足以下要求。

1）风速一般不大于 0.5m/s。

2）检测期间天气为阴天、夜间或晴天日落 2h 后。

2. 待测设备要求

（1）待测设备处于运行状态。

（2）精确测温时，待测设备通电时间不小于 6h，最好在 24h 以上。

（3）待测设备外壳清洁、无覆冰。

（4）待测设备上无其他外部作业。

（5）电流致热型设备最好在高峰负荷下进行检测。否则，一般应在不低于 30%的额定负荷下进行，同时应充分考虑小负荷电流对测试结果的影响。

3. 安全要求

（1）执行规程的相关要求。

（2）应在良好的天气下进行，如遇雷、雨、雪、雾等天气不得进行该项工作；风力大于 5 级时，不宜进行该项工作。

（3）检测时应与设备带电部位保持相应的安全距离。

（4）进行检测时，要防止误碰误动设备。

（5）行走中注意脚下，防止踩踏设备管道。

（6）应有专人监护，监护人在检测期间应始终行使监护职责，不得擅离岗位或兼任其他工作。

4. 仪器要求

红外测温仪一般由光学系统、光电探测器、信号放大及处理系统、显示和输出单元等组成。

（1）主要技术指标。

1）空间分辨率：不大于 1.5mrad（标准镜头配置）。

2）温度分辨率：不大于 0.1℃。

3）帧频：高于 25Hz。

4）像素：不低于 320×240。

5）测温一致性应不超过±2℃或视场中心区域测量值乘以±2%（℃）（取绝对值大者）。

6）测量值变化应不大于 2℃或 20℃时测量值的绝对值乘以±2%（℃）（两者取最大值）。

（2）功能要求。

1）满足有最高点温度自动跟踪。

2）采用 LED 显示屏，操作简单，仪器轻便，图像比较清晰、稳定。

3）具有大气条件的修正模型。

4）有目镜取景器，分析软件功能丰富。

5）探测器类型是焦平面、非制冷。

6）温度单位设置可℃和℉相互转换。

7）可以大气透过率修正、光学透过率修正、温度非均匀性校正。

8）可测量点温、温差功能、温度曲线，显示区域的最高温度。

9）有红外热像图及各种参数，各参数应包括：时间日期、物体的发射率、环境温度湿度、目标距离、所使用的镜头、所设定的温度范围。

10）电源必须为充电锂电池，一组电池连续工作时间不小于 2h，电池组应不少于 3 组。

二、检测准备

（1）检测前，应了解相关设备数量、型号、制造厂家、安装日期等信息以及运行情况，制定相应的技术措施。

（2）配备与检测工作相符的图纸、上次检测的记录、标准化作业工艺卡。

（3）检查环境、人员、仪器、设备满足检测条件。

（4）了解现场设备运行方式，并记录待测设备的负荷电流。

（5）按相关安全生产管理规定办理工作许可手续。

三、检测方法

1. 检测原理图

探测器成像原理示意如图 11－1 所示。

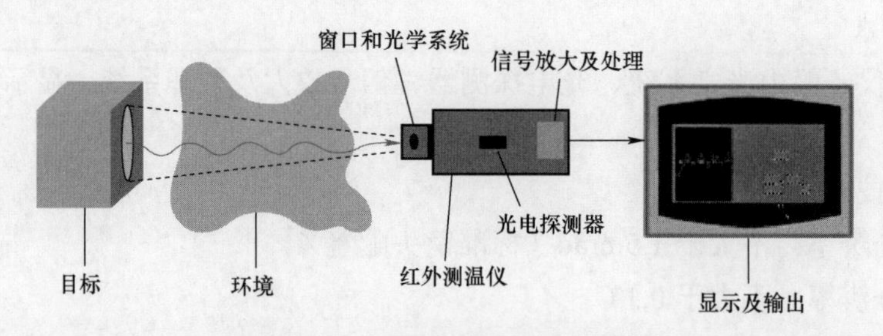

图 11－1　探测器成像原理示意图

2. 检测步骤

（1）一般检测。

1）仪器开机，进行内部温度校准，待图像稳定后对仪器的参数进行设置。

2）根据被测设备的材料设置辐射率。

3）设置仪器的色标温度量程，一般宜设置在环境温度加 10～20K 的温升范围。

4）开始测温，远距离对所有被测设备进行全面扫描，宜选择彩色显示方式，调节图像使其具有清晰的温度层次显示，并结合数值测温手段，如热点跟踪、区域温度跟踪等手段进行检测。应充分利用仪器的有关功能，如图像平均、自动跟踪等，以达到最佳检测效果。

5）环境温度发生较大变化时，应对仪器重新进行内部温度校准。

6）发现有异常后，再有针对性地近距离对异常部位和重点被测设备进行精确检测。

（2）精确检测。

1）为了准确测温或方便跟踪，应事先设置几个不同的方向和角度，确定最佳检测位置，并可做上标记，以供今后的复测用，提高互比性和工作效率。

2）将大气温度、相对湿度、测量距离等补偿参数输入，进行必要修正，并选择适当的测温范围。

3）正确选择被测设备的辐射率，特别要考虑金属材料表面氧化对选取辐射率的影响。

4）检测温升所用的环境温度参照物体应尽可能选择与被测试设备类似的物体，且最好能在同一方向或同一视场中选择。

5）测量设备发热点、正常相的对应点及环境温度参照体的温度值时，应使用同一仪器相继测量。

6）在安全距离允许的条件下，红外仪器宜尽量靠近被测设备，使被测设备（或目标）尽量充满整个仪器的视场，以提高仪器对被测设备表面细节的分辨能力及测温准确度，必要时，可使用中、长焦距镜头。

7）记录异常设备的实际负荷电流和发热相、正常相及环境温度参照体的温度值。

3. 检测验收

（1）检查检测数据是否准确、完整。

（2）恢复设备到检测前状态。

四、检测数据分析与处理

对不同类型的设备采用相应的判断方法和判断依据，并由热像特点进一步分析设备的缺陷特征，判断出设备的缺陷类型。

1. 判断方法

（1）表面温度判断法：主要适用于电流致热型和电磁效应引起发热的设备。根据测得的设备表面温度值，对照 GB/T 11022—2011《高压开关设备和控制设备标准的共用技术要求》中高压开关设备和控制设备各种部件、材料及绝缘介质的温度和温升极限的有关规定，结合环境气候条件、负荷大小进行分析判断。

（2）同类比较判断法：根据同组三相设备、同相设备之间及同类设备之间对应部位的温差进行比较分析。

（3）图像特征判断法：主要适用于电压致热型设备。根据同类设备的正常状态和异常状态的热像图，判断设备是否正常。注意尽量排除各种干扰因素对图像的影响，必要时结合电气试验或化学分析的结果，进行综合判断。

（4）相对温差判断法：主要适用于电流致热型设备。特别是对小负荷电流致热型设备，采用相对温差判断法可降低小负荷缺陷的漏判率。

（5）档案分析判断法：分析同一设备不同时期的温度场分布，找出设备致热参数的变化，判断设备是否正常。

（6）实时分析判断法：在一段时间内使用红外热像仪连续检测某被测设备，观察设备温度随负载、时间等因素变化的方法。

2. 缺陷类型的确定及处理方法

根据过热缺陷对电气设备运行的影响程度将缺陷分为以下3类。

（1）一般缺陷指设备存在过热、有一定温差、温度场有一定梯度，但不会引起事故的缺陷。这类缺陷一般要求记录在案，注意观察其缺陷的发展，利用停电机会检修，有计划地安排试验检修消除缺陷。

当发热点温升值小于15K时，按相关规定确定设备缺陷的性质。对于负荷率小、温升小但相对温差大的设备，如果负荷有条件或机会改变时，可在增大负荷电流后进行复测，以确定设备缺陷的性质，当无法改变时，可暂定为一般缺陷，加强监视。

（2）严重缺陷指设备存在过热、程度较重、温度场分布梯度较大、温差较大的缺陷。这类缺陷应尽快安排处理。

1）对电流致热型设备，应采取必要的措施，如加强检测等，必要时降低负荷电流。

2）对电压致热型设备，应加强监测并安排其他测试手段，缺陷性质确认后，立即采取措施消缺。

3）电压致热型设备的缺陷一般定为严重及以上的缺陷。

（3）危急缺陷指设备最高温度超过GB/T 11022—2011《高压开关设备和控制设备标准的共用技术要求》规定的最高允许温度的缺陷。这类缺陷应立即安排处理。

1）对电流致热型设备，应立即降低负荷电流或立即消缺。

2）对电压致热型设备，当缺陷明显时，应立即消缺或退出运行，如有必要，可安排其他试验手段，进一步确定缺陷性质。

五、检测原始数据和记录

1. 原始数据

在检测过程中，应随时保存红外热像检测原始数据，存放方式如下。

（1）建立文件夹名称：变电站名+检测日期（如：瓶窑变 20150101）。

（2）文件名：按仪器自动生成编号进行命名，顺序依次定为20150101001、20150101002、20150101003……，并与相应间隔的具体设备对应。

2. 检测记录

检测工作完成后，及时完成检测记录整理，对存在缺陷设备应提供检测报告。

第二节　超声波局部放电检测技术应用

一、检测条件

1. 环境要求

（1）检测温度宜在 10～40℃。

（2）空气相对湿度不宜大于 90%，若在室外不应在有大风、雷、雨、雾、雪的环境下进行检测。

（3）在检测时应避免大型设备振动、人员频繁走动等干扰源带来的影响。

（4）通过超声波局部放电检测仪器检测到的背景噪声幅值较小、无 50Hz/100Hz 频率相关性（一个工频周期出现 1 次/2 次放电），不会掩盖可能存在的局部放电信号，不会对检测造成干扰。

2. 待测设备要求

（1）设备处于运行状态。

（2）设备外壳清洁、无覆冰。

（3）运行设备上无各种外部作业。

3. 安全要求

（1）应严格执行相关规范要求，履行手续。

（2）超声波局部放电检测工作不得少于 2 人。工作负责人应由有超声波局部放电检测经验的人员担任，开始检测前，工作负责人应向全体工作人员详细交代检测工作的各安全注意事项。

（3）检测人员应避开设备防爆口或压力释放口。

（4）在进行检测时，要防止误碰、误动设备。

（5）在进行检测时，要保证人员、仪器与设备带电部位保持足够安全距离。

（6）防止传感器坠落而误碰设备。

（7）检测中应保持仪器使用的同轴电缆完全展开，收放同轴电缆时禁止随意舞动，并避免同轴电缆外皮受到剐蹭。

（8）保证检测仪器接地良好，避免人员触电。

（9）在对传感器进行检测时，如果有明显的感应电压，应戴绝缘手套，避免手部直接接触传感器金属部件。

（10）检测现场出现异常情况时，应立即停止检测工作并撤离现场。

4. 检测仪器要求

超声波局部放电检测仪器一般由超声波传感器、前置信号放大器（可选）、数据采集单元、数据处理单元等组成，为实现对高处目标的检测，宜配备超声波传感器专用的绝缘支撑杆。

（1）主要技术指标。

1）检测频率范围：通常选用 20kHz 到 200kHz 之间的某个子频段，典型的如 20～100kHz。

2）检测灵敏度不低于－40dBmV。

（2）功能要求。

1）宜具有“连续模式”“时域模式”“相位模式”“飞行模式”和“特征指数模式”，其中，“连续模式”能够显示信号幅值大小、50Hz/100Hz 频率相关性，“时域模式”能够显示信号幅值大小及信号波形，“相位模式”能够反映超声波信号相位分布情况，“飞行模式”能够反映自由微粒运动轨迹，“特征指数模式”能够反映超声波信号发生时间间隔。

2）应可设定报警阈值。

3）应具有放大倍数调节功能，并在仪器上直观显示放大倍数大小。

4）应具备抗外部干扰的功能。

5）应可将测试数据存储于本机并导出至电脑。

6）若采用可充电电池供电，充电电压为 220V、频率为 50Hz，充满电单次连续使用时间不低于 4h。

7）宜采用外施电源进行同步，从而在“相位模式”下对检测信号进行观察和分析。

8）应可进行时域与频域的转换。

9）应可记录背景噪声并与检测信号实时比较。

10）宜具备检测图谱显示功能。提供局部放电信号的幅值、相位、放电频次等信息中的一种或几种，并可采用波形图、趋势图等谱图中的一种或几种进行展示。

11）宜具备放电类型识别功能。具备模式识别功能的仪器应能判断设备中的典型局部放电类型（自由金属微粒放电、悬浮电位放电、沿面放电、绝缘内部气隙放电、金属尖端放电等），或给出各类局部放电发生的可能性，诊断结果应当简单明确。

二、检测准备

（1）检测前，应了解被测设备数量、型号、制造厂家、安装日期等信息及运行情况。

（2）配备与检测工作相符的图纸、上次的检测记录、标准化作业工艺卡。

（3）现场具备安全可靠的独立电源。

（4）检查环境、人员、仪器、设备、工作区域满足检测条件。

（5）按规定办理工作许可手续。

三、检测方法

1. 检测原理

超声波局部放电检测原理如图 11－2 所示。

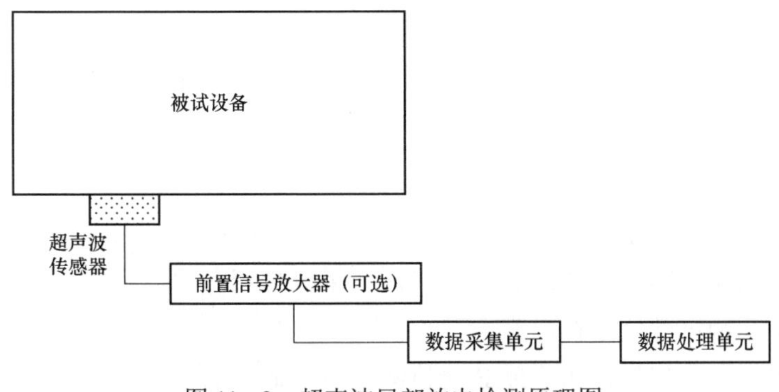

图 11－2　超声波局部放电检测原理图

2. 检测步骤

（1）检查仪器完整性，按照仪器说明书连接检测仪器各部件，将检测仪器正确接地后开机。

（2）开机后，运行检测软件，检查界面显示、模式切换是否正常稳定。

（3）进行仪器自检，确认超声波传感器和检测通道工作正常。

（4）若具备记录功能，应按照要求设置变电站名称、设备名称、检测位置并做好标注。

（5）将检测仪器调至最小量程，传感器悬浮于空气中，测量空间背景噪声并记录，根据现场噪声水平设定信号检测阈值。

（6）将检测点选取于断路器断口处、隔离开关、接地开关、电流互感器、电压互感器、避雷器、导体连接部件，检测前应将传感器贴合的壳体外表面擦拭干净，检测点间隔应小于检测仪器的有效检测范围。

（7）在超声波传感器检测面均匀涂抹专用检测耦合剂，施加适当压力紧贴于壳体外表面以尽量减小信号衰减，检测时传感器应与被试壳体保持相对静止，对于高处设备，例如某些 GIS 母线气室，可用配套绝缘支撑杆支撑传感器紧贴壳体外表面进行检测，但须确保传感器与设备带电部位有足够的安全距离。

（8）在显示界面观察检测到的信号，观察时间不低于 15s，如果发现信号无异常，幅值和 50Hz/100Hz 频率相关性较低，则保存数据，继续下一点检测。

（9）如果发现信号异常，则在该气室进行多点检测，延长检测时间并记录多组数据进行幅值对比和趋势分析，为准确进行相位相关性分析，可从设备本体引出同步信号至检测仪器。

（10）填写设备检测数据记录表，对于存在异常的气室，应附检测图片和缺陷分析。

3. 检测验收

（1）检查检测数据是否准确、完整。

（2）将工作现场恢复至检测前状态。

四、检测数据分析和处理

根据连续图谱、时域图谱和相位图谱特征判断测量信号是否具备 50Hz/100Hz 相关性。

若具备，说明存在局部放电，继续如下分析和处理。

（1）同一类设备局部放电信号的横向对比，相似设备在相似环境下检测得到的局部放电信号，其测试幅值和测试图谱应比较相似，例如对同一 GIS 间隔 A、B、C 三相断路器气室同一位置的局部放电图谱进行对比，可以帮助判断是否有放电。

（2）同一设备历史数据的纵向对比，通过在较长的时间内多次测量同一设备的局部放电信号，可以跟踪设备的绝缘状态劣化趋势，如果测量值有明显增大，或出现典型局部放电图谱，可判断此测试部位存在异常。

（3）若检测到异常信号，可借助其他检测仪器（如特高频局部放电检测仪、示波器、频谱分析仪及 SF_6 分解物检测分析仪）对异常信号进行综合分析，并判断放电的类型，根据不同的判据对被测设备进行危险性评估。在条件具备时，利用声声定位/声电定位等方法，根据不同布置位置传感器检测信号的强度变化规律和时延规律来确定缺陷部位，以 GIS 检测为例，一般先确定缺陷位于的气室，再精确定位到高压导体/壳体等部位。同时进行缺陷类型识别，可以根据超声波检测信号的 50Hz/100Hz 频率相关性、信号幅值水平及信号的相位关系，进行缺陷类型识别。

五、检测原始数据和记录

1. 原始数据

在检测过程中，应随时保存超声波局部放电检测原始数据，若检测仪器数据可导出，存放方式如下。

（1）建立一级文件夹，文件夹名称：变电站名＋检测日期。

（2）建立二级文件夹，文件夹名称：调度号（如：111、14－9、224－9）。当被检测间隔三相分仓时，需分相建立文件夹，文件夹名称：调度号＋相别（如 111A、111B、111C）。

（3）文件名：被测气室编号＋被测部位。

（4）当检测到异常时，需对该间隔上的所有气室进行检测并分别建立文件夹，文件夹名称：调度号＋相别（A、B、C）＋被测气室编号。

2. 检测记录

检测工作完成后，及时完成检测记录整理。

第三节　暂态地电压局部放电检测的应用

一、检测条件

1. 环境要求

（1）环境温度宜在 10～40℃。

（2）禁止在雷电天气进行检测，户外检测应避免天气条件对检测的影响。

（3）室内检测应尽量避免气体放电灯和排风系统电动机等干扰源对检测的影响。

（4）通过暂态地电压局部放电检测仪器检测到的背景噪声幅值较小，不会掩盖可能存在的局部放电信号，不会对检测造成干扰。

2. 待测设备要求

（1）开关柜处于运行状态。

（2）开关柜投入运行超过 30min。

（3）开关柜外壳可靠接地。

（4）开关柜上无其他外部作业。

3. 安全要求

（1）应严格执行规程的相关要求，履行手续。

（2）暂态地电压局部放电检测工作不得少于 2 人。工作负责人应由有检测经验的人员担任，开始检测前，工作负责人应向全体工作人员详细交代检测工作的各安全注意事项。

（3）雷雨天气禁止进行检测工作。

（4）检测时检测人员和检测仪器应与设备带电部位保持足够的安全距离。

（5）检测人员应避开设备泄压通道。

（6）在进行检测时，要防止误碰、误动设备。

（7）检测中应保持仪器使用的同轴电缆完全展开，收放同轴电缆时禁止随意舞动，并避免同轴电缆外皮受到剐蹭。

（8）在使用传感器进行检测时，如果有明显的感应电压，宜戴绝缘手套，避免手部直接接触传感器金属部件。

（9）检测现场出现异常情况，应立即停止检测工作并撤离现场。

（10）检测之前退出自动电压控制（AVC）系统。

4. 仪器要求

暂态地电压局部放电检测仪器一般由传感器、数据采集单元、数据处理单元、显示单元、控制单元和电源管理单元等组成，如图 11－3 所示。

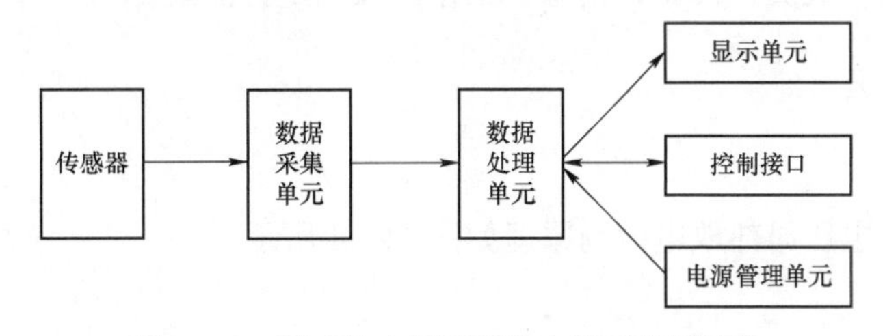

图 11－3　暂态地电压局部放电检测仪器组成

（1）主要技术指标。

1）检测频率范围：3～100MHz。

2）检测灵敏度：1dBmV。

3）检测量程：0～60dBmV。

4）检测误差：不超过±2dBmV。

5）工作电源：直流电源 5～24V，纹波电压不大于 1%；交流电源 220V（1±10%），频率 50Hz（1±10%）。

（2）功能要求。

1）可显示暂态地电压信号幅值大小。

2）具备报警阈值设置及告警功能。

3）若使用充电电池供电，充电电压为 220V、频率为 50Hz，充满电后单次连续使用时间不少于 4h。

4）应具有仪器自检功能。

5）应具有数据存储和检测信息管理功能。

6）应具有脉冲计数功能。

7）应具有增益调节功能，并在仪器上直观显示增益大小。

8）宜具有定位功能。

9）宜具有图谱显示功能，显示脉冲信号在工频 0°～360° 相位的分布情况，具有参考相位测量功能。

10）宜具备状态评价功能。提供局部放电信号的幅值、相位、放电频次等信息中的一种或几种，并可采用波形图、趋势图等谱图中的一种或几种进行展示。

11）宜具备放电类型识别功能，判断绝缘沿面放电、绝缘内部气隙放电、金属尖端放电等放电类型，或给出各类局部放电发生的可能性，诊断结果应当简单明确。

二、检测准备

（1）检测前，应了解被测设备数量、型号、制造厂家、安装日期等信息及运行情况。

（2）配备与检测工作相符的图纸、上次的检测记录、标准化作业工艺卡。

（3）现场具备安全可靠的独立电源。

（4）检查环境、人员、仪器、设备、工作区域满足检测条件。

三、检测方法

1. 检测原理图

开关柜暂态地电压局部放电检测原理如图 11－4 所示。

2. 检测步骤

（1）有条件情况下，关闭开关室内照明及通风设备，以避免对检测工作造成干扰。

（2）检查仪器完整性，按照仪器说明书连接检测仪器各部件，将检测仪器开机。

（3）开机后，运行检测软件，检查界面显示、模式切换是否正常稳定。

（4）进行仪器自检，确认暂态地电压传感器和检测通道工作正常。

（5）若具备记录功能，应按照要求设置变电站名称、开关柜名称、检测位置并做好标注。

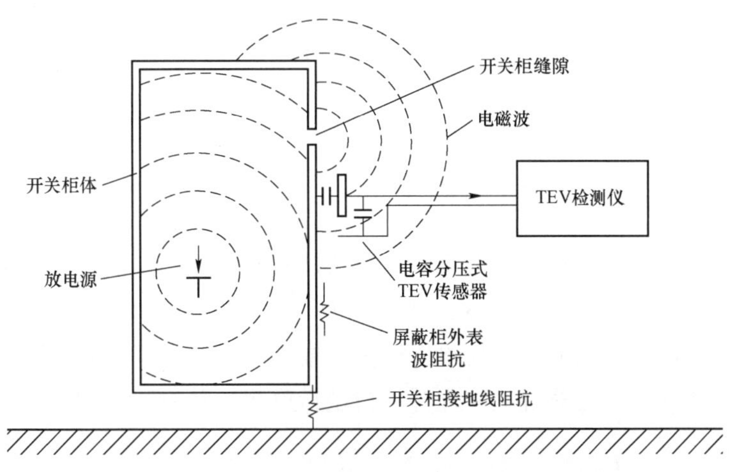

图 11－4　开关柜暂态地电压局部放电检测原理图

（6）测试环境（空气和金属）中的背景值。一般情况下，测试金属背景值时可选择开关室内远离开关柜的金属门窗；测试空气背景时，可在开关室内远离开关柜的位置，放置一块 20mm × 20cm 的金属板，将传感器贴紧金属板进行测试。

（7）每面开关柜的前面和后面均应设置测试点，具备条件时（例如一排开关柜的第一面和最后一面），在侧面设置测试点，推荐检测位置如图 11－5 所示。

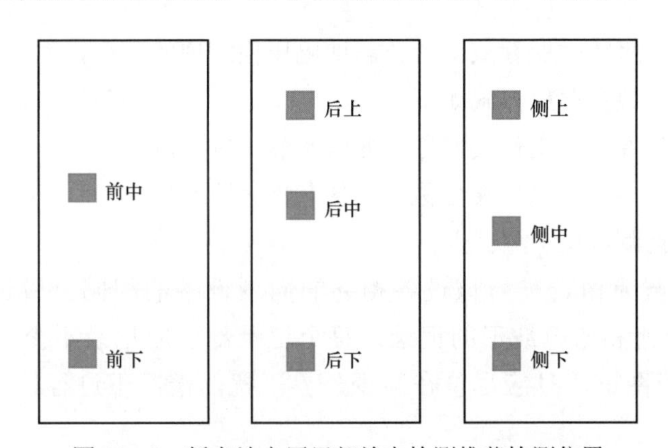

图 11－5　暂态地电压局部放电检测推荐检测位置

（8）确认洁净后，施加适当压力将暂态地电压传感器紧贴于金属壳体外表面，检测时传感器应与开关柜壳体保持相对静止，应尽可能保持每次检测点的位置一致，以便进行比较分析。

（9）在显示界面观察检测到的信号，待读数稳定后，如果发现信号无异常，幅值较低，则记录数据，继续下一点检测。

（10）如存在异常信号，则应在该开关柜进行多次、多点检测，查找信号最大点的位置，记录异常信号和检测位置。

（11）出具检测报告，对于存在异常的开关柜隔室，应附检测图片和缺陷分析。

3. 检测验收

（1）检查检测数据是否准确、完整。

（2）将工作现场恢复至检测前状态。

四、检测数据分析与处理

暂态地电压结果分析方法可采取纵向分析法、横向分析法。

1. 纵向分析法

对同一开关柜不同时间的暂态地电压测试结果进行比较，从而判断开关柜的运行状况。需要电力工作人员周期性地对开关室内开关柜进行检测，并将每次检测的结果存档备份，以便进行分析。

2. 横向分析法

对同一个开关室内同类开关柜的暂态地电压测试结果进行比较，从而判断开关柜的运行状况。当某一开关柜个体测试结果大于其他同类开关柜的测试结果和环境背景值时，推断该设备有存在缺陷的可能。

五、检测原始数据和记录

1. 原始数据

在检测过程中，应随时保存或记录暂态地电压检测原始数据，对于具备数据存储或导出功能的检测仪器，数据存放方式如下。

（1）建立一级文件夹，文件夹名称：变电站名+检测日期。

（2）建立二级文件夹，文件夹名称：设备名称+调度号。

（3）文件名：被测部位+测试点。

（4）当检测到异常时，需对该设备相邻的同型设备的相同位置进行检测并分别建立文件进行信号幅值和放电波形的记录；每个记录部位应记录不少于 5 个信号幅值数据和 3 张放电波形图谱，且应尽量在减少外界干扰的情况下进行，以便进行信号诊断分析。

2. 检测记录

检测工作完成后，及时记录，完成相关报告。

第四节　特高频局部放电检测技术应用

一、检测条件

1. 环境要求

（1）除非另有规定，检测均在当地大气条件下进行，且检测期间，大气环境条件应相对稳定。

（2）待检设备及环境的温度宜在 10～40℃。

（3）空气相对湿度不宜大于 90%，若在户外不应在有雷、雨、雾、雪的环境下进行检测。

（4）GIS 设备为额定气体压力，在 GIS 设备上无其他外部作业。

（5）在检测时应避免手机、照相机闪光灯等无线信号的干扰。

（6）室内检测避免气体放电灯对检测数据的影响。

2. 待测设备要求

（1）设备处于运行状态（或加压到额定运行电压）。

（2）设备外壳清洁、无覆冰。

（3）绝缘盆子为非金属封闭或者为金属屏蔽但有浇注口或内置有 UHF 传感器，并具备检测条件。

（4）设备上无其他外部作业。

3. 安全要求

（1）应严格执行相关安全生产管理规定。

（2）带电检测工作不得少于 2 人。检测负责人应由有检测经验的人员担任，开始检测前，检测负责人应向全体检测人员详细交代安全注意事项。

（3）应在良好的天气下进行，如遇雷、雨、雪、雾等天气不得进行该项工作，风力大于 5 级时，不宜进行该项工作。

（4）检测时应与设备带电部位保持相应的安全距离。

（5）在进行检测时，要防止误碰、误动设备。

（6）行走中注意脚下，防止踩踏设备管道。

（7）防止传感器坠落而误碰设备。

（8）保证被测设备绝缘良好，防止低压触电。

（9）在使用传感器进行检测时，应戴绝缘手套，避免手部直接接触传感器金属部件。

4. 仪器要求

特高频局部放电检测系统一般由内置式或外置式特高频传感器、信号放大器（可选）、信号处理单元、分析诊断单元等组成。

（1）主要技术指标。

1）检测频率范围：通常选用 300～3000MHz 之间的某个子频段，典型的如 400～1500MHz。

2）检测灵敏度：65dBmV。

（2）功能要求。

1）可显示信号幅值大小。

2）报警阈值可设定。

3）检测仪器具备抗外部干扰的功能。

4）测试数据可存储于本机并可导出。

5）可用外施高压电源进行同步，并可通过移相的方式，对测量信号进行观察和分析。

6）可连接 GIS 内置式特高频传感器。

7）能够进行时域与频域的转换。

8）具备按预设程序定时采集和存储数据的功能。

9）宜具备检测图谱显示。提供局部放电信号的幅值、相位、放电频次等信息中的一种或几种，并可采用波形图、趋势图等谱图中的一种或几种进行展示。

10）宜具备放电类型识别功能。宜具备模式识别功能的仪器应能判断 GIS 中的典型局部放电类型（自由金属颗粒放电、悬浮电位体放电、沿面放电、绝缘件内部气隙放电、金属尖端放电等），或给出各类局部放电发生的可能性，诊断结果应当简单明确。

11）使用同轴电缆的检测仪器在检测中应保持同轴电缆完全展开，并避免同轴电缆外皮受到剐蹭。

二、检测准备

（1）检测前，应了解被检测设备数量、型号、制造厂家、安装日期等信息及运行情况，制定相应的技术措施。

（2）配备与检测工作相符的图纸、上次检测的记录、标准化作业工艺卡。

（3）现场具备安全可靠的独立电源，禁止从运行设备上接取检测用电源。

（4）检查环境、人员、仪器、设备满足检测条件。

（5）按相关安全生产管理规定办理工作许可手续。

三、检测方法

1. 检测原理

特高频局部放电检测原理如图 11－6 所示。

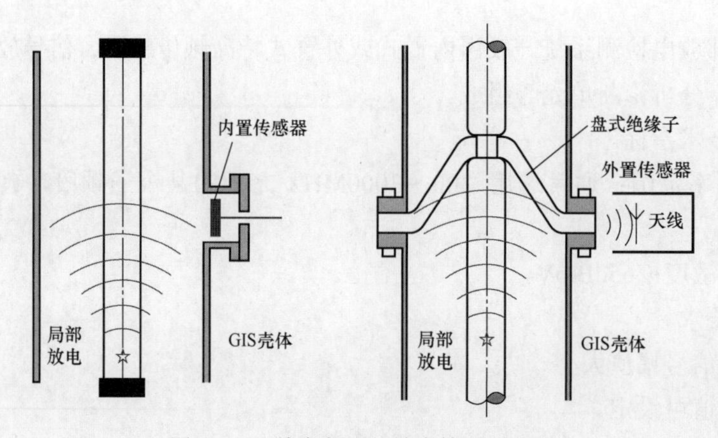

图 11－6　特高频局部放电检测原理图

2. 检测步骤

（1）按照设备接线图连接测试仪各部件，将传感器固定在盆式绝缘子非金属封闭处，并避开紧固绝缘盆子螺栓，将检测仪主机及传感器正确接地，电脑、检测仪主机连接电源并开机。

（2）开机后，运行检测软件，检查主机与电脑通信状况、同步状态、相位偏移参数等。

（3）进行系统自检，确认各检测通道工作正常。

（4）设置变电站名称、检测位置并做好标注。

（5）根据现场噪声水平设定各通道信号检测阈值。

（6）打开连接传感器的检测通道，观察检测到的信号。如果发现信号无异常，保存数据，退出并改变检测位置继续下一点检测。如果发现信号异常，则延长检测时间并记录多组数据，进入异常诊断流程。必要的情况下，可以接入信号放大器。

（7）记录三维检测图谱，在必要时进行二维图谱记录。若存在异常，应出具检测报告。

3. 检测验收

（1）检查检测数据是否准确、完整。

（2）恢复设备到检测前状态。

四、检测数据分析与处理

首先根据相位图谱特征判断测量信号是否具备 50Hz 相关性，若具备，继续如下分析和处理。

（1）排除外界环境干扰，将传感器放置于绝缘盆子上检测信号与在空气中检测信号进行比较，若一致并且信号较小，则基本可判断为外部干扰。若不一样或变大，则需进一步检测判断。

（2）检测相邻间隔的信号，根据各检测间隔的幅值大小（即信号衰减特性）初步定位局部放电部位。

（3）必要时可使用工具把传感器绑置于绝缘盆子处进行长时间检测，时间不少于 15min，进一步分析峰值图形、放电速率图形和三维检测图形，综合判断放电类型。

（4）在条件具备时，综合应用超声波局部放电仪、示波器等仪器进行精确定位。

五、检测原始数据和记录

1. 原始数据

检测工作中，应保存特高频局部放电检测原始数据，存放方式如下。

（1）建立一级文件夹，文件夹名称：变电站名＋检测日期（如：八里庄站 20150101）。

（2）建立二级文件夹，文件夹名称：调度号（如：111、14－9、224－9）。当被检测间隔三相分仓时，需分相建立文件夹，文件夹名称：调度号＋相别（如 111A、111B、111C）。

（3）文件名：间隔绝缘盆子号按从线路到母线的顺序依次定为 1、2、3…，母联间隔绝缘盆子号按母线调度号，从小到大顺序依次定为 1、2、3…，TV 间隔绝缘盆子号按从TV 到母线的顺序依次定为 1、2、3…。

（4）当检测到异常时，需对该间隔上的所有绝缘盆子进行检测并分别建立文件夹，文件夹名称：调度号+相别（A、B、C）+绝缘盆子号。每个检测部位应记录不少于 30 张三维图谱，且应尽量在减少外界干扰的情况下，在检测到最大局部放电信号处，存储不少于 2 组二维图谱，便于信号诊断分析。

2. 检测记录

检测工作完成后，及时整理并录入，完成相关报告。